Introdução à
ENGENHARIA CIVIL

Introdução à
ENGENHARIA CIVIL

EDWARD S. NEUMANN

Tradução
Augusto Rabello Coutinho

Revisão Técnica
José A. Lerosa de Siqueira
Engenheiro civil formado em 1973
Professor Doutor da Escola Politécnica da USP
Coordenador da disciplina "Introdução ao Projeto na Engenharia Civil"

Do original *Introduction to Sustainable Infrastructure Engineering Design*
Tradução autorizada do idioma inglês da edição publicada por Pearson Education, Inc
Copyright © 2016, by Pearson Education, Inc e seus afiliados

© 2017, Elsevier Editora Ltda.

Todos os direitos reservados e protegidos pela Lei nº 9.610, de 19/02/1998.

ISBN Original: 978-0-13-275061-5
ISBN: 978-85-352-7183-6
ISBN (versão digital): 798-85-352-6794-5

Nenhuma parte deste livro, sem autorização prévia por escrito da editora, poderá ser reproduzida ou transmitida sejam quais forem os meios empregados: eletrônicos, mecânicos, fotográficos, gravação ou quaisquer outros.

Copidesque: Christine Simmys
Revisão: Marco Antonio Corrêa
Editoração Eletrônica: Estúdio Castellani

Elsevier Editora Ltda.
Conhecimento sem Fronteiras
Rua Sete de Setembro, 111 – 16º andar
20050-006 – Centro – Rio de Janeiro – RJ – Brasil

Rua Quintana, 753 – 8º andar
04569-011 – Brooklin – São Paulo – SP – Brasil

Serviço de Atendimento ao Cliente
0800-0265340
atendimento1@elsevier.com

Consulte nosso catálogo completo, os últimos lançamentos e os serviços exclusivos no site www.elsevier.com.br

Nota: Muito zelo e técnica foram empregados na edição desta obra. No entanto, podem ocorrer erros de digitação, impressão ou dúvida conceitual. Em qualquer das hipóteses, solicitamos a comunicação ao nosso serviço de Atendimento ao Cliente para que possamos esclarecer ou encaminhar a questão.

Para todos os efeitos legais, nem a editora, nem os autores, nem os editores, nem os tradutores, nem os revisores ou colaboradores assumem qualquer responsabilidade por qualquer efeito danoso e/ou malefício a pessoas ou propriedades envolvendo responsabilidade, negligência etc. de produtos, ou advindos de qualquer uso ou emprego de quaisquer métodos, produtos, instruções ou ideias contidos no material aqui publicado.

A Editora

CIP-Brasil. Catalogação na Publicação
Sindicato Nacional dos Editores de Livros, RJ

N411i   Neumann, Edward Introdução à engenharia civil / Edward Neumann; tradução Augusto Rabello Coutinho. – 1. ed. – Rio de Janeiro: Elsevier, 2017.
il.; 27 cm.

Tradução de: Introduction to sustainable infrastructure engineering design
Apêndice
Inclui índice
ISBN 978-85-352-7183-6

1. Engenharia civil. 2. Engenharia de estruturas. 3. Edifícios altos. I. Título.

16-36387   CDD: 624
                                                            CDU: 624

*Dedico este livro à minha esposa, Carole,
e aos nossos netos: Elizabeth, Sam e Eli.*

O Autor

Edward S. Neumann obteve seu PhD no programa de Planejamento Urbano e Regional do Departamento de Engenharia Civil na Northwestern University, onde recebeu a bolsa para doutorado Recursos para o Futuro. Após a obtenção do seu PhD, Neumann cumpriu suas obrigações com o ROTC (Reserve Officer's Training Corps – Esquadrão de Treinamento de Oficiais da Reserva) na Estação de Experiências Hidroviárias do Corpo de Engenheiros do Exército dos Estados Unidos. Ocupou o cargo de diretor do Harley O. Staggers National Transportation Center na Universidade de West Virginia. Também ocupou o cargo de presidente do Departamento de Engenharia Civil e Ambiental por 10 anos e de diretor do Centro de Pesquisa em Transporte da Universidade de Nevada, Las Vegas. Engenheiro licenciado em Nevada, recebeu os prêmios James Laurie da Sociedade Americana de Engenheiros Civis e Wayne T. VanWagoner do Instituto de Engenheiros de Transporte; foi nomeado Proeminente Engenheiro na categoria Governo/Educação pela Sucursal do Sul de Nevada da Sociedade Americana de Engenheiros Civis. Neumann leciona Projeto de Capeamento em Engenharia Civil e Introdução em cursos de Engenharia há mais de 42 anos.

Agradecimentos

Quero agradecer a meus antigos e atuais colegas no departamento de engenharia civil na West Virginia University e na University Nevada Las Vegas. Eles me inspiraram na preparação deste manuscrito. Comecei a aprender os percalços de dar aula em um curso introdutório de engenharia no começo da minha carreira acadêmica há 43 anos. Um agradecimento especial é necessário ao atual presidente de Departamento de Engenharia Civil e Ambiental e Construção da UNLV, Dr. Donald Hayes, e ao Reitor Michael Bowers, que atenciosamente me apoiou enquanto eu preparava este manuscrito para esta obra. O autor também expressa sua gratidão ao Dr. Bea Babbit pelas instruções e orientações no desenvolvimento dos modelos apresentados nos apêndices. Agradecimentos são devidos aos doutores David Shields e Bonnie Bukwa pela descoberta de omissões e afirmações incorretas e por fornecerem as informações necessárias para o acréscimo de material e correções. Os rascunhos do manuscrito foram usados por vários anos pelos alunos da aula de Introdução a Projeto de Engenharia Civil na UNLV, e há uma dívida de gratidão para com eles especialmente. Os estudantes me proveram com uma muito necessária reflexão sobre o que era importante e o que poderia ser deixado de lado. Por último, quero agradecer à equipe da editora pela edição, preparação e publicação do material.

Prefácio

OBJETIVOS DE APRENDIZADO

Este livro foi concebido como um componente didático de um curso introdutório de um semestre em Engenharia Civil. Modelos de avaliação são apresentados nos apêndices e podem ser usados pelos estudantes como guias para a elaboração de três relatórios de equipe que exigem habilidades de pensamento crítico na resolução de problemas de engenharia em projetos de infraestruturas. Os modelos também podem ser utilizados por professores para avaliar os relatórios das equipes. Uma das ideias que guiam esta obra é a exigência de que estudantes devam aprender a pensar sobre as metas do projeto e como é possível gerar evidências que confirmem o cumprimento das metas. Essa integração poderá ser realizada pelos estudantes com a matriz presente no modelo para o terceiro relatório.

Engenharia Civil é uma profissão cujo foco é nítido no projeto de sistemas de infraestruturas. Existem diferenças significativas entre as características dos problemas de projetos de infraestrutura resolvidos por engenheiros civis e os problemas enfrentados por outras áreas da engenharia, que enfatizam mais projetos de itens menores produzidos para uma vida útil mais curta. Calouros de Engenharia Civil devem se tornar cientes dessas diferenças e dos tipos de sistemas que engenheiros civis projetam de forma que já comecem a pensar nos problemas associados a eles. Esse é o ponto de partida para se transformarem em engenheiros civis profissionais cuja área de especialidade seja projetos de infraestrutura civil em que as sociedades modernas se baseiam.

São objetivos de aprendizado desta obra:

1. Apresentar estratégias para estudantes utilizarem o pensamento crítico na definição e solução de problemas que envolvem sistemas de engenharia civil, seus componentes ou processos.
2. Preparar estudantes para realizarem trabalhos em equipes.
3. Desenvolver conhecimento em problemas atuais relacionados com a prática da engenharia civil, com ênfase na sustentabilidade.
4. Desenvolver a compreensão de política pública e sobre o modo como se relaciona aos projetos de sistemas de engenharia civil, com ênfase nas leis e na aceitação popular.
5. Desenvolver a habilidade de comunicação eficaz através da escrita.

O Capítulo 1 fornece uma visão geral sobre o papel dos sistemas de infraestrutura da engenharia civil no mundo atual, que se torna cada dia mais urbanizado, e traz um resumo histórico sobre o ensino da engenharia civil. Nos

Capítulos 2 e 3 são apresentadas informações básicas sobre a crescente importância da sustentabilidade no projeto e da mudança climática.

Os Capítulos 4 a 8 analisam as etapas do processo de projeto na engenharia civil e o papel crucial do pensamento crítico. Esses capítulos desafiam o estudante a pensar criticamente no desenvolvimento de projetos e os ensinam a fazer questionamentos-chave e a respondê-los quando do desenvolvimento de projetos. Para quem o projeto está sendo realizado? Quais são os componentes a serem projetados? Quais são os objetivos do projeto? Quais restrições e oportunidades existem? Em que consiste um bom projeto e quais alternativas podem ser propostas respeitando o cumprimento dos objetivos? Quais são as recomendações geradas pela avaliação das alternativas? Os relatórios das equipes e seus modelos exigem que os estudantes apliquem os conceitos apresentados nesses capítulos.

Rubricas de avaliação são apresentadas para serem usadas na avaliação das equipes no desenvolvimento de projetos em engenharia civil. É esperado que os estudantes desenvolvam as habilidades necessárias para escrever em nível profissional, mas talvez não tenham recebido instruções anteriores sobre preparação de relatórios. Uma tarefa escrita de diagnóstico de duas páginas está incluída no livro, ela pode ser feita antes dos relatórios das equipes a fim de identificar os alunos que possuem problemas na redação. O uso de tarefas escritas de diagnóstico pode ajudar instrutores a determinar quais estudantes devem ser encaminhados para uma oficina de redação ou outro curso que a universidade ofereça para o desenvolvimento das habilidades de comunicação.

O Capítulo 9 fornece informações sobre como as bases de dados disponíveis na internet podem ser utilizadas no desenvolvimento de mapas de terreno para os projetos em equipe. O Capítulo 10 apresenta a avaliação de terreno e o uso de mapas na obtenção de informações essenciais para projetos de infraestrutura. Uma descrição geral dos tipos de modelos usados em projetos de infraestrutura pode ser encontrada no Capítulo 11. O Capítulo 12 ajuda os estudantes a entenderem os requisitos para abordagem da equipe e a importância de habilidades de comunicação.

Vale ressaltar que os programas de graduação não são feitos para desenvolver engenheiros extremamente experientes, mas sim para prover aos estudantes a base necessária para que se tornem profissionais competentes à medida que suas carreiras progridem. As palavras destacadas em negrito trazem termos com os quais os estudantes de engenharia devem se familiarizar – elas são parte do léxico relacionado com sistemas de infraestrutura e seus projetos.

Presume-se que os alunos que utilizarão esta obra tenham experiência com física de Ensino Médio e álgebra de Nível Superior e logo começarão aulas de física em nível superior ou cálculo. Contudo, o material não exige nenhuma experiência em cálculo ou estatística. A solução matemática necessária para preparar o relatório final do projeto requer apenas conhecimentos em álgebra, a maioria pede apenas multiplicação, e exemplos de como solucionar as questões são apresentados em quadros reticulados em tom mais escuro. Os quadros reticulados em tom mais claro trazem informações mais avançadas, que podem ser utilizadas de acordo com a preferência do professor, em praticamente todos os casos, não são informações necessárias para a realização do projeto.

PROJETOS EM EQUIPE

A decisão de utilizar equipes e um terreno para o projeto fica a cargo do professor. O que será descrito nos próximos parágrafos foi testado e aprovado em sala de aula, entretanto a decisão sobre a melhor forma de aproveitar o material dependerá das necessidades do curso. Este livro foi desenvolvido para ser utilizado em conjunto com projetos em equipe de nível introdutório, usando estudos de viabilidade como meios de introdução a projetos de engenharia civil e apresentando informações sobre o papel que grandes sistemas de infraestrutura desempenham em áreas urbanas. O projeto pede que os estudantes identifiquem os problemas do projeto, definam os objetivos, criem e avaliem alternativas e façam recomendações no que diz respeito a estudos posteriores e ao trabalho.

Há um esforço para que a experiência adquirida pelos estudantes seja de "cima para baixo" ao contrário da experiência de "baixo para cima" que terão nos semestres subsequentes. Essa abordagem de "cima para baixo" é baseada na crença de que calouros estão interessados em ter contato com o funcionamento da profissão logo no início do seu aprendizado. A noção do todo fornece a eles um modelo de evolução no qual possam se encaixar e também uma esquematização da maior parte dos trabalhos acadêmicos presentes no típico currículo da graduação. Os estudos de viabilidade criam uma oportunidade para apresentar aos estudantes a lógica de projeto para diferentes e importantes sistemas de infraestrutura. A necessidade de concluir os relatórios de equipe e aplicar as etapas de pensamento crítico dá motivação para que os membros das equipes apliquem as etapas da resolução de problemas em projetos de infraestrutura à medida que aprendem sobre importantes sistemas de infraestrutura de engenharia civil.

O segundo objetivo listado anteriormente, preparar estudantes para trabalhar em equipe, pode ser alcançado colocando-os em uma equipe que esteja responsável por estudos de viabilidade de projeto para tipos específicos de sistemas de infraestrutura. Isso funciona bem se o projeto em equipe envolve a criação e avaliação de alternativas para atender as necessidades das importantes infraestruturas de engenharia civil em uma área extensa, que poderia ser a localização de uma futura comunidade urbana.

Quando um terreno é selecionado para um projeto, as equipes de projeto de infraestrutura podem ser formadas. Se o desenvolvimento de um projeto de comunidade é selecionado como o projeto de equipe, os sistemas a serem projetados podem incluir uso do terreno, transporte, distribuição de água, gerenciamento de águas pluviais e gerenciamento de resíduos. Projetos estruturais e geotécnicos podem ser acrescentados se o professor desejar. Aos estudantes que forem selecionados para colocar em prática os conceitos de resolução de problemas no uso do terreno, transporte e gerenciamento de águas pluviais pode-se pedir que trabalhem em um grupo aglutinado, já que os três sistemas estão intimamente ligados ao planejamento da comunidade. Uma vez que os estudantes tenham sido designados a uma equipe de projeto "de comunidade", os membros podem escolher dentre eles quem fará parte das subequipes que se responsabilizarão pelo desenvolvimento dos conceitos dos projetos de viabilidade para o uso do terreno, transporte e gerenciamento de águas pluviais. As outras equipes, que trabalharão sobre distribuição de água e gerenciamento de resíduos, podem trabalhar independentemente das outras equipes, pois os conceitos de projeto para esses sistemas não estão tão ligados ao planejamento da comunidade. Preferivelmente, a distribuição de água e o gerenciamento de resíduos seriam responsabilidade de subequipes funcionando como parte da equipe de projeto do terreno, mas o número de estudantes necessários para isso poderia fazer com que o tamanho da equipe do projeto de comunidade se tornasse um problema para alcançar os objetivos de aprendizado e tornaria difícil completar os requisitos para a equipe de projeto e relatórios de projeto num único semestre. O conceito organizacional proposto para as equipes é mostrado na Figura P.1.

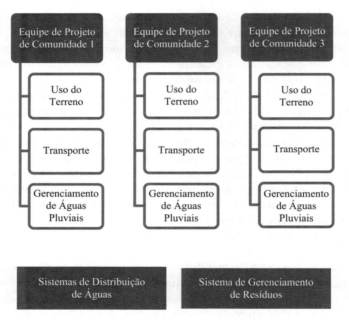

Figura P.1 Organização das equipes.

Equipes de Projeto de Comunidade são formadas por seis a sete pessoas e as equipes de distribuição de água e gerenciamento de resíduos são formadas por três a quatro pessoas.

O número de equipes de projeto de comunidade irá depender do tamanho da turma. Normalmente, de seis a sete estudantes por equipe de projeto de comunidade é o tamanho ideal por permitir que as subequipes de uso do terreno, transporte e gerenciamento de águas pluviais tenham ao menos dois ou três estudantes. Equipes exclusivas podem ficar responsáveis pelo projeto de viabilidade do gerenciamento de resíduos e distribuição de águas e podem ter de três a quatro estudantes cada. Se uma turma for muito grande, outras equipes podem ser montadas para realizarem os projetos de viabilidade de sistemas geotécnicos e estruturais. Equipes de projeto de comunidade adicionais também podem ser acrescentadas, lembrando que se três ou quatro estudantes forem designados para o gerenciamento de resíduos e distribuição de águas ou para uma das subequipes do projeto de comunidade, a comunicação entre os membros da equipe será dificultada. O controle interno da equipe poderá ser perdido.

Faz parte da filosofia do curso que o professor avalie os relatórios assim que recebê-los e devolva às equipes no encontro seguinte, se possível. Isso garante feedback rápido e ajuda a motivar a equipe. Os primeiros dois relatórios devem ser considerados introdução ao terceiro, que deverá ser avaliado como um relatório completo. Por essa razão, os alunos precisarão ter a oportunidade de revisar o terceiro relatório a fim de corrigir erros e omissões antes que a ele seja atribuída uma nota.

A Tabela P.1 apresenta uma sugestão de programa de estudos para 15 semanas de 1 semestre. Outras formas de integrar o conteúdo à matéria podem ser elaboradas de acordo com as necessidades do currículo.

TABELA P.1 Curso de uma hora/aula

Aula de 1 hora	
Semana	**Assunto da Aula e Leitura**
1	Sistemas de Infraestrutura em Engenharia Civil
2	Sustentabilidade e Projeto – Teste de Habilidade de Redação
3	Mudança Climática
4	Etapas do Projeto
5	Análise das Necessidades e Definição de Problemas – Relatório 1
6	Definição das Metas de Projeto – Relatório 2
7	Síntese e Geração de Alternativas – Relatório 3
8	Avaliação de Soluções Alternativas – Relatório 3
9	Desenvolvimento de Mapas do Terreno e Bases de Dados
10	Avaliação de Terreno e Uso de Linhas de Contorno
11	Abstração e Modelagem
12	Gerenciamento de Equipe, Comunicações e Liderança

Esse programa de estudos cobre as etapas da resolução de problemas de engenharia e materiais relacionados com sustentabilidade, mudança climática, orientação profissional e desenvolvimento de carreira. Tópicos podem ser omitidos conforme a vontade do professor.

Sumário

O AUTOR	vii
AGRADECIMENTOS	ix
PREFÁCIO	xi

CAPÍTULO 1

SISTEMAS DE INFRAESTRUTURA EM ENGENHARIA CIVIL — 1

Perspectivas históricas	3
A infraestrutura da civilização	3
Engenharia civil como profissão aprendida	14
Projeto de sistemas, componentes e processos	17
Estudo de viabilidade	21
Projeto detalhado	26
Especificações para a construção	27
Metas que guiam o projeto	27
Desempenho	28
Segurança	28
Saúde	28
Sustentabilidade e proteção ambiental	29
Eficiência econômica	29
Aceitação pública	29
Conclusão	30
Resumo	31
Palavras-chave	31
Exercícios para desenvolver habilidades de projeto	32

CAPÍTULO 2

SUSTENTABILIDADE E PROJETO – TESTE DE HABILIDADE DE REDAÇÃO — 35

Introdução	37
Perspectivas filosóficas	37
Aspectos de sustentabilidade ligados ao projeto	40

xviii Introdução à Engenharia Civil

Métodos para avaliação do cumprimento das metas de sustentabilidade em um projeto 41
    Pegada de carbono 41
    Análise do ciclo de vida 42
    Avaliação de impacto ambiental 46
Considerações adicionais 48
    Mudança climática 48
    Proteção ambiental 49
    Os 3 Rs 51
Comunidades sustentáveis 51
Estratégias de sustentabilidade 52
Resumo 53
Palavras-chave 54
Exercícios para desenvolver habilidade de projeto 55

CAPÍTULO 3
MUDANÇA CLIMÁTICA 57

Introdução 59
Medição da mudança de temperatura e concentração de dióxido de carbono 59
Fatores que influenciam a temperatura atmosférica e o clima 64
Modelos de mudança climática 67
Consequências potenciais e riscos associados à mudança climática 72
Implicações para projetos de sistemas de infraestrutura em engenharia civil 79
Resumo 85
Palavras-chave 86
Exercícios para desenvolver habilidades de projeto 86

CAPÍTULO 4
ETAPAS DO PROJETO 89

Introdução 91
Um arcabouço para organização de projetos de engenharia 91
    Pensamento crítico 91
    Etapas do processo de projeto 92
Avaliação das necessidades e definição dos problemas – Etapa 1 95
Definição das metas do projeto – Etapa 2 96
Geração de soluções alternativas – Etapa 3 97
Avaliação das soluções alternativas – Etapa 4 98
Escolha de uma solução e recomendações – Etapa 5 99
Comunicações verbal e gráfica – Etapa 6 99
Implementação da solução – Etapa 7 100
Gerenciamento de projeto, comunicação e trabalho em equipe 100
Resumo 101
Palavras-Chave 101
Exercícios para desenvolver habilidades de projeto 102

Sumário **xix**

CAPÍTULO 5
ANÁLISE DAS NECESSIDADES E DEFINIÇÃO DE PROBLEMAS – RELATÓRIO 1   103

Introdução	105
Quais as necessidades básicas a que um projeto irá atender?	105
Quais características físicas do projeto devem ser examinadas?	106
Quais oportunidades e desafios o terreno oferece?	113
Quem são os ganhadores e os perdedores?	113
Quais são as realidades políticas?	113
Clientes, eleitores e aprovação do projeto	114
Agências públicas e o setor privado	114
Parcerias público-privadas	116
Organizações sem fins lucrativos	116
Técnicas para auxiliar na definição do problema	117
Princípios da definição do problema	117
Métodos para definir problemas	118
Conclusões	122
Resumo	122
Palavras-chave	123
Exercícios para desenvolver habilidades de projeto	123

CAPÍTULO 6
DEFINIÇÃO DAS METAS DE PROJETO – RELATÓRIO 2   125

Introdução	126
Formalizando a declaração de metas	126
Características das metas de projeto	127
Quantificável	127
Independência	127
Generalidade	128
Metas hierárquicas	129
Categorias de metas gerais de projeto	131
Metas de desempenho	131
Metas de segurança	133
Metas sanitárias	136
Metas de sustentabilidade e proteção ambiental	138
Metas de eficiência econômica	141
Metas de aceitação pública	147
Normas de projeto	150
Hierarquia e peso das metas	150
Resumo	157
Palavras-chave	158
Exercícios para desenvolver habilidades de projeto	158

xx   Introdução à Engenharia Civil

CAPÍTULO 7
SÍNTESE E GERAÇÃO DE ALTERNATIVAS – RELATÓRIO 3   161

Introdução	163
Dividindo o problema de projeto em componentes ou subproblemas	163
Técnicas para auxiliar a geração de alternativas	167
Gerando evidências do cumprimento das metas de projeto	173
Resumo	175
Palavras-chave	175
Exercícios para desenvolver habilidades de projeto	175

CAPÍTULO 8
AVALIAÇÃO DE SOLUÇÕES ALTERNATIVAS – RELATÓRIO 3   177

Introdução	179
Matriz de metas	179
Calculando pontuações de decisões	181
Análise de trade-off	183
Resumo	185
Palavras-chave	185
Exercícios para desenvolver habilidades de projeto	185

CAPÍTULO 9
DESENVOLVIMENTO DE MAPAS DO TERRENO E BASES DE DADOS
187

Introdução	189
Passo 1 – Realizando o download dos USGS DEM para o mapa-base	190
Passo 2 – Importando os DEM para os ESRI ArcMap	193
Passo 3 – Criando um mosaico de DEM usando a extensão de análise espacial do ESRI	195
Passo 4 – Fazendo o clipping do DEM para a descrição de limite do projeto	197
Passo 5 – Suavizando a imagem raster	200
Passo 6 – Criando contornos usando a extensão de análise espacial do ESRI	201
Passo 7 – Escolhendo estilos/simbolismos para contornos maiores ou menores	202
Passo 8 – Atribuindo rótulos aos contornos	204
Passo 9 – Exportando contornos para KML	205
Passo 10 – Visualizando contornos no Google Earth	206
Resumo dos passos	208
Licenças de software	208
Conclusão	208
Resumo	208
Palavras-chave	209
Exercícios para desenvolver as habilidades de projeto	209

Sumário **xxi**

CAPÍTULO 10
AVALIAÇÃO DE TERRENO E USO DE LINHAS DE CONTORNO   211

Introdução	213
Características importantes do terreno	213
Localização e limites	215
Usos de terras ao redor do terreno	216
Usos passados e atuais	216
Topografia e morfologia do terreno	216
Padrões de drenagem e planícies de inundação	222
Características geotécnicas	226
Recursos ambientais	229
Utilidades existentes	235
Características históricas e culturais	235
Resumo	236
Palavras-chave	236
Exercícios para desenvolver habilidades de projeto	237

CAPÍTULO 11
ABSTRAÇÃO E MODELAGEM   239

Introdução	241
Modelos icônicos	241
Modelos analógicos	241
Modelos simbólicos	244
Software de modelagem	252
Teorias, leis e relações empíricas	252
Resumo	257
Palavras-chave	257
Exercícios para desenvolver habilidades de projeto	257

CAPÍTULO 12
GERENCIAMENTO DE EQUIPE, COMUNICAÇÕES E LIDERANÇA   261

Introdução	263
Planejamento	263
Organização	264
Direção e comunicações	267
Controle	270
Bases para um trabalho eficaz em equipe	272
Resumo	273
Palavras-chave	274
Exercícios para desenvolver habilidades de gerenciamento e liderança	274

xxii Introdução à Engenharia Civil

APÊNDICE A
EXERCÍCIO PARA AVALIAÇÃO DE HABILIDADES DE REDAÇÃO – PROJETANDO PARA ATINGIR SUSTENTABILIDADE

277

APÊNDICE B
MODELO E ORIENTAÇÕES PARA O RELATÓRIO DE EQUIPE 1 – METAS DO PROJETO E RESTRIÇÕES

285

APÊNDICE C
MODELO E ORIENTAÇÕES PARA O RELATÓRIO DE EQUIPE 2 – ALTERNATIVAS DE PROJETO E AVALIAÇÃO

299

REFERÊNCIAS — 313
FATORES DE CONVERSÃO — 318
ÍNDICE — 319

CAPÍTULO

1

Sistemas de Infraestrutura em Engenharia Civil

Objetivos

Após a leitura deste capítulo, você deverá ser capaz de:

- Fornecer uma visão geral sobre a história de sistemas de infraestrutura e a evolução da engenharia civil.

- Explicar os conceitos de sistemas.

- Explicar o conceito de estudo de viabilidade.

- Enunciar oito principais categorias de metas de projeto em engenharia civil.

PERSPECTIVAS HISTÓRICAS

A infraestrutura da civilização

Sua vida depende de sistemas de engenharia civil que funcionem corretamente, assim como as vidas de praticamente todas as pessoas no planeta. **Infraestrutura** pode ser definida como as instalações físicas que sustentam e apoiam a comunidade e usualmente incluem materiais de engenharia como concreto, aço ou outros materiais de construção que podem ser utilizados em grandes quantidades. Engenheiros civis projetam a infraestrutura de megacentros urbanos e complexos metropolitanos próximos, nossas cidades de portes médio e pequeno, comunidades menores e nossas estruturas mais distantes, como parques e terrenos de extração de recursos naturais ou plantações de alimentos. Eles também desempenham um papel importante no projeto e construção de infraestruturas marítimas e espaciais. "Infraestrutura" inclui sistemas que fornecem água potável e para necessidades industriais (projetados por engenheiros civis com conhecimento em engenharia ambiental e de recursos hídricos), sistemas que diminuem o risco causado por inundações por conta de chuvas torrenciais (projetados por engenheiros com conhecimentos de hidráulica e recursos hídricos), sistemas que tratam e eliminam resíduos líquidos, sólidos e que podem se disseminar pelo ar (projetados por engenheiros ambientais), sistemas estruturais que criam espaços onde a sociedade vive, trabalha e cria (projetados por engenheiros estruturais) e sistemas de transporte responsáveis pelo trânsito de pessoas e bens, conectando e permeando nossos centros urbanos e áreas mais remotas (projetados por engenheiros de transporte). Praticamente todo tipo de infraestrutura fica em contato com o solo, e conhecimentos sobre os efeitos que diferentes tipos de solo têm sobre o assentamento do terreno causado pelo peso da estrutura e pela carga que sustentará são necessários para o projeto de infraestrutura (engenharia geotécnica). Todo sistema de infraestrutura precisa passar pela fase da construção e, portanto, deve existir um meio prático de transformar as concepções no papel em aço e concreto.

DIVERSAS DISCIPLINAS DE ENGENHARIA ESTÃO ENVOLVIDAS NO PROJETO DE INFRAESTRUTURA

Muitos sistemas de infraestrutura exigem expertise em projetos de diversas áreas de especialização em Engenharia. Engenharia de transporte envolve não apenas conhecimento sobre como congestionamentos ocorrem e podem ser minimizados, mas também conhecimento especializado sobre segurança de transporte, drenagem, pavimento e projeto de pontes. Projetos de sistemas de suprimento de energia envolvem uma mistura de engenharia civil, mecânica e elétrica. Essas últimas duas disciplinas da engenharia projetam os equipamentos e certos aspectos do sistema de distribuição de energia, mas a engenharia civil desempenha um papel importante na escolha do local, no abastecimento e tratamento de água resfriada, no projeto da estrutura que abrigará o maquinário usado na produção de energia e na produção dos sistemas que transportam os recursos de produção dessa energia para o local no qual são transformados em energia elétrica (por exemplo: ferrovias, rodovias, hidrovias e oleodutos) e no sistema estrutural que carregam a energia elétrica para o ponto de consumo.

DOMÍNIO CRESCENTE DE CIDADES NO MUNDO

A população mundial está em fase de transição, de uma vida predominantemente no meio rural para uma vida urbana. Embora, há 100 anos, apenas 2 entre cada 10 pessoas no mundo vivessem em cidades, em 2050, estima-se que a cada 10 pessoas 7 viverão em cidades, o que reflete um crescimento populacional urbano de aproximadamente 1,5% por ano. Praticamente todo o crescimento urbano ocorrerá em cidades de países em desenvolvimento. Estima-se que a população urbana de países em desenvolvimento esteja crescendo em média 1,2 milhão de pessoas por semana ou 165 mil pessoas por dia. Quase metade dos habitantes mora em cidades com populações entre 100 mil e 500 mil habitantes, e menos de 10% vivem em megalópoles, com mais de 10 milhões de pessoas. (Fonte: Organização Mundial de Saúde. *Global Health Observatory* (GHO), *Crescimento Populacional Urbano*; abril de 2013). A tabela a seguir lista as 10 maiores metrópoles do mundo em 2010 (Fonte: *CIA World Factbook*, dezembro de 2010; retirado de cia.gov/library/publication/the-world-factbook).

Metrópoles	População
Tóquio, Japão	36.669.000
Deli, Índia	22.157.000
São Paulo, Brasil	20.262.000
Mumbai, Índia	20.041.000
Cidade do México, México	19.460.000
Nova York, EUA	19.425.000
Xangai, China	16.575.000
Kolkata, Índia	15.552.000
Dhaka, Bangladesh	14.648.000
Karachi, Paquistão	13.125.000

Em 2013, a população estimada dos Estados Unidos estava em torno de 316 milhões de pessoas, com mais de 82% vivendo em cidades ou subúrbios. As projeções para 2050 apontam que o tamanho da população dos Estados Unidos estará entre 402 e 439 milhões de pessoas, devido a uma taxa de crescimento anual de 2%, aproximadamente.

Civilizações não podem evoluir sem cidades, e cidades não podem existir sem infraestrutura. Civilizações complexas parecem se desenvolver apenas quando as cidades emergem. Devido a isso, infraestruturas, cidades e civilizações complexas são inseparáveis. Os primeiros assentamentos datam de nove mil anos e consistiam em aglomerados de estruturas usadas para residências e propósitos religiosos. Estradas davam acesso a essas estruturas e conectavam o assentamento ao interior subdesenvolvido – duas importantes funções que estradas ainda desempenham nos dias de hoje. Entretanto, para a civilização prosperar, teoricamente é necessária uma agricultura eficiente que possibilite a geração de excedente alimentar que permita que os habitantes de um aglomerado urbano sobrevivam e desenvolvam habilidades altamente especializadas. Acredita-se que esses excedentes de agricultura formem a base para o surgimento do Antigo Egito e outras civilizações. A geração do excedente requer o cultivo da terra e especialização da agricultura, mas somente isso não é suficiente para gerar uma civilização complexa. Também existe a necessidade de levar esse excedente para área urbana, o que requer uma forma de transporte. O estabelecimento de relações comerciais com outras áreas também se torna importante para o crescimento e especialização, e o transporte de bens também é necessário para isso. As características-chave associadas ao surgimento de civilizações parecem ser o desenvolvimento de cidades que fomentam a especialização das habilidades de trabalho, a contínua evolução da eficiência econômica que permite que essas habilidades se desenvolvam e uma infraestrutura que suporte o desenvolvimento e a utilização dessas habilidades especializadas ao prover os meios para obtenção dos insumos necessários para produção e distribuição dos produtos para as localidades nas quais são desejados e serão consumidos. As Figuras 1.1 a 1.8 mostram alguns sistemas de infraestrutura da antiguidade e contemporâneos.

Figura 1.1 Reconstrução artística de Çatal Hüyük.

Considerada a mais antiga comunidade estabelecida no mundo, estima-se que Çatal Hüyük tenha surgido por volta de 7.400 A.C. e tenha servido de moradia para mais de 10 mil pessoas. Sua localização era no atual sul da Turquia.

Fonte: Leaving Babylon. Marion Bull/Alamy

6 Introdução à Engenharia Civil

Figura 1.2   Antigo Aqueduto Romano.
Fonte: Pont del Diable, Tarragona, Espanha. Nito/Shutterstock

Figura 1.3   Catedral de Chartres, em Chartres, França.
Construção concluída em 1250.
Fonte: Doin Oakenhelm/Shutterstock

Figura 1.4 Ponte do Brooklyn, Cidade de Nova York.
Construção concluída em 1883.
Fonte: Behyar/Shutterstock

Figura 1.5 Aeroporto Internacional de Denver.
Construção concluída em 1994.
Fonte: Dan Leeth/Alamy

Um fato que desempenhou um importante papel na evolução das cidades foi o acesso a métodos de transporte que economicamente facilitavam um comércio eficiente. Locais que favoreciam os métodos mais baratos de transporte e davam às cidades uma vantagem competitiva no comércio cresciam nesse quesito e em população. O Mediterrâneo provia várias rotas hidroviárias para o comércio entre muitas das nações da antiguidade, e os centros comerciais importantes, localizados ao longo da sua costa, se tornaram grandes cidades. Mais tarde, com a descoberta do Novo Mundo, cidades costeiras da Europa com portos naturais cresceram com o comércio marítimo. Projetos de engenharia foram implementados para aumentar a funcionalidade desses portos.

Figura 1.6 Trevo rodoviário.
Fonte: Tetra Images/Alamy

Figura 1.7 O arranha-céu Burj Khalifa, em Dubai.
Com 828 metros de altura, é o prédio mais alto do mundo, com 160 andares. A construção foi concluída em 2010.
Fonte: Prisma Bildagentur AG/Alamy

Figura 1.8 Represa Hoover, em Nevada, e a Ponte Mike O'Callaghan – Pat Tillman.
Ligando as duas margens do Rio Colorado, a construção da ponte foi concluída em 2010.
Fonte: Andrew Zarivny/Shutterstock

Sistemas de transporte sustentam as relações comerciais. Antes do advento das ferrovias, cidades na América do Norte tendiam a se situar próximo a hidrovias e portos naturais que forneciam pontos com melhor custo-benefício para as atividades econômicas que dependiam do comércio; cidades nas colônias de Boston, Nova York e Baltimore eram locais favoráveis para que cidades evoluíssem. Com a invenção das ferrovias, lugares no interior se tornaram o foco do desenvolvimento. Cidades no Meio-Oeste que também tinham acesso a grandes lagos ou rios, como Chicago e St. Louis, se tornaram importantes terminais ferroviários e passaram por significativo crescimento. Muitas das pessoas e a maioria dos bens associados à expansão para o oeste passavam por esses locais. Outras cidades distantes de grandes quantidades de recursos hídricos cresceram, pois serviam de ponto de convergência para várias linhas ferroviárias (Atlanta) ou como portões de passagem para o Oeste (Denver). Diversas cidades na costa oeste dos Estados Unidos, já envolvidas com o comércio hidroviário no círculo do Pacífico, incluindo San Francisco e Seattle, se tornaram as estações de chegada para as ferrovias transcontinentais, que facilitavam o comércio entre os Estados Unidos e outras nações. Atualmente, o transporte aéreo oferece mais eficácia para o trânsito internacional de pessoas e produtos. Áreas urbanas no entorno de aeroportos com uma considerável infraestrutura projetada para lidar com esse movimento de pessoas e bens de forma eficiente fornecem oportunidades para o crescimento econômico. Long Beach se tornou um grande porto marítimo atendido por ferrovias e bases aéreas próximas, e inúmeras outras cidades procuram se tornar grandes **centros intermodais** envolvidos com o comércio exterior.

SISTEMAS DE INFRAESTRUTURA URBANOS COMO SÍMBOLOS DE UMA CULTURA

Sistemas de Engenharia Civil têm uma vida útil bem longa. Os sistemas de infraestrutura de civilizações antigas captam a imaginação e frequentemente se tornam grandes atrações turísticas. Quando visualizamos ou imaginamos a vida dessas civilizações, invariavelmente somos atraídos por essas estruturas e sistemas de grande escala, projetados pelos precursores dos engenheiros de hoje. No Egito, as pirâmides eram a expressão da crença religiosa sobre a vida após a morte, além de grandes projetos que empregaram milhares de trabalhadores e exigiam a utilização de habilidades de engenharia que eram o estado da arte daquela época. Em Roma, o Coliseu, os Aquedutos, o Fórum, as primeiras igrejas e as primeiras estradas são comumente citados como exemplos de engenharia civil na antiguidade. Na Grécia, os ainda mais antigos templos e anfiteatros necessitaram de mais do que conhecimentos rudimentares para serem projetados e construídos. Na Inglaterra e na Europa como um todo, para a construção de catedrais e castelos, foram necessárias habilidades avançadas em projeto, sobre materiais, solos e padrões de tensões, ainda que rudimentares. Na Ásia, a Grande Muralha da China, as Tumbas Ming, os palácios e templos chineses, assim como os templos na Tailândia e no Camboja, exigiram competência e conhecimento de projeto e construção. Indo para as Américas, as cidades dos Astecas são conhecidas por seus templos, as dos Incas, por suas estradas e sistema de irrigação, bem como Machu Pichu, umas das cidades de maior altitude já construídas. O que tendemos a negligenciar, quando romantizamos sobre essas eras passadas, é que as pessoas que nela viviam não tinham as facilidades de água corrente potável para beber, nem sistemas para banho e remoção de resíduos (embora a civilização romana tivesse ambos). Epidemias eram brutais por causa disso, e a expectativa de vida era baixa. O que também é deixado de lado é o estado primitivo do conhecimento de engenharia quando as construções foram erguidas. O fato de que muitas dessas obras ainda existem pode ser considerado evidência de que foram superdimensionadas devido à falta de conhecimento sobre estruturas e materiais. Os projetistas responsáveis tinham, à disposição, uma gama limitada de materiais de construção.

As pessoas são atraídas por sistemas de engenharia civil, pois eles são símbolos visíveis de uma cultura. Atrações recentes de engenharia incluem distritos históricos e parques em muitas cidades dos Estados Unidos, cujas construções datam dos anos 1800 ou do início dos anos 1900. A ponte do Brooklyn se tornou um símbolo da cidade de Nova York, a ponte Golden Gate tem o mesmo significado para San Francisco, e rodovias históricas, antes importantes ligações entre cidades, se transformaram em lugares com deslumbrantes cenários. Frequentemente, esforços e custos substanciais de planejamento e projeto são despendidos de modo a preservar prédios históricos e estruturas que, de outra forma, seriam demolidos para dar lugar a construções mais modernas e eficientes. Restaurações podem ter como objetivo transformar edifícios do seu intento original para algo mais focado em turismo ou revitalização urbana; estações ferroviárias podem se tornar shoppings ou hotéis; velhos armazéns ou escritórios podem ser remodelados em apartamentos. Muito menos conhecidas e muito menos prováveis de se tornarem atração turística são instalações de tratamento de água e de esgoto; entretanto, represas (como a Hoover, entre os estados americanos de Nevada e Arizona) atraem milhares de visitantes por ano. Essas represas servem a variados propósitos, incluindo suprimento de água, controle de fluxo e geração de energia. Sistemas de engenharia civil são grandes atrações turísticas e comumente se tornam símbolos dos locais onde estão.

CIDADES E ECONOMIA DE ESCALA

Há uma economia de escala quando o custo por unidade produzida diminui com o número de unidades produzidas. Por exemplo, o custo por quilômetro é menor no transporte de pessoas em aviões grandes que em aeronaves menores. Aeronaves maiores operam com uma eficiência melhor por utilizarem uma equipe do mesmo tamanho da necessária para uma aeronave menor, mas transportando mais passageiros, os motores maiores consomem menos combustível por passageiro-milha, e é necessário um número menor de voos para transportar o mesmo número de passageiros. A relação entre perímetros e áreas de quadrados e círculos também serve como exemplo para economia de escala. O perímetro de um quadrado e de um círculo são, respectivamente, $4R$ e $2\pi R$, em que R representa a lateral do quadrado e o raio do círculo. Do mesmo modo as áreas de um quadrado e de um círculo são, respectivamente, R^2 e πR^2. Dessa forma, dobrando seus perímetros, aumentamos suas áreas em quatro vezes. Portanto, pelo dobro de matéria-prima necessária para construir um condutor quadrado ou um cano, a quantidade de material que pode fluir por ambos quadruplica.

No que diz respeito à infraestrutura, cidades permitem "economias de escala" que, em geral, não poderiam ocorrer no meio rural. Menos faixas-quilômetros de pavimentação são necessárias para atender ao mesmo número de veículos encontrados em estradas no interior. Menos metros de tubulações de esgoto ou de sistemas de distribuição de água atendem ao mesmo número de pessoas. O custo do tratamento de água por volume diminui à medida que o volume aumenta.

Sistemas centralizados de aquecimento e de ar condicionado que atendem múltiplos prédios podem reduzir os custos de energia em áreas urbanas. Um dos principais fatores que aumentam a possibilidade de uma economia de escala é a quantidade crescente de pessoas próximas a um sistema de infraestrutura e que podem utilizá-lo. A estrutura mais compacta de uma área urbana requer menores distâncias para transporte de pessoas ou produtos e eleva o número de usuários.

Os gráficos a seguir ilustram o conceito de economia de escala. O primeiro compara o custo total com o número de unidades produzidas. O custo médio por unidade pode ser calculado como a inclinação da linha que conecta a origem do gráfico com um ponto da curva que representa o custo total. Vamos supor que existam custos fixos (CF) que precisam ser distribuídos entre todas as unidades produzidas. Por exemplo, o custo do terreno pode ser considerado como um custo fixo. Cada andar construído em um terreno pode ser considerado uma unidade produzida. Cada unidade extra produzida diminui a carga do CF sobre cada unidade, CF/Unidades. O custo marginal (o custo necessário para construir mais uma unidade) representa o custo variável – considerado constante no primeiro gráfico. Sobre cada nova unidade produzida, incide o mesmo valor de custo variável (CV). O custo para produzir um andar pode ser considerado como igual a CV. À medida que a produção aumenta, os custos totais (CT) também aumentam, CT = CF + CV × Unidades, mas o custo médio continua a diminuir, pois mais unidades dividem entre si o custo fixo. O custo médio é calculado por CT/Unidades.

O segundo gráfico supõe que o custo médio por unidade continuará a diminuir à medida que a produção aumenta. Isso só será verdadeiro se o custo variável (CV) não aumentar quando a produção aumenta. Na realidade, vários fatores tecnológicos podem fazer com que CV aumenta à medida que a produção aumenta. Por exemplo, à medida que mais andares forem adicionados ao prédio, os andares inferiores terão de ser projetados para aguentar o peso dos superiores, e os custos podem aumentar. Se o custo variável não aumentar, o custo médio irá diminuir inicialmente, chegar a um mínimo e, então, começar a crescer junto com a produção. Devido à existência do mínimo custo total, existirá um número associado "ótimo" de unidades.

Para aumentar o realismo da teoria, podemos assumir que, devido a fatores tecnológicos, o CV associado a cada unidade adicional produzida aumentará à medida que a quantidade total de unidades aumentam tal que: CV = $(K \times \text{Unidades})^{\alpha}$. Essa fórmula irá produzir curvas de custo total e de custo médio como as mostradas na terceira e na quarta curvas. Pode-se ver, nesse caso, mais próximo da realidade, que haverá uma quantidade de unidades que terá um custo mínimo de produção.

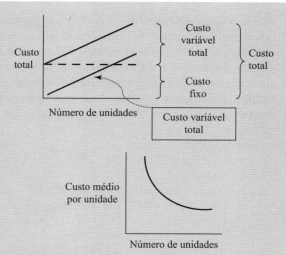

Acima: Custos variáveis constantes.

Custos variáveis por unidade produzida permanecem constantes à medida que a produção aumenta. Custo total médio por unidade diminui enquanto um número crescente de unidades é produzido, mas não haverá custo total médio mínimo com um número associado "ideal" de unidades.

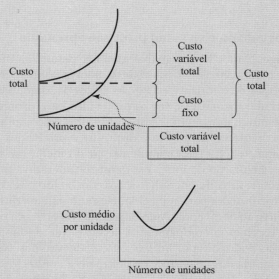

Acima: Custos variáveis crescentes.

Custos variáveis por unidade produzida aumentam à medida que a produção total do sistema aumenta. Custo médio por unidade diminui até certo ponto e, então, começa a crescer novamente. Note que, em um ponto da produção, o custo total médio por unidade produzida atinge um patamar mínimo ou "ideal".

Com esses conceitos em mente, as curvas teóricas do custo médio para sistemas de infraestrutura em áreas rurais podem ser comparadas àquelas em áreas urbanas, como demonstrado a seguir. Economias de escala devidas à localização em áreas urbanas, ao invés de áreas rurais, podem reduzir o custo médio para cada unidade produzida. Contudo, o "ótimo" número de unidades produzidas pode ser maior em áreas urbanas que em rurais.

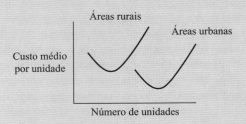

Acima: Economias de escala urbana.
Uma descrição gráfica de como os sistemas de infraestrutura em cidades podem resultar em vantagens de economias de escala se comparadas com áreas rurais. O custo médio por unidade é menor em áreas urbanas que nas rurais, mas o número de unidades que precisam ser produzidas para alcançar essa economia de escala pode ser maior.

Engenharia civil como profissão aprendida

Engenharia civil e engenharia militar vieram das mesmas raízes. Com o advento da civilização e centros urbanos, líderes políticos acharam necessário construir defesas e conduzir guerras. As raízes da engenharia civil estão em fortalezas, estradas, baluartes e fossos projetados para proteger os habitantes de centros urbanos e movimentar tropas. As raízes da engenharia mecânica se encontram em máquinas de guerra e dispositivos projetados e construídos para fornecer poder de fogo para complementar ou melhorar as táticas utilizadas pelas tropas. Leonardo da Vinci, em geral considerado a mente mais engenhosa da história na área de engenharia, foi contratado para projetar máquinas de guerra e fortificações para uma cidade-estado italiana durante a Renascença. Ele também trabalhou com o que hoje seria considerada engenharia de entretenimento e projetou equipamentos de salão que deslumbravam convidados durante festas realizadas por líderes das cidades-estados. Nesses trabalhos, ele inventou a maioria dos dispositivos pelos quais é conhecido.

Até o fim do século XVIII, conhecimentos de engenharia eram passados por engenheiros profissionais para seus aprendizes. Não havia programas universitários como são comuns hoje em dia, em que estudantes podem seguir um currículo que é muito parecido em todas as faculdades. O primeiro programa curricular de engenharia surgiu em 1794, na École Polytechnique, em Paris. Os grandes avanços científicos que criaram as bases para o currículo de engenharia na École Polytechnique, bem como as da engenharia civil contemporânea, devem muito ao Sir Isaac Newton (1642-1727), que formulou as três leis fundamentais da Engenharia Mecânica e a Lei da Gravidade. Gottfried Leibnitz (1646-1716) geralmente recebe crédito por sua contribuição para as bases teóricas do Cálculo, usado extensivamente para descrever a aplicação das Leis de Newton em problemas de Engenharia. Outra grande contribuição para a engenharia civil foi à expansão do sistema ferroviário na segunda metade do século XIX. A evolução em projetos de engenharia mecânica de locomotivas e vagões mais pesados e potentes criou a necessidade de melhores métodos de análise e projeto em diversas áreas, incluindo infraestrutura, drenagem, solos e materiais – especialmente o aço usado nos trilhos.

O primeiro programa acadêmico de Engenharia nos Estados Unidos foi em West Point, que recebeu autorização para financiamento do Congresso americano em 1802. O currículo era baseado e similar ao criado na École Polytechnique. West Point oferecia o único programa de graduação em Engenharia dos Estados Unidos até 1824, quando surgiu o Rensselaer Polytechnic Institute. O Capitão do Exército Meriwether Lewis, líder da expedição Lewis e Clark, que mapeou e inventariou as terras para a Compra da Louisiana, entre 1804 e 1806, e abriu espaço para a ocupação dos americanos, se graduou em West Point. Durante a primeira metade do século XIX, West Point formou os engenheiros civis responsáveis pela maior parte das estradas, pontes, ferrovias e portos nos Estados Unidos, e o currículo criado lá teve forte influência nos cursos de Engenharia Civil que surgiam nas universidades. Graduados na Academia Militar (West Point) que adquiriram experiência de liderança em operações de larga escala durante a Guerra Civil Americana supervisionaram o projeto e a construção da primeira ferrovia transcontinental, inaugurada em 1869. Não obstante, nos Estados Unidos, a necessidade de profissionais com formação acadêmica em diversas áreas foi reconhecida com a Lei Morrill, de 1862, que reservou 30 mil acres (um acre equivale a 4.050 m²) nas terras de cada estado, que poderiam ser vendidos a fim de arrecadar dinheiro para fundar faculdades e universidades. Muitas dessas faculdades e universidades implementaram cursos de Engenharia Civil e Mecânica, ajudando a elevar a profissão, de uma base construída na prática do ofício para uma base científica. Os profissionais formados por esses programas de graduação desempenharam importante papel projetando infraestruturas urbanas. Universidades particulares também criaram cursos de Engenharia, estimuladas pela carência de engenheiros profissionais para projetarem a infraestrutura dos centros urbanos, que cresciam rapidamente na segunda metade do século XIX e na primeira metade do século XX.

Educação formal é um dos elementos-chave para qualquer profissão com base acadêmica. À medida que o conhecimento científico aumentou e que surgiram novas aplicações para os princípios científicos, programas educacionais evoluíram e passaram a avaliar e disseminar essas informações e desenvolver as capacidades intelectuais necessárias para aplicá-las. A engenharia civil deixou de ser uma profissão ensinada individualmente pela larga experiência de alguém, com prováveis limitações no conhecimento científico mas sólida compreensão da prática. Atualmente, se tornou uma profissão na qual a educação formal em sala de aula enfatiza métodos científicos e o pensamento crítico é uma necessidade. O formato de educação em sala de aula e de avaliações através de métodos tradicionais evoluirá à medida que a disseminação do conhecimento e os métodos de teste de habilidade começarem a se utilizar das vantagens criadas pelos avanços na tecnologia da comunicação, como a internet.

CIÊNCIA E ENGENHARIA CIVIL

Ciência é a base de projetos da engenharia civil contemporânea. Até o século XIX, quase todos os projetos de sistemas de infraestrutura eram realizados sem os benefícios e vantagens da matemática avançada e sem conhecimento sobre como materiais reagem quando colocados sob cargas repetidas. Entretanto, cientistas e matemáticos altamente respeitados vêm desenvolvendo a teoria científica que destaca o comportamento de materiais em estruturas desde 1638, quando Galileu começou a testar a resistência de cilindros de pedra. Outras contribuições para a evolução da engenharia moderna, no que diz respeito à resistência dos materiais, foram feitas por Mariotte, em 1686, Leibniz e Bernoulli, em 1691, Parent, em 1713, Coulomb, em 1773, Navier, em 1826 e Maxwell, em 1864. Essas são pessoas proeminentes na história da Física e Matemática, e muitas das equações que engenheiros civis utilizam hoje em dia vieram de seus trabalhos. O que vemos hoje em cidades da antiguidade é o que sobreviveu a tempestades, inundações, incêndios e muitos outros desastres que provavelmente destruíram muito da infraestrutura original e muitos de seus habitantes. Muitas catedrais e pontes desabaram sob cargas inadequadamente previstas ou que simplesmente não analisadas usando alguma teoria científica, mas adivinhadas com base na intuição.

Cientistas se preocupam em identificar os princípios que definem um fenômeno, e engenheiros se preocupam em projetar sistemas que atendam a objetivos específicos. O cientista contribui com informações teóricas que auxilia o engenheiro na busca da solução de um problema. O produto final de buscas científicas normalmente é publicado em periódicos que reportam o resultado de pesquisas; já o produto final de atividades de engenharia surge como sistemas concretos que interagem com seres humanos e o ambiente. Em outras palavras, o objetivo do cientista é aumentar o conhecimento, enquanto o do engenheiro é produzir um produto final palpável que atenda a certos requisitos. O avanço da teoria de concepção em engenharia hoje em dia é dependente do desenvolvimento de teorias científicas relevantes que expliquem fenômenos os quais engenheiros possam aproveitar em seus projetos.

As relativamente recentes descobertas científicas sobre a teoria de transmissão de doenças permitiram aos engenheiros civis projetar sistemas de tratamento de água e de esgotos que ajudaram a erradicar muitas das doenças transmitidas pela água, males que erradicaram a população de cidades da antiguidade, que muitos hoje consideram românticas. Contudo, tecnologias de saneamento básico ainda estão ausentes em muitas regiões subdesenvolvidas do mundo. Ao longo da História, civilizações variaram em relação às habilidades de proteger a saúde e o bem-estar das populações. Algumas das variações podem ser rastreadas até a base de conhecimento científico e de engenharia disponível (ou a sua falta) em certo momento histórico; outras podem ser rastreadas ao surgimento de processos políticos necessários para produzir normas legalmente obrigatórias de procedimentos de concepção (ou a falta deles). Em alguns casos, condições econômicas podem ter impedido a implementação de tecnologias de saneamento que teriam diminuído os índices de mortalidade, ou normas de segurança que teriam reduzido o número de acidentes.

PROJETO DE SISTEMAS, COMPONENTES E PROCESSOS

A implementação de sistemas de engenharia civil geralmente ocorre através de uma sequência de etapas que incluem o **estudo de viabilidade**, o **projeto básico**, **o projeto executivo** e a **construção**. Este texto enfatiza a etapa do estudo de viabilidade do projeto e a definição de metas de projeto, a geração de classes genéricas de concepções alternativas em um nível baixo de detalhamento e a avaliação dessas alternativas. O estudo de viabilidade precede o projeto básico. O pensamento crítico é extremamente crucial durante a fase do estudo de viabilidade e permanece importante ao longo de todas as etapas subsequentes do projeto. Um dos passos mais relevantes durante o estudo de viabilidade é contextualizar como o objeto ou aquilo a ser projetado se relaciona com o mundo maior em que irá funcionar e com o mundo menor formado pelas partes que o compõem. O Projeto básico é feito antes do projeto executivo e representa uma transição no nível de detalhamento entre o estudo de viabilidade e o projeto executivo.

A palavra **sistema** é definida como um conjunto de elementos interconectados que funcionam de forma integrada. **Componentes** são definidos como o conjunto de elementos que interagem. Há alguma relatividade no que diz respeito a esses conceitos. O que pode ser considerado um componente de um sistema quando observado de um certo nível, pode ser considerado um sistema, quando houver a necessidade de examiná-lo mais de perto. Desse modo, *sistemas* de transporte podem ser constituídos de faixas rodoviárias, pavimentos, cruzamentos, sinais de trânsito, placas e marcações, considerados *componentes*, uma vez que interagem de modo a influenciar o funcionamento do sistema de transporte. No entanto, cada um desses componentes pode ser considerado um sistema se examinados individualmente. Pavimentos são *sistemas* de sub-bases, base e superfícies de desgaste, que são interconectadas e que interagem quando cargas de tráfego são aplicadas sobre o pavimento; *sistemas* de sinais de trânsito possuem mastro e braços, placas de sinalização, sensores no pavimento, controladores e geradores que interagem e influenciam o fluxo do tráfego. Sinais individuais também podem se conectar para criar *sistemas* arteriais ou de toda uma área, fornecendo temporização faseada a partir de uma localidade central para facilitar a eficácia do fluxo de veículos.

É importante que o projetista entenda os conceitos de sistema e componentes, pois eles determinam o que se enquadra ou não no escopo do projeto. O projetista deve discernir entre o que deve ser executado ou alterado pelo projeto e quais aspectos do problema não serão abordados. Um *sistema* de coleta de resíduos sólidos pode ser composto de lixeiras residenciais e comerciais, caminhões de lixo, rotas e pontos de despejo do lixo coletado, mas pode não incluir o aterro ou centros de reciclagem. Um *sistema* de gerenciamento de resíduos sólidos pode incluir todos esses itens e ainda um incinerador, além de meios para descartar os subprodutos da incineração. Um *sistema* de controle de vetores, que visa a impedir a disseminação de certa doença, pode incluir todos os componentes de um sistema de gerenciamento de resíduos sólidos mais ações para exterminar os roedores, além de componentes educacionais que forneçam informações sobre como eliminar fontes de comida para os roedores. A Figura 1.9 ilustra o conceito de um sistema composto por diversos componentes. É bastante útil visualizar o sistema a ser projetado como elementos ou componentes físicos inter-relacionados, mas mutuamente excludentes; vistos como um todo, os componentes formam a totalidade do sistema. O nível de detalhamento ou especificidade de cada componente deve ser relativamente igual.

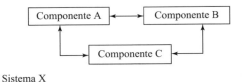

Figura 1.9 Sistemas e componentes.

No que diz respeito ao estudo de viabilidade, os componentes essenciais de um sistema de infraestrutura devem ser identificados. O estudo de viabilidade de uma rede de coleta de esgoto pode não precisar da determinação do tipo de bomba utilizada, mas determinar que o bombeamento será necessário e a quantidade de resíduo líquido que precisará ser bombeado. Criar um fluxograma que mostre os componentes e suas interconexões pode ser útil. O fluxograma para um sistema de suprimento de água pode incluir quadros representando as fontes de água (poços, rios, lagos ou reservatórios), as várias etapas do tratamento e desinfecção, armazenamento e a hierarquia dos tubos e encanamentos usados na distribuição da água. A necessidade de estações de bombeamento também pode ser retratada. Ligações entre os quadros podem indicar a sequência dos passos envolvidos entre a extração da água na fonte e o consumo. Fluxogramas similares aos da Figura 1.9 normalmente são usados para representar os componentes de um sistema. O mérito do fluxograma é mostrar o que precisa ser incluído no escopo do projeto. Ele organiza o problema de concepção e auxilia graficamente a comunicação de quais componentes precisarão ser analisados isoladamente bem como em sua interação com outros componentes quando se busca atingir as metas relacionadas com o funcionamento do sistema como um todo.

Outro exercício para auxiliar na conceptualização é a definição de *sistema versus ambiente*. Sistemas normalmente existem em um ambiente sobre o qual o projetista tem mínima influência e, como mencionado anteriormente, é importante que ele saiba distinguir o que faz ou não parte do escopo do projeto. Os *componentes* podem ser definidos como os elementos sob o controle do projetista, interconectados de maneira a definir como os elementos funcionarão como um todo, e o agrupamento dos componentes pode ser considerado o *sistema*. Todo o resto é o *ambiente*. Uma vez que o ambiente pode abranger praticamente tudo imaginável, é necessário identificar as características mais impactantes no problema do projeto. **Inputs** entram no sistema vindo do ambiente, e o sistema produz **outputs** que saem do sistema e entram no ambiente (Figura 1.10). Os inputs geralmente funcionam como cargas sobre o sistema, e a resposta do sistema a essas cargas influencia os outputs. Se um engenheiro de transporte está projetando um sistema de rodovias, a quantidade e tipos de veículos que trafegam nele, durante diferentes horas do dia, podem não estar sob o controle do projetista e seriam considerados inputs do ambiente. Outputs podem ser os veículos x quilômetros rodados ou veículos x horas de viagem, veículos x minutos de congestionamento, área de solo utilizada, quantidade de poluentes específicos ou profundidade de pavimento necessária.

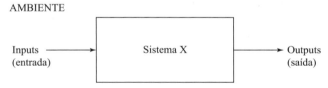

Figura 1.10 Sistema e ambiente.

Sistemas capazes de se adaptar a mudanças nos inputs do ambiente em geral o fazem por meio de mecanismos de **feedback (retroalimentação)**. O feedback envolve comparar o output com um conjunto de metas para o sistema, e, se as metas não estão sendo atingidas, realizar ajustes nas relações dos componentes de forma que o output vá ao encontro das metas. Com **feedback negativo,** a percepção de um aumento no output dispara uma série de eventos que reduzem o output, e a percepção de uma diminuição no output dispara eventos que aumentam o output. Com **feedback positivo**, um aumento no output levaria a um aumento ainda maior, e uma diminuição, a uma diminuição ainda maior. O feedback negativo normalmente é usado para manter o equilíbrio no sistema e prevenir um excesso ou deficiência de output.

Avanços tecnológicos em comunicação possibilitaram incorporar mecanismos de feedback ao projeto de muitos sistemas de engenharia civil (Figura 1.11). Usando transporte como exemplo novamente, se sensores detectarem que uma via expressa está ficando congestionada e que o tempo de viagem está aumentando à medida que os carros desaceleram, essa informação poderá ser utilizada para modificar o funcionamento de sinais de trânsito que controlam o ritmo com que os veículos entram na autoestrada. Ao diminuir a frequência, o congestionamento pode ser reduzido, e a velocidade média aumentará ao longo da via. Feedback é a base de muitos conceitos de Sistemas de Transporte Inteligentes (STI). Praticamente todos os sistemas biológicos também manifestam feedback, importante para a concepção de sistemas de gerenciamento de resíduos que utilizem processos biológicos. Feedback é usado, de alguma forma, em quase todos os "sistemas inteligentes". **Sistemas inteligentes** são aqueles capazes de se adaptar a mudanças no input do ambiente ou no estado de seus componentes internos, com o objetivo de atingir as metas relacionadas com seu output. Eles comumente contam com microprocessadores para medição dos inputs, outputs e os estados internos, para então fazer os ajustes necessários.

O termo **processo** refere-se aos passos físicos realizados para alterar ou trocar as características de algum objeto, normalmente as etapas para se converter inputs brutos em outputs úteis (Figura 1.12). Tratamento de água requer a utilização de processos químicos para clarificar e desinfetar a água; a reciclagem envolve uma variedade de processos para separar e preparar os resíduos sólidos para reutilização; a fabricação de cimento, aço, concreto armado e asfalto utilizam processos. Informações advindas de sensores localizados no ambiente são frequentemente processadas para se tornarem interpretáveis. Os dados brutos de satélites passam por um processo extensivo para produzir imagens de umidade do solo, índices de poluição do ar ou níveis e temperatura da água nos oceanos. Processos podem ser representados em fluxogramas, o que permite ao engenheiro mostrar graficamente o que pode ser uma série de complexas etapas envolvendo feedback. Se o projeto de um processo for necessário, descrições gráficas serão essenciais para a organização do problema e a apresentação do projeto.

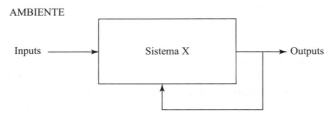

Figura 1.11 Sistema com feedback.

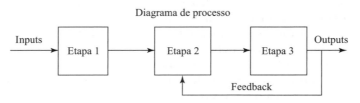

Figura 1.12 Processo.

Os tipos mais amplos de sistema, incluídos normalmente nos currículos básicos dos cursos de Engenharia, são os de transporte, suprimento de água, gerenciamento de resíduos, gerenciamento de águas pluviais, estrutural e geotécnico. Sistemas de uso de solo unem esses tipos diferentes de sistemas de infraestruturas em uma área promovendo coerência, e a engenharia de construção se preocupa com sua construção física.

ESTUDO DE VIABILIDADE

Estudos de viabilidade tentam articular o "todo" e estabelecer parâmetros de projeto amplos. Existem quatro resultados importantes em um estudo de viabilidade: (1) exposição das necessidades (definição do problema), (2) desenvolvimento das metas do projeto, (3) geração e avaliação de soluções alternativas amplas e (4) recomendações para estudos de projeto subsequentes. Como mencionado anteriormente, projetos de grandes sistemas de engenharia civil começam com o investimento de tempo e dedicação para chegar a decisões sobre componentes principais e características, para, então, seguir com estudos com maior nível de detalhamento, até o ponto em que, finalmente, são feitos os desenhos utilizados na construção do sistema. Os estudos iniciais que precedem o projeto detalhado são chamados de "estudo de viabilidade" ou "estudo de planejamento" e são o foco deste texto introdutório. Tais estudos examinam conjuntos amplos de alternativas em certo nível de detalhamento maior, com o propósito de identificar um subconjunto de alternativas mais próximas de alcançar as principais metas do projeto. Esses estudos preliminares também destinam-se a definir metas de desempenho e objetivos, desenvolver critérios que possam ser usados para comparar soluções alternativas, realizar uma avaliação de um conjunto de alternativas e identificar quais soluções são mais promissoras para um projeto mais detalhado.

Quando um estudo de viabilidade é finalizado, o engenheiro deve ter adquirido conhecimento sobre o tamanho do sistema necessário em relação à capacidade de suportar a carga, de que jeito projetos ou tecnologias conceitualmente diferentes podem ter diferentes tipos de consequências, os desafios e oportunidades fornecidos pelo local onde o sistema deverá ser construído, questões relacionadas com a aprovação e financiamento do projeto e as exigências legais que afetarão o projeto. Uma ampla gama de soluções potenciais deve ser reduzida a algumas soluções viáveis para as quais mais trabalho de detalhamento possa ser feito. A comunicação gráfica tende a ser mais geral. Muitos detalhes do projeto podem não estar presentes no estudo de viabilidade. Por exemplo, se um projeto de sistema de transporte está sendo realizado, as rotas para as vias expressas ou para o trânsito podem ser tão gerais que proprietários de terra não conseguem saber se estão localizados no **direito de passagem** e sujeitos a uma **desapropriação**. Estudos de viabilidade para sistema de transportes regionais podem conceber alternativas baseadas na quantidade e localização das vias expressas, se e onde alguma forma de trânsito com faixas exclusivas deve ser implementada e quais locais devem ser atendidos pelo serviço de ônibus. O nível de detalhamento pode não ser o suficiente para mostrar a localização de cada ponto de ônibus ou o número de faixas de conversão num cruzamento. Pode até não identificar um tipo específico de veículo que vá transitar em uma via exclusiva, mas examinar alternativas mais abrangentes como faixas dedicadas para ônibus em oposição a veículos leves sobre trilhos. Estudos de viabilidade de sistemas de suprimento de água podem determinar o volume de água que o sistema terá de produzir (demanda) e avaliar fontes alternativas de água, como poços em oposição a rios, opções de tecnologias de tratamento, opções de localizações gerais e métodos para o armazenamento da água tratada. Estudos de viabilidade identificam os principais problemas e questões do projeto e examinam até que ponto diferentes soluções de projeto abordam essas questões e quão eficientes elas são na resolução desses problemas. O que vem a seguir mostra algumas das questões associadas às alternativas de infraestrutura que podem ser examinadas em um estudo de viabilidade de um projeto para uma nova comunidade de 35 mil a 50 mil pessoas. No exemplo, presume-se que um terreno específico já foi selecionado, e o estudo preliminar sobre a necessidade de certas infraestruturas está sendo planejado.

USO DO SOLO

Normas de desenvolvimento de glebas para moradias e densidade de unidades de moradias.

A localização geral e o tamanho das unidades de vizinhança.

Serviços como escolas e policiamento que devem ser fornecidos na vizinhança.

O conceito de projeto de configuração da rede das ruas para uma vizinhança típica.

A localização geral e o tamanho das unidades para uso comercial e de escritórios.

A localização geral e o tamanho de parques e outras facilidades de recreação.

Áreas da gleba que devem ser preservadas por questões estéticas ou ambientais (por exemplo, manguezais).

Áreas da gleba que devem ser preservadas para usos especiais, como suprimento de água ou captação de energia solar.

Áreas da gleba nas quais não devem ser realizadas obras por questões de segurança, riscos ou outros problemas (por exemplo, solo instável, rochoso ou regiões alagáveis).

SISTEMAS DE TRANSPORTE

Quantidade de viagens de veículos ou pessoas que deve ser atendida diariamente.

Localização geral e classes funcionais das vias principais (configuração da rede).

Níveis de serviço a serem oferecidos:

Velocidade máxima projetada e consequências para o projeto geométrico.

Número de faixas na via expressa ou principais vias arteriais.

Características do direito preferencial de passagem e outros componentes.

Localização geral das principais intercessões.

Tipos gerais de projetos de interseção (rotatórias ou transversais, tipos de acesso entre vias expressas).

Importância dos serviços e centros de transporte público.

Importância de ciclovias e calçadas.

Utilização de tecnologias de Sistemas de Transporte Inteligentes.

SISTEMAS DE SUPRIMENTO DE ÁGUA

Demanda por água – volume de metros cúbicos por dia e durante os horários de pico; fontes de suprimento de água – qualidade e quantidade.

Exigências na qualidade do tratamento de água:

Métodos/tecnologias para tratamento e desinfecção da água – nível de tratamento.

Localização geral de estações de tratamento de água.

Localização geral dos reservatórios de água.

Tipos e localização geral de redes de distribuição de água.

Necessidade e localização geral de estações de bombeamento.

Políticas para conservação da água.

SISTEMAS DE GERENCIMENTO DE RESÍDUOS LÍQUIDOS

Origem dos resíduos líquidos – quantidade e qualidade.

Compostos que precisam ser removidos ou acrescentados antes que os resíduos possam ser descartados – nível de tratamento.

Preocupações ambientais:

Redes para coleta de resíduos líquidos.

Métodos/tecnologias para o tratamento de resíduos líquidos.

Localização geral das instalações de tratamento de resíduos líquidos.

Localização geral de pontos de despejo dos resíduos líquidos.

Necessidade e localização geral de estações de bombeamento.

Políticas de reutilização da água de resíduos, incluindo água cinza.

SISTEMAS DE GERENCIMENTO DE RESÍDUOS SÓLIDOS

Fontes dos resíduos sólidos – quantidade e qualidade.

Preocupações ambientais:

Métodos/tecnologias para coleta de resíduos sólidos.

Métodos/tecnologias para separação e descarte de resíduos sólidos recicláveis.

Métodos/tecnologias para o descarte dos resíduos sólidos não recicláveis.

Localizações gerais para instalações de processamento/descarte de resíduos sólidos.

SISTEMAS DE GERENCIAMENTO DE ÁGUAS PLUVIAIS E DE CONSERVAÇÃO DO SOLO

Projeção da intensidade e duração de tempestades durante o ano.

Quantidade esperada de escoamento:

Métodos/tecnologias para coleta e direcionamento de escoamento.

Utilização de áreas com predisposição para inundações.

Localização geral das principais instalações para drenagem.

Localização geral de cortes e aterros importantes.

Utilização de áreas passíveis de erosão do solo.

Preocupações ambientais:

Métodos/tecnologias para prevenção de erosão do solo.

Métodos e localizações gerais de armazenamento do escoamento.

Métodos/tecnologias para tratamento da água de escoamento antes do descarte.

Localização geral para instalações de tratamento do escoamento.

Localização geral dos pontos de despejo do escoamento.

Necessidade e localização geral de estações de bombeamento.

SISTEMAS ESTRUTURAIS (PONTES E PRÉDIOS)

Conceito de projeto da ponte ou estrutura.

Limitações para as fundações da ponte.

Preocupações ambientais:

Localização geral da ponte ou estrutura.

Requisitos de carga útil e dimensões espaciais da ponte.

Área de canteiro.

Elementos de sustentabilidade para o projeto de construção.

SISTEMAS GEOTÉCNICOS (PROJETO DAS FUNDAÇÕES E ESTABILIZAÇÃO DE TALUDES)

Características do solo, incluindo a quantidade de argila.

Usos anteriores do solo e potencial de existência de solos contaminados.

Localização de lençóis freáticos e aquíferos.

Problemas de drenagem.

Preocupações ambientais.

Necessidade de fundações profundas em alternativa a rasas.

Localização geral de taludes potencialmente instáveis.

Métodos para estabilização dos taludes.

PROJETO DETALHADO

Uma vez concluído o estudo de viabilidade e uma extensa gama de alternativas tiver sido reduzida para uma ou duas mais promissoras, um detalhamento maior do projeto poderá ocorrer. Tal detalhamento pode acontecer em duas etapas: projeto básico, o qual possui um nível de detalhamento muito maior que o do estudo de viabilidade, e projeto executivo, que fornece toda a informação necessária para o desenvolvimento dos detalhes de construção. Muitas das matérias sobre projetos presentes nos programas de graduação em Engenharia fornecem os conhecimentos necessários para se realizar o projeto detalhado de sistemas. Os detalhes do projeto podem incluir a planta topográfica para o traçado de rodovias, cruzamentos e trevos, número de faixas de conversão em um cruzamento e o tipo de sistema de sinalização, a localização de pontos de ônibus, o tipo e espessura dos materiais que compõem o pavimento, a disposição e o leiaute de uma estação de tratamento de resíduos e o dimensionamento de seus componentes específicos, a seleção e a disposição de partes estruturais para uma edificação incluindo seu tamanho e formato, o tamanho e localização das armaduras de reforço numa estrutura de concreto armado, a configuração e as dimensões de uma fundação, a seção transversal e o alinhamento de um canal aberto, ou o dimensionamento e a localização topográfica de uma rede de tubulações. Limites dos direitos de passagem e requisitos do espaço físico podem ser descritos com um grande nível de detalhamento, e estudos especiais podem ser realizados para examinar impactos ambientais específicos e modos de mitigá-los. O foco dos esforços para o detalhamento do projeto deve estar em produzir as informações necessárias para a tomada das decisões finais sobre o projeto e, para a próxima etapa, desenvolver as especificações para a construção.

ESPECIFICAÇÕES PARA A CONSTRUÇÃO

As empresas construtoras precisam de desenhos e documentos que indiquem à equipe de construção a localização de praticamente todos os elementos do projeto detalhados das construções a serem erguidas. Poucas decisões relacionadas com importantes decisões de projeto devem ser deixadas a cargo da equipe de construção que não possuam treinamento formal em engenharia. O sistema construído deve manter adesão às normas técnicas e os planos de construção são o último estágio no qual os erros podem ser identificados, e modificações, realizadas se necessário, antes de o aço ser fixado, e o concreto bombeado para o interior das formas. As especificações de construção devem incluir detalhes tão pequenos quanto parafusos e soldas, os tipos de juntas utilizadas nas peças de armadura ou a localização precisa de cada elemento da infraestrutura. As equipes de construção têm pouquíssima flexibilidade para alterar detalhes construtivos do projeto. As plantas e documentos também são utilizados por **inspetores** para garantir que a construção siga o projeto detalhado aprovado, que o tamanho, o material e suas utilizações são exatamente como estão mostrados nas plantas. Quando surgirem problemas legais quanto à adequação do projeto, as plantas serão analisadas e comparadas com o que foi realmente construído. Elas serão a evidência primária no rastreamento até cada uma das etapas anteriores do projeto, as normas técnicas utilizadas e as decisões feitas pelos engenheiros ao definirem o detalhamento do projeto. As equipes de construção dificilmente conseguem seguir à risca a planta do projeto, porque podem encontrar exigências impossíveis de se cumprir, ou a precisão possível de ser atingida na prática pode ser muito menor que a especificada na planta. O processo de inspeção deve verificar quais alterações podem ou não ser toleradas sem que a segurança e a eficiência sejam afetadas. Durante a maioria dos cursos de Engenharia Civil não se exige dos alunos que aprendam a produzir de documentos de projeto com o nível de detalhamento das especificações para construção, que são em grande quantidade e extremamente detalhadas e demandam muito tempo e esforço para serem produzidas. A tarefa de prepará-las pode ser atribuída a pessoas que tenham conhecimento na utilização de CAD. Em vez disso, os programas de graduação em Engenharia Civil focam mais a teoria subjacente ao projeto e no processo de tomada de decisões quanto a alternativas de projeto.

METAS QUE GUIAM O PROJETO

Os projetos contemporâneos de engenharia civil refletem as necessidades em constante evolução da sociedade. É responsabilidade da engenharia civil de hoje projetar infraestruturas que apoiem as metas da humanidade à medida que ela evolui. Por muitos anos, os objetivos mais amplos da sociedade foram; a preocupação com o desempenho, a segurança e o custo dos sistemas. Infraestruturas foram necessárias para dar suporte à especialização de trabalhadores e comércio. Mais recentemente, a quantidade de objetivos básicos se expandiu e passou a incluir saúde, qualidade ambiental e aceitação pública. Hoje em dia, o objetivo é criar uma infraestrutura urbana sustentável. Sistemas de infraestruturas também devem ser eficientes e fornecer a base para o desenvolvimento de áreas residenciais interessantes para se viver e áreas comerciais atrativas para se trabalhar. Os sistemas também devem permitir a implementação de políticas públicas. Objetivos contemporâneos da civilização moderna enfatizam a qualidade de vida e a realização do potencial humano. Contudo, os custos de sistemas de infraestrutura modernos ainda devem se manter dentro das restrições orçamentárias das fontes que fornecem ou pagam pela utilização desses sistemas. A seguir, são comentados cada um das seis metas gerais: desempenho, segurança, saúde, sustentabilidade e proteção ambiental, eficiência econômica e aceitação pública. Mais detalhes serão apresentados no Capítulo 6.

Desempenho

Sistemas devem ser projetados para prover o serviço básico pelo qual existem, como estes a seguir:

- Oportunidades de transporte para pessoas e bens.
- Água potável e para uso industrial, agrícola e para necessidades recreativas.
- Descarte seguro de resíduos.
- Gerenciamento seguro de escoamento de águas de chuvas torrenciais.
- Estruturas adequadas em tamanho, segurança e que possuam uma longa vida útil econômica.
- Proteção contra perigos ambientais.

As metas de desempenho normalmente estão ligadas às características físicas do sistema e as relações entre os inputs e outputs do sistema.

Segurança

A vida é, de muitas formas, um recurso insubstituível. Os engenheiros civis há muito tempo reconheceram a importância de se preservar a vida humana e desenvolveram **códigos e normas técnicas de projeto** com ênfase na segurança. As normas técnicas de projeto tentam abarcar perspectivas tanto científicas quanto práticas, possuem recomendações para projetos econômicos e seguros que, na medida do possível, têm base em evidências científicas. A segurança do público é uma das mais importantes responsabilidades éticas de um engenheiro civil.

Saúde

O conhecimento acerca da causa de doenças continua a crescer. Causas ambientais para doenças, não relacionadas com dieta ou genética, podem ser ligadas a sistemas de infraestrutura, e engenheiros civis têm a responsabilidade de projetar sistemas que protejam a saúde pública. Historicamente, doenças transmitidas pela água e resíduos são as duas maiores preocupações da saúde pública global, que levaram ao aperfeiçoamento dos sistemas de infraestrutura de engenharia civil. Mais recentemente, a poluição do ar causada pelo escapamento dos automóveis é considerada um problema de saúde, afetado pela eficiência das redes de transporte, e contaminação do solo vem ocorrendo em antigas áreas industriais.

Sustentabilidade e proteção ambiental

Sustentabilidade é um termo que recentemente se tornou uma importante meta dos projetos de engenharia civil. Um conceito novo importante é que o projeto deve levar em conta as necessidades de gerações futuras. Isso significa que os recursos não devem ser utilizados até o ponto em que seus custos se tornem proibitivos para uso no futuro, a não ser que existam fontes alternativas que possam ser utilizadas como substitutas. Os recursos necessários para sustentar uma civilização devem permanecer disponíveis para que futuras gerações possam continuar os trabalhos dos que vieram antes. As metas de proteção ambiental são o reconhecimento de que as civilizações têm o dever de preservar e proteger a fauna e a flora. O bem-estar de plantas e animais frequentemente está ligado a necessidades econômicas da sociedade e ao bem-estar da civilização.

Eficiência econômica

Os sistemas de engenharia civil geram recursos para civilizações, mas também consomem recursos. Em qualquer momento na história, a quantidade de dinheiro disponível para infraestrutura é um recurso limitado, e a magnitude da dívida de uma nação pode ter profundo impacto negativo nas gerações futuras se gerar restrições no melhoramento da infraestrutura. A história nos mostra que um dos fatores que exercem maior influência no crescimento econômico de uma nação é a habilidade de atingir eficiência na produção e distribuição de bens, o que depende muito da infraestrutura. O fracasso em criar e manter uma infraestrutura eficiente leva a custos maiores de produção, enfraquece a competitividade de uma nação e resulta em uma geração de riqueza menor em relação a nações que modernizaram e deram manutenção adequada para sua infraestrutura.

Os custos de sistemas de engenharia civil são tipicamente categorizados como **custos de capital (CAPEX)**, que cobrem a construção, e os **custos operacionais (OPEX)**, que cobrem o uso ano a ano e a manutenção do sistema. Muitos sistemas de engenharia civil atendem ao interesse público e pertencem e são gerenciados pelo poder público. Sistemas públicos normalmente são financiados pelo dinheiro de impostos, taxas e cobranças pelo uso. Uma legislação específica geralmente é necessária para autorizar o seu projeto e construção e estabelecer um mecanismo público para financiá-los. O setor privado também projeta, possui e opera vários sistemas de infraestrutura, incluindo prédios, companhias extratoras e agricultoras, shoppings, moradias, fábricas e instalações de entretenimento. Tais instalações podem ser financiadas por recursos privados, incluindo empréstimos ou emissão de ações ou títulos. Do engenheiro civil, esperam-se projetos economicamente eficientes.

Aceitação pública

Engenheiros civis devem ter a noção de que sistemas de infraestrutura não só servem às pessoas que os utilizam, mas também podem ter impactos que afetam os não usuários. Para serem implementados, os sistemas de engenharia civil devem ser aceitos sob três óticas: (1) legal, (2) financiamento/aprovação

30 Introdução à Engenharia Civil

e (3) usuário final/não usuário afetado. Primeiro, o projeto deve estar de acordo com os códigos e normas técnicas, o que pode ser considerado uma exigência jurídica. Em segundo lugar, o projeto deve ser aprovado para financiamento, o que, em muitos casos, irá envolver uma votação por um grupo eleito, por exemplo, um órgão legislativo, uma comissão ou a câmara municipal. Se o sistema tiver financiamento privado, a entidade financiadora necessitará das estimativas de custos do projeto e estimativas de receita para aprovação. Por último, os não usuários afetados incluem aqueles cujas propriedades serão realocadas pelo sistema, os que moram próximo ao local onde será implementado o sistema, que gerará impacto sobre eles, e aqueles que não serão nem realocados nem vivem próximo ao local, mas irão sofrer os impactos ou terão fortes interesses nos impactos que o sistema produzirá, como grupos que possam questionar a equidade do sistema ou têm objeções de ordem ambiental ou religiosa quanto à implementação do sistema. Se um desses grupos tiver poder, a aceitação por parte deles do projeto pode se tornar uma importante meta do projeto.

Sistemas de infraestrutura que ocupam grandes áreas podem envolver diversas jurisdições políticas, e o engenheiro terá de satisfazer a cada uma delas. Como exemplos, podem ser citados sistemas de transporte sobre trilhos que vão até o subúrbio de grandes cidades ou tubulações de abastecimento de água para cidades distantes de fontes de água. Outros sistemas podem servir a mais de uma cidade, como estações de tratamento de esgoto, tratamento de água e aterros sanitários. Cada uma das comunidades envolvidas deve aprovar os planos e dividir os custos. A prática contemporânea da engenharia requer entendimento sobre como pessoas ou um grupo tomam decisões e como sistemas políticos e econômicos funcionam.

Os **impactos socioeconômicos** causados por um projeto podem ser classificados como uma questão de aceitabilidade. Deles, fazem parte o impacto que a construção e a operação do sistema pode ter sobre a coesão de uma comunidade, nas vizinhanças, nos salários e no emprego, no tamanho da população, na base tributária, na estrutura social e na identidade cultural das populações residentes, nas escolas e nas crenças religiosas, além de outras preocupações. Antes que um grande projeto seja aprovado para construção, essas questões devem ser examinadas em estudos formais, chamado **Estudo de Impacto Ambiental**. Uma das metas mais comuns em projetos é minimizar impactos socioeconômicos indesejados.

CONCLUSÃO

Este capítulo forneceu ao leitor uma visão geral sobre engenharia civil e mostrou suas características essenciais. Engenharia civil diz respeito a sistemas fisicamente enormes e que integram o funcionamento diário de cidades, bem como de áreas mais remotas que dependem de cidades para sua sobrevivência e vice-versa. Sistemas de infraestrutura possuem uma vida útil longa e podem ser utilizados para diferentes propósitos antes de serem desmontados e reciclados. Eles evoluíram simultaneamente com avanços em projetos de engenharia mecânica e elétrica que dependem deles e vice-versa. Sistemas de infraestruturas possuem um grande impacto na eficiência do fornecimento de bens e serviços e, deste modo, exercem importante influência na competitividade de uma nação junto ao mercado global. Eles necessitam de apoio político e aprovação para implementação, e, em alguns casos, a construção necessita de coordenação entre variadas "jurisdições" políticas. Projetos de infraestrutura normalmente são regidos por códigos e normas técnicas que possuem força de lei e existem para proteger a vida humana, os investimentos econômicos e o meio ambiente. Nos últimos 50 anos, a proteção ambiental foi reconhecida como uma necessidade legítima da sociedade, e, hoje em dia, a sustentabilidade está emergindo como uma nova necessidade; projetos de engenharia civil se adaptam para atender a tais necessidades à medida que evoluem em uma sociedade.

RESUMO

Sistemas de engenharia civil datam do início da civilização, mas a educação formal em projetos de sistemas de Engenharia Civil começou por volta de 1800. A população mundial parece se interessar cada vez mais em morar em áreas urbanas, que oferecem não apenas contato humano, mas disponibilizam benefícios econômicos relacionados com projetos e operação de sistemas de infraestrutura. Um número crescente de sistemas de infraestrutura urbanos apresenta mecanismos de feedback para controle de output. Sistemas de infraestrutura são projetados para atingir metas de desempenho, segurança, saúde, sustentabilidade e proteção ambiental, eficiência econômica e aceitação pública. O projeto normalmente começa com um estudo de viabilidade, que envolve um exame preliminar sobre a eficiência de soluções alternativas no atendimento dessa ampla categoria de metas.

PALAVRAS-CHAVE

centros intermodais
códigos e normas
    técnicas de projeto
componentes
construção
custos de capital
custos operacionais
desapropriação
direito de passagem

estudo de impacto
    ambiental
estudo de viabilidade
feedback
feedback negativo
feedback positivo
impactos
    socioeconômicos
infraestrutura

inputs (entrada)
inspetores
outputs (saída)
processo
projeto básico
projeto executivo
sistema
sistemas inteligentes

32 Introdução à Engenharia Civil

EXERCÍCIOS PARA DESENVOLVER HABILIDADES DE PROJETO

1. Acesse o site da American Society of Civil Engineers no endereço www.asce.org.

   a. Na página principal, clique em "technical groups" e depois em "institutes". Quais especialidades os oito institutos representam? Em qual dos institutos um engenheiro civil pode encontrar informações sobre o projeto e construção de estruturas de aço muito altas, como arranha-céus? Agora, procure por "Sections and Branches". Qual seção ou filial é mais próxima de você? Agora procure por "student organization" e veja se sua universidade está listada em "find a student chapter".

   b. Faça uma busca por historic civil engineering landmarks (marcos históricos da engenharia civil). Quando encontrar, separe os marcos por categorias. [Esses marcos podem ser mundiais ou apenas americanos...] Quais os nomes destas categorias?

   c. Procure na categoria "bridges" (pontes) pela ponte mais antiga. Clique no link da ponte mais antiga e leia a descrição. Em qual ano ela foi construída? O que tornou o projeto dessa ponte significativo?

   d. Agora organize os marcos em ordem alfabética. Procure pela linha Mason-Dixon. Quando foi realizado o seu levantamento topográfico? De onde vieram Mason e Dixon e qual a importância que seus métodos tiveram para a expansão inicial dos Estados Unidos?

   e. Procure pelo Acquedotto Traiano-Paolo. O que é e quando foi construído? Ainda está em uso?

   f. Procure por Bethlehem Water Works. Quando foi construído? Qual era sua importância?

   g. Procure por Central Pacific Railroad. Qual papel desempenhou na história da imigração para os Estados Unidos? Qual foi a singularidade sobre a sua finalização?

   h. Procure pelo City Plan of Philadelphia (Plano da Cidade de Filadélfia). Quando o plano foi preparado e por que ele merece ser chamado de um marco significativo da engenharia civil?

   i. Procure por Brooklyn Bridge. Quem foi o engenheiro responsável? Quando ela foi inaugurada? Qual recorde mundial ela estabeleceu quando foi inaugurada? Ainda está em uso?

   j. Procure por Fink Through Truss Bridge. Qual foi sua importância? Pontes em treliça ainda são projetadas? Por quê?

   k. Procure pela Hoover Dam. O que havia de singular sobre este projeto? O que o presidente Franklin D. Roosevelt disse sobre ela em seu discurso inaugural?

   l. Procure por National Road. Quando ela começou a ser construída e quando foi terminada? Em que época ela foi construída? Qual sua importância na história dos Estados Unidos e na história da profissão de engenheiro civil?

m. Procure pelo Panama Canal (Canal do Panamá). O que dificultou a construção? Que país começou a construção e que país a terminou?

n. Procure pela Union Station em St. Louis. O que foi único sobre ela na época de sua construção? Ainda é utilizada como estação ferroviária?

2. Por que uma via expressa com uma rampa de acesso com sensores que medem a quantidade de tráfego que a acessa deve ser considerada um sistema com feedback? Crie um esquema similar ao da Figura 1.11 e nomeie todos os quadros e linhas com os termos aplicáveis ao controle de acesso à via expressa.

3. Uma ponte entrará em colapso sem aviso quando estiver sobrecarregada de veículos pesados. Quais das Figuras, 1.10 ou 1.11, descreve melhor como a maioria das pontes funciona – como um sistema com feedback ou um sem feedback? Como uma ponte "inteligente" poderia reagir sob o risco de sobrecarga e colapso?

4. Pense em um celular e identifique os componentes importantes relacionados com o uso e descreva a principal característica ambiental que influencia seu funcionamento. Depois, prepare um esquema similar ao da Figura 1.10, demonstrando visualmente os componentes e o ambiente.

5. A preparação e a utilização de concreto em construções envolvem as etapas a seguir, não necessariamente nessa ordem: cura ou endurecimento; colocação dentro de formas com o formato e as dimensões do componente; mistura de cimento com água, areia e brita; mineração de agregado; mineração de calcário; lavagem e separação de agregado por tamanho das pedras; extração da areia; e aquecimento do calcário para produção de cimento. Coloque as etapas na ordem correta e demonstre-as visualmente com um esquema de processos similar ao da Figura 1.12.

6. Indique qual das seguintes categorias de projeto cada item a seguir representa. As categorias de projetos são "estudo de viabilidade do sistema", "projeto detalhado" e "especificações para construção".

   a. Os pontos inicial e final das barras de proteção ao longo de uma seção da autoestrada.

   b. Determinar a quantidade de carros de passeio que utilizarão uma seção da rodovia e o número de faixas necessárias.

   c. Seleção da capacidade de um sistema de suprimento de água e determinação de sua localização.

   d. O projeto de formas dentro das quais será lançado concreto.

   e. Seleção de uma bomba de água e plantas para indicar onde a bomba ficará localizada no piso de uma estação de bombeamento.

   f. Um mapa de canteiro mostrando onde ficarão armazenados os materiais a serem usados na construção.

g. Definição do diâmetro das principais tubulações de esgoto que se conectam a uma estação de tratamento e um mapa com sua localização.

h. Um mapa que mostre quais áreas de uma gleba sofrem inundações.

i. Uma planta mostrando as dimensões da viga I de aço a ser usada como suporte para o piso de uma estrutura, além da localização dos furos para os parafusos usados para fixá-la a uma coluna de aço.

j. Uma planta mostrando onde as armaduras de reforço deverão ser colocadas numa fundação.

k. Um mapa mostrando onde vizinhanças residenciais e redes de estradas ao redor ficarão localizadas.

CAPÍTULO

2

Sustentabilidade e Projeto – Teste de Habilidade de Redação

Objetivos

Após a leitura deste capítulo, você deverá ser capaz de:

- Definir sustentabilidade.
- Descrever diferentes vertentes filosóficas de sustentabilidade.
- Apresentar métodos para mensuração de sustentabilidade, incluindo pegadas de carbono, análise de ciclo de vida e Estudo de Impacto Ambiental.
- Abordar mudança climática e proteção ambiental no contexto da sustentabilidade.
- Explicar o conceito dos 3 Rs.
- Apresentar estratégias para alcançar sustentabilidade no que se refere ao estudo de viabilidade de sistemas de infraestrutura.

INTRODUÇÃO

A National Society of Professional Engineers – NSPE (Associação Nacional de Engenheiros Profissionais) define **sustentabilidade** como "o desafio de atender às necessidades humanas por recursos naturais, produtos industriais, energia, alimento, transporte, abrigo e um efetivo gerenciamento de resíduos, ao mesmo tempo que se conservam e protegem a qualidade do meio ambiente e a base dos recursos naturais essenciais para o desenvolvimento futuro". Essa definição contém diferentes facetas do que se tornou um problema de âmbito global. Ela reconhece a necessidade de crescimento econômico continuado, mas admite que, se a tendência atual continuar, o meio ambiente se tornará severamente degradado, e os recursos naturais essenciais dos quais depende o crescimento econômico contínuo se esgotarão. Isto poderá dificultar a sustentabilidade do crescimento econômico, o que impactaria as gerações futuras.

A palavra "sustentabilidade", assim como "ambiente", possui muitas dimensões quando usada com o objetivo de alterar o modo como as atividades humanas são planejadas e executadas. Várias perspectivas diferentes sobre sustentabilidade serão discutidas de forma breve, e cada uma enfatiza diferentes informações, interesses e percepções de vários grupos de pessoas, além de diferentes aspectos de sustentabilidade. Engenheiros civis precisam estar cientes das diferentes abordagens filosóficas que podem ser utilizadas, uma vez que cada uma pode levar a diferentes soluções de engenharia quando existe o esforço de incorporá-las na conceptualização de projetos.

PERSPECTIVAS FILOSÓFICAS

A sustentabilidade foi introduzida no pensamento econômico por Thomas Malthus em 1798, em uma publicação intitulada *An Essay on the Principle of Population*, que examinava a crença comum à época de que o crescimento populacional levaria inevitavelmente à riqueza e ao aperfeiçoamento da sociedade. Malthus explicou como o crescimento populacional poderia resultar no oposto, quando a demanda populacional seria maior que a oferta de recursos necessários para sustentar o crescimento, e então fome e doenças se desenvolveriam. Populações de animais serviram como exemplo, e as ideias de Malthus foram lidas por Charles Darwin, que incorporou alguns conceitos de Malthus na teoria da evolução. As preocupações aumentaram durante a Revolução Industrial, e pinturas de paisagens feitas em meados do século XIX mostram ambientes degradados pela fumaça e pelas emissões da produção industrial. Em 1962, Rachel Carson, ex-editora-chefe de publicações do US Fish and Wildlife Service, que pediu demissão para dedicar sua vida a escrever, lançou *Silent Spring*, que apresentava de forma eficaz suas preocupações quanto ao uso disseminado de substâncias químicas no meio ambiente. Como uma ecologista e cientista reconhecida, ela argumentava que o uso de substâncias químicas, como DDT, estava tornando a vida insustentável para muitos grupos de animais, e que a política do governo americano precisava mudar para evitar um desastre ambiental. A US Environment Protection Agency – EPA (Agência de Proteção Ambiental dos Estados Unidos) foi criada pelo National Environmental Policy Act – NEPA (Lei Nacional Ambiental) de 1969; a dedicação de Rachel Carson para educar o público e legisladores sobre o dano associado ao uso indiscriminado de substâncias químicas para resolver problemas ambientais contribuiu para a aprovação da lei. Hoje em dia, o EPA exerce considerável influência sobre as políticas ambientais que influenciam vários projetos de sistemas de engenharia civil.

O foco de Carson era o meio ambiente, e, por isso, podemos categorizá-la como tendo um pensamento "ambientalista". Uma abordagem "ambientalista" pode ir de uma **"gestão ambiental"**, que enxerga o ambiente como um recurso que precisa ser gerenciado eficazmente à medida que atende às necessidades de uma sociedade, à "ecologia profunda", que foca mais a complexidade de **ecossistemas** e sua preservação. Muitas agências governamentais responsáveis por recursos naturais praticam alguma forma de gestão ambiental; a remoção ou utilização de recursos de acordo com a necessidade da sociedade não pode ser realizada sem antes haver uma análise sobre as consequências para o meio ambiente, e uma justificativa aceitável ou plano de uso da atividade exploratória deve ser apresentado para que se minimize o dano ao meio ambiente. A filosofia da gestão ambiental teve um grande impacto sobre projetos de engenharia civil, e inspirou a criação de leis e regulamentos para proteção do meio ambiente. Ela tem afetado a implementação de vários projetos de engenharia cuja aprovação ou financiamento caem sob a jurisdição das agências governamentais responsáveis pela qualidade da gestão ambiental. Em contraste com a filosofia da gestão ambiental, um pensamento ecológico forte poderia se opor à remoção ou utilização de recursos em qualquer grau, uma vez que, inevitavelmente, haverá alguma consequência ambiental negativa. Esses dois pontos de vista podem entrar em conflito, abrindo espaço para o **debate público**, o **lobby político** e os **processos legais** sobre a proposta de sistemas de engenharia que atendem a objetivos propostos de gestão ambiental, mas são contestados por grupos preocupados com o impacto dos sistemas sobre o ecossistema.

O pensamento dos "economistas" é o de que, se os cuidados ambientais precisam de ação e de novas políticas para proteger o homem de condições insustentáveis, é necessário desenvolver uma estrutura econômica que permita que os **custos ambientais e benefícios** sejam estimados de alguma maneira e incorporados ao **esquema de tomada de decisões financeiras,** que baseia as decisões de investimento. Sistemas **Cap and Trade (Teto e Negociação)** e outras **estratégias de precificação** refletem esse pensamento, que força os tomadores de decisão, como corporações e acionistas, a incluírem o cumprimento de metas de sustentabilidade como um dos fatores que determinam o lucro. Quando adotado por legisladores como estratégia para atingir metas ambientais, esse pensamento pode ter grande impacto, influenciando tomadores de decisão a implementar novos sistemas com novas tecnologias em vez de apenas recuperar sistemas obsoletos que não alcançam os objetivos. Como o objetivo do pensamento de estrutura econômica é alcançar as metas de sustentabilidade por meio da manipulação do preço, ele pode influenciar várias decisões de projeto junto com a tecnologia, incluindo a quantidade e os tipos de materiais de construção.

A filosofia do "advogado da equidade" é que existem **desigualdades** entre as nações mundiais que "têm" e as que "não têm", no que diz respeito ao uso de recursos, e essas desigualdades precisam ser reduzidas. Uma questão apresentada pelos defensores da equidade é a diferença entre o alto consumo de recursos em nações desenvolvidas e sua relativamente boa **qualidade de vida,** e o baixo consumo de recursos e a muito mais pobre qualidade de vida em países em desenvolvimento. Normalmente, recursos são produzidos ou fornecidos pelas nações em desenvolvimento que "não têm", sob um custo relativamente baixo, com pouco benefício da sua venda indo para os trabalhadores, e são incorporados a produtos e vendidos para pessoas vivendo, nos que "têm", que possuem os recursos para comprá-los. A **globalização da indústria** é vista como parte do problema, junto à perda de controle local sobre recursos e o meio ambiente. Pessoas que seguem esse pensamento tendem a serem mais críticas a governos e políticas governamentais que a sistemas de infraestrutura, mas podem protestar contra a implementação de infraestruturas que possam ser percebidas por eles como meios para aumentar ou sustentar as desigualdades percebidas. Ao mesmo tempo, um ponto de vista corolário reconhece que os que "não têm" necessitam de soluções apropriadas de engenharia com alto custo-benefício que gerem gastos mínimos e se utilizem de recursos locais. Isso gera oportunidades para engenheiros criativos atraídos pelo desafio de conceber e implementar projetos que atendam às necessidades de países em desenvolvimento, o que pode gerar grandes recompensas subjetivas.

Uma quarta linha filosófica é espiritual e ética e enfatiza a necessidade de transformar valores e mentalidades. Enquanto todas as outras linhas de pensamento exigem a adoção de valores e mentalidades específicas, a perspectiva ética/espiritual pede mudanças profundas no modo como a civilização ocidental contemporânea encara as rápidas mudanças tecnológicas e a exploração do meio ambiente. Partidários dessa perspectiva podem recomendar uma reconexão com a Terra e uma busca por alternativas para o **estilo de vida** do século XXI. Esse pensamento pode resultar em um apoio maior para um grande número de sistemas de infraestruturas pequenos e tecnologicamente simples, ao invés de um pequeno número de sistemas tecnologicamente complexos. Esses sistemas menores e mais simples podem não ser tão eficientes nas nações que "têm" quanto os sistemas maiores e mais complexos, mas podem ser apropriados para nações em desenvolvimento. Contudo, embora o pensamento de equidade foque principalmente a necessidade de melhorar a qualidade de vida entre os que "não têm", a filosofia espiritual direciona um holofote sobre o consumo em excesso de recursos por parte dos que "têm".

Uma definição de sustentabilidade que incorpore elementos das quatro linhas de pensamento careceria de uma integração entre desenvolvimento e conservação, a satisfação das necessidades humanas básicas, justiça social e equidade em relação à utilização de recursos, a preservação da diversidade cultural e da autodeterminação social e a manutenção da integridade ecológica. A definição da NSPE se baseia na integração de desenvolvimento e conservação e a satisfação das necessidades humanas básicas. Ela reflete uma filosofia de gestão ambiental, na qual a integridade ecológica pode ser uma meta dependendo das circunstâncias, mas que é neutra no que diz respeito à globalização da indústria e não é crítica da modernização e do uso de tecnologia avançada. Ela declara que as necessidades de gerações futuras devem ser levadas em conta, mas não aponta equidade e justiça social como problemas que devem ser abordados por engenheiros. Entretanto, a definição da NSPE possibilita que objetivos de equidade e justiça social sejam evidenciados por **legisladores** e possam ser utilizados para definir um arcabouço mais amplo de políticas públicas dentro do qual os projetos de engenharia são projetados e implementados.

ASPECTOS DE SUSTENTABILIDADE LIGADOS AO PROJETO

Criar projetos que incorporem sustentabilidade é uma prioridade em escala global, do mesmo jeito que problemas e preocupações de sustentabilidade são globais. A sustentabilidade pode ser uma meta nacional, estadual ou local, dependendo das exigências legais. As características de projeto relacionadas mais diretamente com as de relevância mundial são aquelas que possuem potencial para afetar o clima e seu consequente impacto sobre o suprimento de alimentos e de água. Muitas dessas preocupações podem ser atribuídas à produção e consumo de energia. Mantendo todos os outros fatores constantes, projetos de sistemas que necessitam de menos energia para ser construídos e operar contribuem mais para a sustentabilidade mundial do que projetos que exigem mais energia. Além disso, necessidades energéticas que podem ser atendidas a partir de recursos renováveis, como vento, luz solar e energia geotérmica, também contribuem para as metas de sustentabilidade. Os problemas atuais de sustentabilidade na área de consumo de energia podem se tornar os problemas econômicos de amanhã, se o custo de geração de energia aumentar devido à quantidade diminuída de suprimentos ou a exigências obrigatórias de uso de formas mais caras de produção de energia renovável. Contudo, é provável que o custo de produção de energia renovável diminua significativamente à medida que sua disponibilidade aumente. Projetos que não incorporam a sustentabilidade têm sido criticados por terem as seguintes características:

- Desperdiçam recursos não renováveis.
- Geram materiais e subprodutos tóxicos.
- Necessitam de quantidades excessivas de energia para sua implementação e operação.
- Prejudicam a biodiversidade nos locais onde realizam a extração.
- O transporte de pessoas ou material para o seu funcionamento é longo e dispendioso em energia.

Os que tecem essas críticas também recomendam práticas de projeto que acreditam levarão a maior sustentabilidade, entre as quais:

- Descentralização, com empresas menores produzindo para o consumo local; muita produção caseira.
- Menos transporte e embalagem; menos carros e estradas.
- Jardins mercados e paisagens comestíveis.
- Ir de bicicleta para o trabalho.
- Espaços comunitários.
- Reciclagem de todos os nutrientes alimentares de volta para as plantações locais.

- Realizar trabalho remunerado apenas uma ou duas vezes por semana.
- Permutas e economias desmonetizadas.
- Arrecadação local e alocação local de impostos.

Não é claro que todas essas práticas realmente resultariam em uma sustentabilidade maior, uma vez que a **economia de escala,** possível nos centros urbanos, junto à concentração urbana de atividades que teriam potencial para prejudicar o meio ambiente, pode tornar mais eficaz controlar impactos não desejados, e implementar projetos sustentáveis com sistemas de grande escala. Centros urbanos podem possibilitar maior eficiência no que diz respeito à utilização de recursos a partir da aplicação de tecnologias em escalas que ajudem a alcançar metas de sustentabilidade com um custo mais baixo que as soluções de descentralização e sistemas de escala menores, recomendados na lista anterior.

Recomendações que podem ser aplicadas à engenharia civil incluem aperfeiçoamento dos métodos para avaliar alternativas considerando a **totalidade das exigências energéticas** do projeto e os danos ao ambiente causado pelos materiais e métodos de construção. A demanda energética total de um projeto de sistema começa com a extração ou coleta de matérias-primas, segue por cada etapa posterior de transporte e processamento e termina com a reciclagem ou descarte do sistema ao final de sua vida útil. A produção e transporte de materiais geram resíduos tóxicos; portanto, a avaliação de um projeto de sistema desde o início da implementação até o final de sua vida envolveria duas vias paralelas: a primeira, formada por uma averiguação das exigências energéticas, e a segunda, uma apuração da criação de resíduos tóxicos, que ocorreria a cada etapa. Três dos métodos propostos para avaliar até que ponto um projeto atinge as metas de sustentabilidade serão descritos a seguir. Estes métodos são a avaliação da **pegada de carbono** de um projeto, a condução de uma **análise do ciclo de vida** das alternativas, e a preparação de um **relatório de impacto ambiental** (**RIMA**). A isso se seguirá uma discussão sobre os impactos da **mudança climática**, **proteção ambiental** e os **3 Rs – Redução do consumo, reciclagem e reúso**.

MÉTODOS PARA AVALIAÇÃO DO CUMPRIMENTO DAS METAS DE SUSTENTABILIDADE EM UM PROJETO

Pegada de carbono

Uma medida significativa de sustentabilidade é a pegada de carbono associada aos recursos utilizados ou na construção ou na operação de um sistema. Ela indica a quantidade produzida de gases relacionados com o efeito estufa, medidas em toneladas equivalentes de CO_2, que afeta o clima. A pegada de carbono consiste de duas partes: a **pegada primária** e a **pegada secundária**. A primária, que compõe aproximadamente metade do total, é gerada pela energia produzida para uso doméstico e transporte. Ela inclui o volume de gases do efeito estufa produzido quando combustíveis fósseis são consumidos pelos veículos transitando na rede de transporte urbano, tanto por estradas quanto por trilhos. Também inclui transporte intermunicipal por todos os meios, sendo o transporte aéreo responsável pela produção de grande parte desses gases.

A eficiência da rede de transporte pode ter um grande impacto na pegada primária e oferece uma justificativa para redes de transportes urbanos que minimizem o consumo de combustíveis fósseis por meio do fornecimento de energias alternativas para carros particulares, da redução de congestionamentos, da quilometragem e das horas de viagem. Veículos elétricos possuem uma pegada de carbono muito menor que os movidos a gasolina, mas, ainda assim, a eletricidade tem de ser produzida. Se combustíveis fósseis forem utilizados para produzir a eletricidade, a pegada de carbono do veículo elétrico será enorme. Por outro lado, se forem utilizadas fontes renováveis de energia, como a solar ou eólica, a pegada de carbono será menor. A **pegada secundária** depende do ciclo de vida dos produtos utilizados por pessoas e inclui o processo de manufatura e transporte até um local, bem como a extração do material utilizado e sua produção, instalação/montagem e seu eventual processo de reciclagem. Para sistemas de engenharia civil que atendem à sociedade, ela inclui o material utilizado na construção, assim como a construção em si e sua operação e manutenção. A pegada secundária é o volume total de CO_2 produzido para a extração da matéria-prima (ou cultivo e colheita dela), o processamento para o seu uso final (o que pode envolver uma sequência de etapas em locais diferentes), todo o transporte entre o ponto de extração e o local da instalação, a instalação, a manutenção e a eventual reciclagem ou descarte. Alguns materiais de construção, como o aço, possuem uma pegada de carbono muito maior que a madeira. A produção de cimento precisa de calor, e o asfalto é um subproduto do refinamento do petróleo. Uma das justificativas para o uso de materiais de construção locais é a economia em transporte; é preciso menos energia em transporte para utilizar mármore extraído de uma pedreira a 160 km do que importá-lo da Europa.

Análise do ciclo de vida

As metas de sustentabilidade devem estar ligadas às metas de projeto sempre que possível, e um método proposto para isso é a **análise de ciclo de vida**, que pode ser usada para avaliar e comparar projetos alternativos. A análise de ciclo de vida também é chamada, algumas vezes, de **avaliação de ciclo de vida,** e tem como sua meta determinar todos os impactos ambientais associados a um projeto. Os procedimentos para realização de uma análise de ciclo de vida estão detalhados nas normas de gestão ambiental ISO 14000 (ISO significa International Standards Organization – Organização Internacional para Padronização), ISO 14040 e ISO 14044. A avaliação é constituída das quatro etapas mostradas na Figura 2.1.

A **Etapa de Definição de Escopo e Metas** requer o seguinte:

1. Definição da unidade funcional ou o que precisamente está sendo estudado e como o serviço provido pelo sistema será quantificado.
2. Definição dos limites do sistema sendo projetado.
3. Definição de quaisquer premissas e limitações para o estudo.
4. Identificação de como a carga ambiental gerada pelo projeto será alocada e rateada entre as várias fontes de carga no projeto.
5. Identificação das categorias de impacto que serão examinadas.

A **Análise de inventário** consiste em identificar os inputs de água, energia e matérias-primas e as liberações no ar, no solo e na água. Os inputs e os outputs do sistema em projeto devem ser identificados, e suas relações entre si devem ser modeladas. Um fluxograma é usado para ilustrar isso e deve mencionar as atividades que serão avaliadas, que incluiriam a construção e operação da instalação. O contorno do sistema técnico precisa estar claramente definido. A Tabela 2.1 lista as categorias de impacto sugeridas pela Environmental Protection Agency (EPA) dos Estados Unidos. A última coluna indica as recomendações da EPA para converter impactos de sustentabilidade em um sistema comum de medição, de forma que alternativas possam ser comparadas.

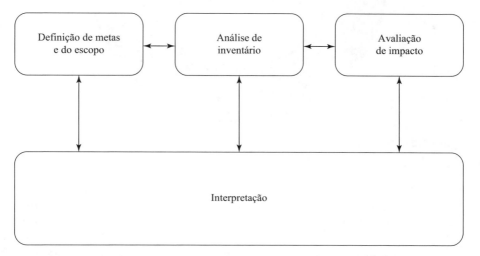

Figura 2.1 Baseada em gestão ambiental – avaliação de ciclo de vida – princípios e esquematização.
Fonte: Organização Internacional para Padronização. ISO 14044: 2006. (Figura 4, p. 24)

A **etapa de avaliação de impacto** é o coração da análise e requer o uso de modelos matemáticos que prevejam e quantifiquem as consequências ambientais. As consequências devem ser classificadas usando as categorias definidas na primeira etapa. Os impactos devem ser medidos e somados se forem usadas às mesmas unidades de medida.

Interpretação do ciclo de vida constitui um resumo das etapas de análise de inventário e avaliação de impacto. A Figura 2.2 ilustra o ciclo de vida para materiais de construção. Os dados e informações utilizados para representar os dados de input e de output são checados e avaliados, e a importância das descobertas é apresentada junto a quaisquer ressalvas sobre a análise. É possível que dados ou modelos possam ser experimentais ou não comprovados. A meta é ser justo e preciso na apresentação das descobertas para que se estabeleça um nível de confiança na análise. Se os resultados forem muito sensíveis aos dados ou ao modelo aplicado e, portanto, se tornarem uma fonte potencial de incerteza sobre as conclusões, isso precisará ser discutido. Quem tiver acesso ao estudo precisará saber quais deficiências existem na análise.

Figura 2.2 Ciclo de vida dos materiais de construção.
Fonte: Reeditado com permissão da Sustainable Solutions Corporation

Para projetos de engenharia civil, uma análise do ciclo de vida incluiria um exame dos impactos, começando com a extração de materiais e processamento, passando por construção e operação e terminando com o descarte do sistema. Isso é uma análise do **berço ao túmulo**. Procedimentos para conduzir análises estão evoluindo. Desafios incluem a rápida evolução tecnológica e a necessidade de bons dados, o que envolve tempo e dinheiro. Outro desafio é que, enquanto a análise pode ser útil para comparar projetos similares, ela é a mais difícil de ser aplicada às alternativas de projeto que sejam conceitualmente muito diferentes e que produzam tipos diferentes de outputs. Por exemplo, pode ser relativamente fácil utilizar uma análise de ciclo de vida para comparar pavimentos de concreto e asfalto em um projeto de rodovia, mas pode ser desafiador usá-la na comparação de um sistema de suprimento de água que incorpore a utilização de água de lençóis freáticos com outro sistema baseado na dessalinização de água do oceano. Dada longa vida útil de muitos sistemas de engenharia civil, pode ser difícil prever o impacto resultante de tecnologias futuras. Por exemplo, análises de sistemas que atualmente possuem uma grande pegada de carbono, como redes de transporte, dependeriam de estimativas de como estará a situação dos carros elétricos nos próximos 10 anos e qual será a taxa de consumo de combustível para carros movidos a gasolina. Muitos sistemas de engenharia civil consomem energia, e sistemas e componentes antiquados podem contribuir menos para a sustentabilidade que novos projetos, particularmente no que diz respeito aos custos energéticos. Análises do ciclo de vida podem significar que **custos e benefícios** precisam ser examinados ao longo de toda a vida do empreendimento, com mais cuidado e atenção sendo despendidos na estimativa de fluxos de custo e benefícios que ocorrerão à medida que o sistema envelhece e os componentes se tornam obsoletos. Desse modo, a análise de ciclo de vida pode ajudar a indicar qual alternativa terá o menor impacto negativo na sustentabilidade conforme o sistema envelhece e é eventualmente descartado.

Tabela 2.1 Categorias de impacto no ciclo de vida

Categorias mais comuns de impacto no ciclo de vida Categoria de impacto	Escala	Exemplos de dados de inventário de ciclo de vida – ICV (isto é, classificação)	Fatores comuns de caracterização	Descrição do fator de caracterização
Aquecimento global	Global	Dióxido de carbono (CO_2) Dióxido de nitrogênio (NO_2) Metano (CH_4) Clorofluorcarbonetos (CFCs) Hidroclorofluorcarbonetos (HCFCs) Brometo de metila (CH_3Br)	Potencial de aquecimento global	Converte dados do ICV para equivalentes em dióxido de carbono (CO_2) Nota: Potenciais de aquecimento global podem ser de 50, 100 ou 500 anos.
Diminuição do ozônio na estratosfera	Global	Clorofluorcarbonetos (CFCs) Hidroclorofluorcarbonetos (HCFCs) Halons Brometo de metila (CH_3Br)	Potencial de diminuição do ozônio	Converte dados do ICV para equivalentes em triclorofluormetano (CFC-11)
Acidificação	Regional local	Óxido de enxofre (SOx) Óxidos de nitrogênio (NOx) Ácido hidroclorídrico (HCL) Ácido fluorídrico (HF) Amônia (NH_4)	Potencial de acidificação	Converte dados do ICV para equivalentes em íons de hidrogênio (H+)
Eutrofização	Local	Fosfato (PO_4) Óxido de nitrogênio (NOx) Dióxidos de nitrogênio (NO_2) Nitratos Amônia (NH_4)	Potencial de eutrofização	Converte dados do ICV para equivalentes em fosfatos (PO_4)
Nevoeiro fotoquímico	Local	Hidrocarbonetos não metânicos (NMHC)	Potencial de criação de oxidantes fotoquímicos	Converte dados do ICV para equivalentes em etanos (C_2H_6)
Toxicidade terrestre	Local	Substâncias químicas tóxicas com concentrações letais para roedores relatadas	DL_{50}	Converte dados em equivalentes DL_{50}; utiliza modelos multimídia, vias de exposição

(continua)

46 Introdução à Engenharia Civil

Tabela 2.1 Categorias de impacto no ciclo de vida (*Continuação*)

Categorias mais comuns de impacto no ciclo de vida Categoria de impacto	Escala	Exemplos de dados de inventário de ciclo de vida – ICV (isto é, classificação)	Fatores comuns de caracterização	Descrição do fator de caracterização
Toxicidade aquática	Local	Substâncias químicas tóxicas com concentrações letais para peixes relatadas	DL_{50}	Converte dados em equivalentes DL_{50}; utiliza modelos multimídia; vias de exposição
Saúde humana	Global regional local	Emissões totais por ar, água e solo	DL_{50}	Converte dados em equivalentes DL_{50}; utiliza modelos multimídia; vias de exposição
Esgotamento de recursos	Global regional local	Quantidade de minério utilizada Quantidade de combustíveis fósseis utilizada	Potencial de esgotamento de recursos	Converte dados do ICV em uma razão entre recursos utilizados e recursos restantes nas reservas
Uso do terreno	Global regional local	Quantidade despejada em um aterro ou em outras modificações do terreno	Disponibilidade de terra	Converte a massa de resíduos sólidos em volume usando a densidade estimada
Uso da água	Regional local	Água utilizada ou consumida	Potencial de racionamento de água	Converte dados do ICV em uma razão entre a quantidade de água utilizada e a restante, na reserva

Fonte: Life Cycle Assessment: Principles and Practice, by Scientific Applications International Corporation (SAIC). EPA/600/R-06/060. Maio de 2006.

Avaliação de impacto ambiental

O propósito de uma **avaliação de impacto ambiental,** ou **AIA,** é assegurar que os tomadores de decisão estejam cientes e que os engenheiros de projeto do sistema considerem os impactos, positivos e negativos, de um projeto antes que uma decisão seja tomada sobre a construção do sistema. Impactos que devem ser considerados incluem os de ordem social e econômica, assim como os ambientais. A AIA exige que os tomadores de decisões considerem os princípios ambientais e justifiquem suas decisões com base nas descobertas de estudos, bem como em opiniões públicas. AIAs começaram a ser feitas nos Estados Unidos na década de 1960 em resposta a uma regra federal para empreendimentos realizados com fundos federais. Desde então, seu uso vem aumentando. Outros países começaram a exigi-los, e alguns estados americanos os exigem mesmo para sistemas que não usaram financiamento federal.

Primeiramente, conduz-se uma **avaliação ambiental** para determinar se uma ação federal terá impacto no meio ambiente. Uma Avaliação Ambiental é um documento público conciso, preparado por uma agência federal, responsável pela aprovação e liberação do financiamento para um sistema de infraestrutura que utilizará fundos do governo. A Avaliação Ambiental objetiva:

1. Fornecer evidência e análise suficientes para que seja decidido se deve ser preparado uma AIA ou uma **conclusão de insignificância de impacto** (CII).

2. Demonstrar conformidade com a Lei de Política Ambiental de 1969, quando a AIA não for necessária.

3. Fornecer um guia para a preparação de um RIMA quando o CII não for possível.

A estrutura de uma Avaliação Ambiental genérica é:

1. Resumo

2. Introdução
   - Estrutura
   - Antecedentes
   - Propósito e Necessidade para Ação
   - Ação Proposta
   - Quadro Decisório
   - Envolvimento Público
   - Questões

3. Alternativas, Incluindo a Ação Proposta
   - Alternativas
   - Mitigações Comuns a Todas as Alternativas
   - Comparação de Alternativas

4. Consequências Ambientais
5. Consulta e Coordenação

Se a avaliação ambiental chegar à conclusão de que impactos ambientais significativos irão ocorrer, a Lei de Política Ambiental de 1969 estabelece que um RIMA (Relatório de Impacto Ambiental) deverá ser preparado. Um RIMA requer um detalhado exame dos impactos. O processo do RIMA envolve a preparação de um documento que inclui uma classificação das mudanças que ocorrerão no ambiente com base no tamanho de seu impacto e sua possibilidade de reversão, formas de diminuir impactos indesejados e um mecanismo para possibilitar a inclusão de comentários públicos. Um RIMA tem as seguintes seções:

1. Uma introdução que inclui uma declaração sobre o **propósito e necessidade** da **ação proposta**.

2. Uma descrição do **ambiente afetado.**

3. Uma **série de alternativas** para a ação proposta. Alternativas são vistas como o "coração" do RIMA.

4. Uma **análise** do impacto ambiental de cada uma das alternativas possíveis. Essa seção cobre tópicos como:
   - Impactos para **espécies ameaçadas ou sob risco de extinção.**
   - Impactos sobre a **qualidade do ar e da água.**
   - Impactos sobre **locais de importância histórica e cultural** (particularmente locais com importância significativa para populações indígenas).
   - **Impactos socioeconômicos** nas comunidades locais.
   - **Análises de custo** para cada alternativa, incluindo custos para mitigar os impactos esperados, de forma a determinar se a ação proposta é uma utilização sensata para o uso de dinheiro público.

Uma das alternativas que deve ser considerada em um RIMA é a **alternativa do não faça nada.** Conduzir uma avaliação de impacto ambiental não previne impactos negativos no ambiente, mas consequências danosas devem ser apontadas, e formas de prevenção ou mitigação dos impactos devem ser identificadas. O uso do RIMA em maior escala é um dos métodos analíticos propostos para melhora na avaliação de sustentabilidade de um projeto de infraestrutura.

CONSIDERAÇÕES ADICIONAIS

Mudança climática

A **mudança climática** é uma **preocupação mundial.** Se a previsão dos cientistas estiver correta e o **pior cenário** acontecer, o mundo testemunhará grandes mudanças na temperatura e nos padrões de chuva em algumas décadas; mudanças previstas para ocorrer muito mais rápido e com um impacto muito maior que qualquer outro fenômeno registrado na história. Cientistas delinearam algumas possibilidades e as preocupações associadas, as quais são mencionadas nos parágrafos a seguir.

À medida que as temperaturas médias anuais aumentarem, níveis ascendentes dos oceanos tornarão muitas regiões costeiras e ilhas inabitáveis, e fenômenos meteorológicos se tornarão mais extremos. A vegetação nativa de hábitats de vida selvagem mudará e, com isso, a vida selvagem também irá mudar. Espécies indesejadas poderão chegar e acelerar as mudanças nas paisagens. Cultivos especializados, que exigem um tempo mínimo em baixa temperatura – amêndoas, figos, azeitonas, kiwis, nozes –, podem não se desenvolver. Em regiões nas quais a população depende de plantações específicas para a sobrevivência, a mudança no clima poderá gerar imigração em massa e conflitos.

A diferença entre a temperatura máxima no verão e a mínima no inverno se tornará maior, e a probabilidade de tornados e furacões aumentará. Com o aumento na frequência de tempestades, as perdas econômicas serão maiores. Secas terão uma duração maior e poderão afetar a agricultura e pecuária em algumas regiões. Os suprimentos de água potável correrão o risco de diminuir e conflitos poderão surgir entre grupos que precisam de água para sobreviver. Períodos de profusão de chuvas, que produzem uma vegetação farta, seguidos por períodos de seca, que matarão e secarão essa vegetação, produzirão grandes áreas propícias para incêndios, e a chance de esses grandes incêndios ocorrerem aumentará. A área afetada por esses incêndios talvez seja bem maior que a normalmente atingida. As secas poderão diminuir a quantidade de **várzeas** ao longo de rios e sua funcionalidade em **enchentes**. Os períodos de chuva mais longos e intensos poderão produzir enchentes, e o clima mais quente, diminuir a neve em montanhas, reduzindo, assim, o **degelo** de primavera, que preenche reservatórios e atende a outras necessidades. Além disso, áreas que dependem de muita neve para recreação poderão gerar uma queda no turismo. Globalmente, doenças podem se espalhar à medida que o clima se torna mais atrativo para **vetores de doenças**.

Se esses cenários acontecerem, engenheiros civis desempenharão um importante papel na mitigação de seus impactos. Uma de suas responsabilidades será reavaliar os padrões nos quais os sistemas de engenharia civil devem ser projetados para suportar enchentes e fenômenos meteorológicos. Poderá ser necessário revisar ou modificar projetos existentes de forma a atender à carga crescente gerada por tempestades mais intensas. Se as probabilidades de enchentes de diferentes intensidades ou a força dos ventos mudarem, os padrões do projeto provavelmente precisarão ser modificados. Outra responsabilidade importante será projetar e construir barreiras marítimas para proteger áreas habitadas abaixo do nível do mar e ao longo da costa. Muitas áreas na Flórida e ao longo da costa nordeste dos Estados Unidos poderão enfrentar inundações. Será necessário encontrar formas de reduzir o dano a estruturas mais antigas quando as barreiras marítimas não forem mais uma opção. Um terceiro desafio que engenheiros civis deverão enfrentar é o abastecimento de água em áreas nas quais as fontes disponíveis estão se esgotando. O quarto desafio será o desenvolvimento de construções sustentáveis e outros sistemas energeticamente mais eficientes. Além disso, existirão incentivos para a criação de sistemas de energia renovável, e engenheiros civis contribuirão nas áreas de estrutura, engenharia geotécnica e mecânica de fluidos. No norte do planeta, onde terras congeladas assim permanecem por meses, a mudança climática pode significar a necessidade de novos métodos de projeto para estradas e fundações.

Proteção ambiental

A **preservação da biodiversidade** e a **proteção e preservação de espécies e hábitats** são normalmente mencionadas como metas de sustentabilidade. Ambas estão relacionadas com a mudança climática e as alterações nos hábitats. Uma preocupação em particular são os elos na cadeia alimentar que impactam o cultivo de alimentos para consumo humano. Por exemplo, substâncias despejadas em rios ou lagos por comunidades ou plantações irão eventualmente para o oceano, se não se deteriorarem. Durante seu percurso, elas podem prejudicar o ecossistema de rios e lagos. Devido às correntes, podem se acumular em certas áreas do oceano e prejudicar a pesca comercial. Prejuízo à pesca poderá eliminar importantes fontes de alimentos para nações em desenvolvimento e criar escassez de alimentos. Instabilidade e agitação política podem acontecer e levar a guerras envolvendo essas nações e outros países.

Uma preocupação com a sustentabilidade, que pode ser vista como tendo uma grande relação com as metas de saúde, envolve a **qualidade do ar**. A quantidade de oxigênio na atmosfera terrestre depende da sua produção pelas plantas, especialmente as de florestas tropicais próximas da linha do Equador, às vezes referenciadas como "pulmões do mundo". Plantas também armazenam grandes quantidades de carbono. O desmatamento dessas florestas não destrói apenas sua capacidade de produzir oxigênio, mas, com a queima da madeira, o carbono armazenado retorna à atmosfera em forma de CO_2, o que contribui para o aquecimento global. Correntes de ar não respeitam fronteiras, e poluentes produzidos por queimadas podem viajar para onde quer que as correntes de ar os levem. Poluentes produzidos por queimadas na África ou América do Sul podem viajar por milhares de quilômetros e afetar países que têm pouca ou nenhuma ligação econômica com o motivo das queimadas. Um importante objetivo de sustentabilidade global é encontrar uma maneira de preservar os hábitats ricos na produção de oxigênio e reduzir a prática de queimadas.

O **planejamento de área** identifica a necessidade de considerar o crescimento atual e futuro de uma área, a habitabilidade de um ambiente e a proteção do valor de patrimônios. No âmbito do planejamento de área, a sustentabilidade inclui a preservação de zonas úmidas e áreas ecologicamente sensíveis, áreas com possibilidade de erosão e desmoronamento e áreas com belezas naturais. Com o planejamento sustentável de área, esforços consistentes podem ser realizados para prevenir a **expansão urbana,** caracterizada pelo surgimento de lotes residenciais criados a partir de incentivos intensos, associados ao baixo custo dos terrenos mais distantes do centro da cidade. O terreno é desenvolvido com espaço entre os **loteamentos residenciais** e, quando esses espaços são eventualmente ocupados, são para usos incompatíveis com o desenvolvimento residencial ao redor. Uma das consequências são rodovias congestionadas e um aumento nas emissões dos escapamentos. Transportes alternativos como vans podem não ser economicamente viáveis devido à baixa densidade da ocupação. A infraestrutura que atende a essas expansões requer quilômetros a mais de canos ou fiação e um bombeamento mais oneroso. Questões de sustentabilidade abordadas por um planejamento de área incluem o consumo de energia associado a transporte e utilização de prédios, perda de ambientes ecologicamente sensíveis, uso de recursos não renováveis e qualquer impacto que esses itens possam ter sobre a mudança climática.

Como esperado, o projeto de áreas urbanas é normalmente visto como importante para o crescimento sustentável. A perspectiva econômica reconhece que, quando recursos são precificados de forma irrealmente baixa devido a vários de seus custos serem dissociados do seu preço de mercado, eles tendem a ser excessivamente consumidos, e esse excesso gera custos para a sociedade. Por exemplo, gasolina a preço baixo estimula o consumo de gasolina (viagens), e isso gera custos em termos de poluição do ar (questões de saúde), mudança climática (CO_2 produzido) e maior dependência de petróleo importado. Gasolina barata também faz o custo de desenvolvimento de áreas periféricas das cidades parecer menor – viagens mais longas para o trabalho e compras significam maior consumo de combustível, e um consumo maior de combustível carrega consigo custos não refletidos no preço da gasolina. Pessoas que defendem abertamente projetos sustentáveis normalmente encaram como igualmente importantes melhorias nas estratégias de projetos urbanos. Suas sugestões incluem estabilização do crescimento horizontal das cidades; preservação das terras para agricultura e hábitats de vida selvagem; redução do uso de automóveis e disponibilização de métodos alternativos de transporte; projetos de ambientes urbanos para melhor representar os valores humanos e ecológicos, incluindo a restruturação de centros para torná-los lugares mais atrativos para morar; utilização mista e compacta de terrenos; utilização de materiais de construção não tóxicos; aplicação dos princípios dos **3 Rs – redução de consumo, reciclagem e reúso**; incorporação de funcionalidades para economia de energia no projeto de edifícios; uso de energias renováveis e combinação maior de densidade de desenvolvimento e tecnologia de produção de energia (uma densidade maior favorece atendimento por área em questão de aquecimento e resfriamento, enquanto uma densidade menor favoreceria um atendimento individual).

Os 3 Rs

Como mencionado anteriormente, os três Rs significam redução de consumo, reciclagem e reúso. Redução de consumo significa utilizar menos de tudo, mas, em particular, os elementos e materiais do projeto que possuem uma pegada de carbono maior, geram um prejuízo inevitável ao ambiente ou produzem impactos que se deseja minimizar. Projetos de engenharia civil para os quais objetivos de redução tenham sido propostos incluem como tópicos: a área coberta por pavimentação impermeável, que evita que a água das chuvas escorra para o solo, a área total do terreno afetada por aterros e cortes e terraplanagem, energia necessária para a operação, quilômetros por veículo na rodovia, tempo de viagem na rodovia, uso da água e erosão do solo. Objetivos de redução podem ter enorme impacto sobre projetos de engenharia civil. Objetivos de Reciclagem podem ser diferenciados dos objetivos de reúso, determinando se o item em questão precisa ser reprocessado antes do reúso. Se o reprocessamento for necessário, então o conceito mais apropriado será o de reciclagem. Reúso inclui elementos como o reúso de concreto de edifícios demolidos ou pavimentos para aterros; o reúso de terrenos para projetos; o reúso de infraestrutura já construída em outras localidades, como rodovias e sistemas de drenagem e o uso da vegetação existente para alcançar objetivos de projetos relacionados com a proteção contra o vento e por questões estéticas. Reciclagem pode envolver a utilização de pneus usados triturados em asfalto para pavimentação de rodovias; o reúso de antigos pavimentos de asfalto ou concreto em novas pavimentações durante o conserto de rodovias; o reúso do concreto de prédio demolido como brita para concreto; a recuperação e reúso de certos tipos de materiais de construção de prédios demolidos, como canos de cobre, fiação e vidro; a reciclagem de água das torneiras ou chuveiros ou de água da chuva para irrigação e a recuperação de solo contaminado em um terreno.

COMUNIDADES SUSTENTÁVEIS

A oportunidade de projetar uma comunidade inteira não acontece com frequência. Normalmente, as comunidades refletem as decisões de desenvolvimento de projetos de vários profissionais diferentes ao longo de um extenso período. Recentemente, muitos países têm se interessado em projetos de cidades a partir do zero, que podem ser chamados de sustentáveis, como os exemplos a seguir:

Lavasa, India. A população planejada é de 300 mil habitantes, e a estimativa é que a construção esteja completa em 2021. Projetistas planejam copiar a natureza para transformar um terreno árido em uma exuberante cidade, contendo fundações que preservarão a umidade e os inúmeros pequenos canais (similares aos encontrados em formigueiros) para prevenir enchentes durante a época das monções.

Fujisawa, Japão. A população é de 3.000 habitantes e a conclusão da construção está prevista para o verão de 2014. Cada casa será equipada com painel solar; serão usados amplamente, carros elétricos e bicicletas.

Destiny, Florida. O número estimado da população é de 250 mil habitantes, ainda sem data para a conclusão da construção. Terá 360 km de hidrovias, táxis aquáticos e um centro de exposição para Pesquisa e Desenvolvimento de Tecnologias Sustentáveis.

Dongtan, China. Esperando uma população de 500 mil habitantes, ainda não possui uma data de conclusão das obras. Biorreatores estão no planejamento para converter os resíduos da cidade em energia. Além disso, a cidade possuirá edifícios verdes, com emissões zero de poluentes.

Songdo, Coreia do Sul. A população esperada é de 65 mil habitantes, e a conclusão da construção está prevista para 2017. A cidade apresentará uma coleta de lixo pneumática, utilizando tubos em vez de caminhões e estações de recarga para carros elétricos. Em 2013, 30 mil pessoas já viviam na cidade.

Projetos de comunidade sustentáveis usualmente apresentam um ou mais dos seguintes itens:

- Fontes renováveis de energia (normalmente solar); se atreladas a cada unidade residencial, elas podem estar conectadas a uma rede de distribuição que atenda à comunidade.
- Alternativas a veículos de combustão interna particulares, normalmente veículos elétricos que podem ser de propriedade particular ou na forma de transporte público.
- Monitoramento de alta tecnologia dos sistemas de infraestrutura e sistemas de infraestrutura inteligentes.
- Prédios que apresentem baixo consumo de energia.
- Economia de água.

ESTRATÉGIAS DE SUSTENTABILIDADE

Listadas a seguir, estão estratégias de sustentabilidade que podem ser seguidas em projetos de grandes sistemas de infraestrutura de engenharia.

Planejamento de área e utilização do solo – proteger terras que não devem ser modificadas por questões ambientais ou econômicas; ajustar a utilização do solo para produzir uma pegada de carbono mínima; evitar o uso de materiais que armazenem e depois liberem uma grande quantidade de calor e criem ilhas térmicas; aproveitar as características naturais do terreno ou paisagismo para incentivar a conservação de energia.

Sistemas de transporte – utilização de uma configuração de rede que minimize as pegadas de carbono; utilizar conceitos de Sistemas de Transporte Inteligentes para minimizar as pegadas de carbono; utilizar materiais de construção que minimizem as pegadas de carbono; minimizar a poluição do ar; conduzir análises de ciclo de vida das alternativas.

Sistemas de gerenciamento de água pluvial – prevenir enchentes; reabastecer lençóis freáticos; prevenir erosão; prevenir a poluição da água causada pelo escoamento na superfície.

Sistemas de abastecimento de água – implementar medidas de economia de água, reabastecer fontes de água na superfície e de lençóis freáticos; projetar estações de tratamento e distribuição que minimizem as pegadas de carbono; conduzir análises de ciclo de vida das alternativas.

Sistemas de gerenciamento de resíduos – incorporar os 3 Rs (redução de consumo, reciclagem e reúso); descartar com segurança resíduos não poluentes; preservar a qualidade ambiental; projetar sistema de gerenciamento de resíduos que minimizem as pegadas de carbono; conduzir análises de ciclo de vida das alternativas.

Prédios e sistemas estruturais – aplicar critérios ambientais; utilizar materiais que minimizem as pegadas de carbono; conduzir análises de ciclo de vida das alternativas.

Sistemas geotécnicos – evitar a poluição do solo; projetar pensando na estabilidade de encostas; utilizar recursos geotérmicos; conduzir análises de ciclo de vida das alternativas.

Engenharia de construção – utilizar equipamento e técnicas de construção que minimizem as pegadas de carbono; usar materiais de construção que minimizem as pegadas de carbono; incorporar os 3 Rs; prevenir a erosão do solo; conduzir análises de ciclo de vida das alternativas.

RESUMO

Sustentabilidade não é um conceito novo. Mas existem diferentes linhas de pensamento sobre como ela deve ser atingida. Engenheiros tendem a favorecer definições que equalizem sustentabilidade e gerenciamento responsável de recursos e uma preocupação com necessidades futuras. A sustentabilidade está se

54 Introdução à Engenharia Civil

tornando cada vez mais importante no projeto de sistemas de infraestruturas, e as metodologias estão evoluindo para avaliar se os projetos estão cumprindo as metas de sustentabilidade. Todos os grandes tipos de sistemas de infraestrutura podem ser projetados com metas de sustentabilidade em mente.

Avaliação de habilidades de redação

Uma tarefa dissertativa que pode ser usada para avaliar as habilidades individuais de redação está incluída no Apêndice A. Ela pede uma dissertação de duas páginas sobre a relação entre sustentabilidade e projetos de infraestrutura. Um modelo para dissertação e um esquema de classificação também estão disponíveis e podem ser utilizados.

PALAVRAS-CHAVE

3 Rs – redução do consumo, reciclagem e reúso
ação proposta
alternativa do não faça nada
ambiente afetado
análise
análise de ciclo de vida
análise de custo
análise de inventário
avaliação ambiental
avaliação de impacto ambiental (AIA)
avaliação do ciclo de vida
berço ao túmulo
cap and trade (teto e negociação)
conclusão de insignificância de impacto (CII)
custos ambientais e benefícios
custos ambientais e benefícios
debate público
degelo
desigualdades

economia de escala
ecossistemas
enchente
espécies ameaçadas ou sob riscos de extinção
esquema de tomada de decisões financeiras
estilo de vida
estratégias de precificação
etapa de avaliação de impacto
etapas de definição de escopo e metas
expansão urbana
gestão ambiental
globalização da indústria
impactos socioeconômicos
interpretação do ciclo de vida
legisladores
lobby político
locais de importância histórica e cultural
loteamentos residenciais

mudança climática
pegada primária
pegada secundária
pegadas de carbono
pior cenário
planejamento de área
preocupação mundial
preservação da biodiversidade
processos legais
propósito e necessidade
proteção ambiental
proteção e preservação de espécies e hábitats
qualidade de vida
qualidade do ar e da água
reciclagem e reúso
relatório de impacto ambiental (RIMA)
série de alternativas
sustentabilidade
totalidade das exigências energéticas
várzeas
vetores de doenças

EXERCÍCIOS PARA DESENVOLVER HABILIDADE DE PROJETO

1. Como você caracterizaria a definição de sustentabilidade da NSPE? Qual pensamento parece servir de base a ela? Como ela impacta os projetos de engenharia civil que possuem metas de sustentabilidade?
2. O que significa "economia de escala" e como é possível que sistemas maiores cumpram melhor os objetivos de sustentabilidade que sistemas menores?
3. De quais maneiras você poderia reduzir a pegada de carbono associada a seu estilo de vida?

4. Identifique maneiras de projetar uma nova comunidade de 50 mil pessoas de forma que as pegadas de carbono associadas a ela sejam reduzidas.

5. Quais seis etapas estão envolvidas no ciclo de vida de um pavimento de concreto para uma via expressa?

6. Olhe o manual do EPA sobre Life Cycle Assessment (Análise do Ciclo de Vida) no site: http://www.epa.gov/nrmrl/lcaccess/pdfs/600r06060.pdf. Examine a seção 5-2, na página 58, onde se encontra uma lista para análise da qualidade e consistência de informação. Considere que duas alternativas, A e B, são comparadas. A alternativa A usa um modelo de mudança climática concebido em 1980, enquanto a Alternativa B usa um modelo de 2006. A seção 5-2 indica se a idade dos dados e as hipóteses do modelo podem ser uma preocupação na comparação? O que diria a seção 5-2 a respeito disso?

7. Quais podem ser as principais diferenças físicas no meio ambiente devido à mudança climática que pode ocorrer entre 1950 e 2050 para a cidade de Boston? Como essas mudanças poderiam afetar o projeto de infraestruturas próximas do mar? Como a mudança climática poderia afetar o projeto de sistemas de gerenciamento de águas pluviais na área de Boston?

8. Quais grandes impactos a mudança climática poderia causar na sua comunidade na questão de abastecimento de água no ano 2075?

9. Busque no Google as palavras "mudanças climáticas no Brasil" e entre no link da Univesp. De acordo com o documento, de que modo a mudança climática afetará a região onde você vive? Escolha outra região do país e diga o que o texto prevê para essa região.

CAPÍTULO

3

Mudança Climática

Objetivos

Após a leitura deste capítulo, você deverá ser capaz de:

- Identificar os tipos de evidências científicas utilizadas para dar suporte à ideia de que o clima está mudando.

- Compreender por que se acredita que o dióxido de carbono (CO_2) produzido por atividades humanas é o fator principal para explicação da mudança climática.

- Compreender macromodelos de atmosfera e mudança climática.

- Conhecer os potenciais riscos e consequências associados à mudança climática.

- Compreender as implicações da mudança climática nos projetos de sistemas de infraestruturas de engenharia civil.

INTRODUÇÃO

O principal grupo internacional responsável pelo estudo das mudanças climáticas e os riscos que elas geram é o **Painel Intergovernamental sobre Mudanças Climáticas** (**IPCC** – Intergovernmental Panel on Climate Change), criado em 1988, pelas Nações Unidas, e afiliado à Organização Meteorológica Mundial. Ele é considerado a maior autoridade em mudança climática e produziu relatórios em 1990, 1995, 2001, 2007 e 2014. O IPCC se utiliza de modelos climáticos para avaliar os efeitos das mudanças no clima.

MEDIÇÃO DA MUDANÇA DE TEMPERATURA E CONCENTRAÇÃO DE DIÓXIDO DE CARBONO

A crença de que a Terra está aquecendo, e a mudança climática, ocorrendo, é baseada nas medições globais de temperatura e CO_2, junto a modelos de mudança climática que predizem temperaturas aproximadas em um período de 100 anos futuros. Todos os modelos da mudança climática recente dependem de registros históricos do clima para validar suas equações e relações. Os modelos devem predizer com precisão os efeitos que emissões anteriores conhecidas de CO_2 tiveram sobre a temperatura. Se os modelos não conseguirem predizer fielmente eventos passados que, com certeza, ocorreram, terão pouca confiabilidade para predizer eventos futuros.

Registros históricos de medições de temperatura datam de apenas centenas de anos e, em alguns locais esparsos, registros em áreas maiores e em maior número são de apenas algumas décadas. Como as médias globais de temperatura devem ser baseadas em medições de temperatura em diversos locais, pode ser difícil determinar com alto grau de precisão as médias globais anteriores com base em um número limitado de locais de medição. O modo como as temperaturas eram medidas no passado também pode ser alvo de incerteza, por exemplo, se foram medidas na água, em áreas próximas a zonas de despejo de resíduos, em profundidades diferentes ou em áreas das cidades, sobre materiais que emitem calor, como telhados ou asfalto, ou em altitudes diferentes. A existência de influências locais sobre a temperatura, que pode variar ao longo dos anos, reduz a capacidade da medição de temperatura para monitorar as mudanças na temperatura global. A precisão espacial e representatividade nas medições de temperatura são importantes quando usadas no cálculo global. A Figura 3.1 foi gerada a partir dos melhores dados disponíveis e indica que as mais altas temperaturas registradas no Hemisfério Norte, em junho, chamadas de anomalias de temperatura, têm aumentado progressivamente desde 1880. Registros locais do clima também sustentam a afirmação de que a temperatura média anual tem aumentado em vários locais do planeta.

Um dos aspectos mais desafiadores da mudança climática é encontrar um modo de comunicar a forma como os cientistas enxergam o problema ao público e aos representantes eleitos, usando termos que eles compreendam. James Hansen, respeitado cientista do clima, desenvolveu uma analogia envolvendo jogar dados. Como afirmado por Hansen: "A maior barreira para a aceitação pública de um clima modificado por humanos é a variabilidade natural do clima. Como uma pessoa conseguiria diferenciar mudanças de longo prazo no clima, dada à notória variabilidade do clima local dia a dia e ano a ano?" Cientistas do clima descobriram que temperaturas diárias médias ao redor do globo seguem uma distribuição **normal** ou em forma de sino. A distribuição normal possui propriedades estatísticas úteis e é usada amplamente pela ciência. O público geral tende a entendê-la. Hansen examinou a probabilidade de ocorrência de dias extremamente quentes pelo globo e usou a distribuição normal de temperatura para fornecer evidências de que a temperatura está aumentando. Sob a distribuição normal, a probabilidade de se exceder um desvio-padrão, ou +1σ, é de apenas 16,6%. Entre 1951 e 1980, a probabilidade de a temperatura média diária durante junho, julho e agosto exceder um desvio-padrão, +1σ, era de aproximadamente 15,9%, próximo a 16,6%. Portanto, médias diárias de temperatura em junho, julho e agosto de 1951 a 1980 tendiam a seguir a distribuição normal ou em formato de sino, o que permitiu se chegar a uma série de conclusões que o público geral poderia compreender. Aplicando a distribuição normal sobre os dados de 1951 a 1980, a probabilidade de a temperatura média diária exceder dois desvios-padrão da média da distribuição normal ou em sino, +2σ, era de apenas 2,3%; e a probabilidade de a média diária exceder +3σ era de somente 0,13%. Hansen definiu a temperatura associada ao dia anômalo como a temperatura média da curva em sino, entre 1951 e 1980, mais um desvio-padrão, +1σ. Ele demonstrou que, entre 1981 e 2010, as temperaturas máximas diárias anômalas excederam +1σ, +2σ, +3σ, +4σ e +5σ, em uma probabilidade maior que a esperada, com base nos dados de 1951-1980. A explicação mais provável para isso é que a distribuição de probabilidade para temperaturas médias diárias tem se deslocado na direção de temperaturas mais altas.

Hansen criou uma analogia com o rolar de dados. A probabilidade da frequência com a qual as faces de um dado aparecem segue uma distribuição normal. Considere que uma das faces está pintada de vermelho. Uma vez que há seis faces em um dado, as chances de a face pintada de vermelho aparecer são de 16,6% (1/6), se não trapacearmos, o que é próximo de 15,9%. A anomalia de temperatura máxima diária, excedendo +1σ, que apareceu no período de 1950-1981, tinha 15,9% de chance de ocorrer, o que corresponde a pintar uma das faces do dado de vermelho. A ocorrência de muitas anomalias de temperatura máxima diária que excedem +1σ, no período 1981-2010, implicam que duas faces do dado, criado com base nas informações de 1951-1980, deveriam estar pintadas de vermelho. Isso corresponderia melhor às chances de anomalias de temperatura máxima diária no período mais recente. Usando o mesmo dado, com apenas uma das faces pintadas, para atingir o mesmo número de anomalias seria preciso que trapaceássemos no jogo para que a face em vermelho aparecesse com maior frequência. No estudo, Hansen ainda utiliza dados com duas e quatro faces pintadas de vermelho, em vez de uma e duas, de forma a aprofundar a discussão incluindo dias nos quais a temperatura média diária fosse menor que –1σ, mas as conclusões são as mesmas. Utilizando-se da analogia com os dados, Hansen forneceu evidências, usando conceitos que um leigo poderia compreender, que indicam que as temperaturas estão aumentando e que a mudança climática deve ser aceita como fato. Hansen ainda acrescenta: "O aquecimento global adicional nos próximos 50 anos, se as emissões de combustíveis fósseis continuarem como hoje em dia, será de pelo menos 1°C. Nesse caso, a alteração na curva de anomalias tornará normais anomalias +3σ, e as +5σ serão comuns." A Figura 3.1 mostra mudanças nas temperaturas médias globais de junho, entre 1880 e 2012, e sustenta a analogia de Hansen.

Mudança Climática   61

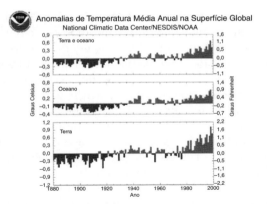

Figura 3.1   Anomalias de temperatura média na superfície Global.

Anomalias representam temperaturas acima e abaixo da média para junho, em graus Celsius e Fahrenheit. Dados do NCDC, NESDIS e NOAA.

Fonte: http://www.ncdc.noaa.gov/oa/climate/research/1998/anomalies/anomalies.html

O CO_2 é conhecido por reter o calor na atmosfera, e o aumento recente nas emissões de CO_2 para a atmosfera vindas da queima de combustíveis fósseis é o que muitos cientistas acreditam ser a causa do aumento da temperatura. Registros históricos de medição dos níveis de CO_2 na atmosfera são ainda mais escassos que os de temperatura e datam de apenas décadas, em alguns poucos locais. Contudo, no que diz respeito à extração e ao uso de combustíveis fósseis, os registros datam de séculos, e, a partir deles, é possível desenvolver estimativas das emissões associadas de CO_2 na atmosfera. Essa abordagem tem sido usada para estimar a concentração de CO_2 na atmosfera no passado, começando no início da Revolução Industrial, por volta de 1850. Usando medições reais ou estimativas baseadas no uso conhecido de combustíveis fósseis, cientistas têm sido capazes de estabelecer conexões, a partir de 1850, com margens de erro menores do que previsões com base em milhões de anos. Para estimativas anteriores à década de 1850, a inexatidão é provavelmente maior, assim, evidências adicionais além de registros de negócios e impostos devem ser usadas para estimar as emissões de CO_2. Para a maior parte das medições de CO_2 na atmosfera, a menor quantidade de imprecisões não foi possível até, durante ou depois da década de 1950, e as medições têm melhorado desde então.

O uso com sucesso de satélites para medir remotamente a temperatura da Terra e dos oceanos, umidade atmosférica e as assinaturas espectrais de temperatura de fenômenos climáticos começou em 1960, quando o TIROS-I foi lançado pela NASA. A ele se seguiu o programa NIMBUS. Atualmente, o NOAA controla dois **satélites geoestacionários**, fixados na mesma posição em relação à superfície terrestre, e observam mudanças no padrão de nuvens e outros fenômenos climáticos. Nomeados de GOES (Geostationary Operational Environmental Satellite – Satélites Ambientais Operacionais Geoestacionários), os equipamentos monitoram nuvens, vapor de água na atmosfera e temperaturas na superfície dos oceanos por meio da medição dos comprimentos de onda de energia nos espectros visíveis, infravermelho de vapor de água e infravermelho térmico. **Satélites em órbita polar** circundam a Terra em altitudes mais baixas que os geossíncronos e se movem em órbitas circulares que passam pelos Polos Norte e Sul. Satélites em órbita polar precisam de aproximadamente 100 minutos para circundar a Terra. Devido à baixa altitude na qual orbitam, eles conseguem produzir imagens em multiespectrais em alta resolução. Eles enxergam a Terra em fatias finas, podendo levar dias para que cubram o planeta inteiro. Medições dos satélites DMSP são usadas para calcular a velocidade do vento na superfície do oceano, precipitação sobre a Terra e água, vapor de água atmosférico e temperaturas da superfície do oceano. Os satélites DMSP medem as temperaturas de micro-ondas em vários níveis da atmosfera, e esses dados são processados para se conseguir informações sobre condições atmosféricas em diferentes altitudes. (Fonte: http://www.esrf.noaa.gov/psd/psd2/coasta/satres/env_satellite.html)

Embora a temperatura possa ser medida por sensoriamento remoto de satélites, a concentração de CO_2 é medida diretamente utilizando amostras de ar. Como os métodos tecnológicos e planos de amostragem para a medição direta de concentrações de CO_2 de forma confiável são relativamente recentes, tentativas para definir os níveis anteriores à Revolução Industrial devem se valer de métodos de **modelos climáticos**. Modelos climáticos são modos indiretos de medir a concentração de CO_2 com base em objetos naturais recorrentes, como amostras de núcleos de gelo, anéis de árvores, corais, depósitos em cavernas, lagos e sedimentos do oceano, pólen de árvores e fósseis. Por exemplo, durante períodos de grande concentração de CO_2 na atmosfera, as folhas das árvores precisam de menos poros para absorver o CO_2 e, durante períodos de baixa concentração, as folhas precisam de mais poros. Ao examinar o número de poros por unidade de área em fósseis de folhas, é possível determinar se a concentração era maior que atualmente ou equivalente a ela. A espessura dos anéis de árvores está relacionada com as chuvas e a temperatura e pode ser utilizada para estimar a temperatura e a precipitação, embora as medições tenham de ser feitas em diversas árvores dentro de uma região para gerar uma estimativa confiável das condições climáticas históricas para a região.

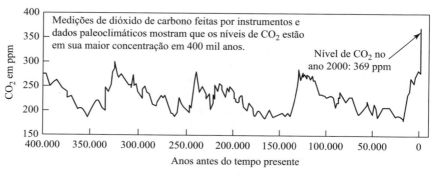

Figura 3.2 Tendências do CO_2 atmosférico.

Variações na concentração de dióxido de carbono (CO_2) na atmosfera nos últimos 400 mil anos, determinadas por amostras de núcleos de gelo. Embora os ciclos glaciais sejam diretamente causados pelas mudanças na órbita da Terra (por exemplo, os ciclos Milankovitch), essas mudanças também influenciam os ciclos de carbono, que, por sua vez, alimentam o sistema glacial.

Fonte: Global Warming Art, by Robert Rhode. http://www.anr.state.vt.us/anr/climatechange/Images/Historical_Graph.JPG

Uma das mais importantes medições do nível de CO_2 atmosférico para modelos é realizada a partir de bolhas de ar presas em núcleos de gelo retirados de geleiras e do fundo de lagos glaciais na Antártica. Dentre os 140 lagos subglaciais da Antártica, um dos mais importantes cientificamente é o Lago Vostok. É o maior lago subglacial, e, dele, a Rússia conseguiu extrair núcleos de gelo contendo bolhas de ar que forneceram registros datando de 400 mil anos. Outra importante fonte de núcleos de gelo é o Law Dome, situado na Antártica sob jurisdição dos Estados Unidos, embora tenha fornecido registros mais novos, de apenas alguns milhares de anos. Concentrações de dióxido de carbono medidas a partir dessas bolhas de ar estão representadas na Figura 3.2.

Medições dos níveis recentes de CO_2, que possuam uma confiabilidade alta, são importantes, pois podem ser usadas para revelar como os níveis atuais na atmosfera se comparam com as concentrações de décadas passadas. Se medições com confiabilidade alta são realizadas por décadas, cientistas podem extrapolar as tendências para o futuro próximo sem a necessidade de modelos climáticos globais. Medições recentes de CO_2 permitiram aos cientistas detectar os prováveis efeitos da atividade humana e avaliar se os níveis de CO_2 gerados pela atividade humana recente poderiam ser a causa do aquecimento global. Medições recentes de temperatura também facilitam a determinação de tendências. A Figura 3.2 mostra que, desde 1950, grandes aumentos na concentração de CO_2 têm sido observados. Os aumentos excedem bastante as máximas anteriores durante eras glaciais; em 2000, os níveis equivaliam ao dobro dos níveis máximos observados nos últimos 400 mil anos. Simultaneamente, a média de temperatura anual global aumentou $1°C$ durante o século XX, de $13,5°C$ para $14.5°C$. Combinando esse fato com mudanças observáveis em derretimentos de neve, degelos, pergelissolos, o aumento no nível dos oceanos e mudanças em ecossistemas, os cientistas concluíram que a Terra está ficando mais quente, e as emissões de CO_2 produzidas pela queima de combustíveis fósseis pode ser o fator fundamental para isso.

O National Research Council (Conselho Nacional de Pesquisa) analisou estudos recentes sobre mudança climática e, em 2009, concluiu que:

"Emissões de CO_2 antropogênicas cresceram quatro vezes mais rápido desde o ano 2000 que na década de 1990, e agora estão acima do pior cenário previsto... Como resultado das atividades humanas, a temperatura média da Terra logo deixará a faixa de variação de menos de $1°C$, que tem mantido por mais de 10 mil anos. Além disso, apesar de 15 anos de intensas negociações climáticas internacionais, as concentrações de CO_2 atmosférico têm crescido 33% mais rápido nos últimos oito anos do que cresciam na década de 1990. As mudanças climáticas dos últimos 10 mil anos ocorreram em um contexto de estabilidade marcante na temperatura média da Terra, que teve variações de menos de $1°C$ no período. Desde o advento da Revolução Industrial (por volta da metade do século XIX), quando combustíveis fósseis se tornaram a fonte primária de energia para o crescimento econômico e desenvolvimento da sociedade, a situação climática tem se afastado dessa condição estável. Espera-se que, logo, se atinja uma temperatura média global, sem precedentes em registros históricos. A NOAA (National Oceanic and Atmospheric Administration – Administração Oceânica e Atmosférica Nacional) relata que, em 2007, a concentração das emissões de CO_2 na atmosfera aumentou em 2,4 partes por milhão em volume (ppmv), atingindo um nível de 385 ppmv. Se as emissões continuarem no nível de 2007 por mais uma geração, a concentração atmosférica de CO_2 irá chegar a 450 ppmv, um nível que, se mantido por um tempo, levaria a uma temperatura média global estável 2°C maior que os níveis pré-industrialização, de acordo com as melhores estimativas científicas disponíveis (do IPCC). Embora cientistas não possam prever o valor exato da mudança de temperatura, existe atualmente um consenso que a temperatura resultante será consideravelmente maior que qualquer uma experimentada nos últimos 10.000 anos. Mesmo que a taxa de emissões pudesse ser reduzida globalmente a zero, o resultado ainda seria uma média de temperatura global 1°C maior – ainda maior que a média histórica – devido a capacidade de absorção de calor pelos oceanos."

Fonte: National Research Council. Informing Decisions in a Changing Climate. Palestra sobre Strategies and Methods for Climate-Related Decision Support, Committee on the Human Dimensions of Global Change. Division of Behavioral and Social Sciences and Education. The National Academies Press: Washington, DC, 2009, Capítulo 1

FATORES QUE INFLUENCIAM A TEMPERATURA ATMOSFÉRICA E O CLIMA

A gravidade impede que os gases formados pela Terra escapem para o espaço. Se a Terra estivesse próxima ao Sol, a atmosfera teria evaporado como a de Mercúrio. Se a Terra estivesse muito longe do Sol, a atmosfera surgiria como líquida ou como uma massa congelada na superfície do planeta. Na Terra, as temperaturas estiveram na faixa necessária para que os componentes atmosféricos sejam capazes de existir em um estado gasoso e a gravidade os manteve próximos a Terra. Mais importante, a temperatura, energia do Sol e água forneceram a combinação ideal para que a vida surgisse. Durante centenas de milhões de anos os gases aprisionados pela gravidade interagiram com os oceanos, massas de terra e sistemas vivos para produzir a atmosfera terrestre como conhecemos. A composição da atmosfera terrestre mudou significativamente ao longo dos tempos geológicos, devido a eventos astronômicos como cometas e impactos de meteoros, processos geológicos que produziram atividade vulcânica e processos biológicos que resultaram na evolução de plantas que produzem oxigênio e consomem CO_2. Entretanto, a energia que o Sol envia à Terra é a força motora fundamental por trás da mudança climática e o clima, bem como do surgimento e manutenção de formas de vida.

A energia do Sol atinge a atmosfera, a penetra e então alcança a superfície terrestre. A energia total que chega do Sol deve ser refletida de volta ao espaço pela superfície e pela atmosfera ou ser absorvida. **Albedo** é um conceito físico que indica a porcentagem de luz refletida pela superfície de um objeto. Para a radiação provinda do Sol, o albedo da Terra é de 30% a 35%, com a maior parte da reflexão sendo causada pelas nuvens ou gelo nos polos. Estima-se que, aproximadamente, 29% da energia vinda do Sol é refletida de volta ao espaço e aproximadamente 23% é absorvida pela atmosfera, deixando 48% da energia para ser absorvida pela superfície terrestre. A maior parte da energia que chega à superfície terrestre é lançada de volta à atmosfera através da **convecção** (5%), **evaporação da água na superfície** (25%) e **radiação térmica infravermelha** (17%) (Fonte: NASA. http://earthobservatory.nasa.gov/Features/Energy-Balance/page5.php) Isso é mostrado na Figura 3.3. Quando certos tipos de gases, conhecidos como **gases do efeito estufa**, estão presentes na atmosfera, eles tendem a prender as radiações térmicas de baixa frequência que de outro modo seriam irradiadas de volta ao espaço pela superfície terrestre. À medida que a concentração de gases do efeito estufa aumenta, esses gases diminuem a quantidade total de calor irradiada de volta ao espaço prendendo-o na atmosfera e o resultado é um aumento na temperatura da atmosfera. Os gases do efeito estufa mais comuns de fontes naturais são CO_2, **metano**, **óxido nitroso**, **vapor d'água** e os **CFCs** ou **clorofluorcarbonetos**. Quantidades cada vez maiores de CFCs apareceram na atmosfera devido a emissões de latas de spray e aparelhos de refrigeração, o que reduziu a camada de proteção do ozônio encontrada em grandes altitudes na atmosfera. CFCs começaram a ser proibidos no final da década de 1970.

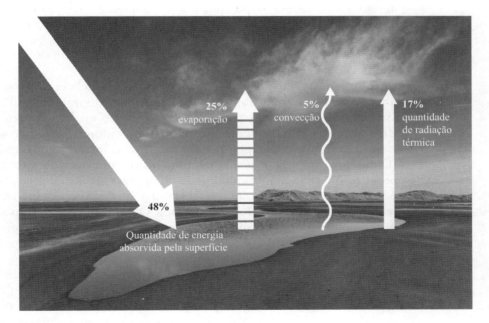

Figura 3.3 Distribuição da energia solar.
Fonte: Patjo/Shutterstock. Baseado em uma ilustração da NASA por Robert Simmon.

CO_2 é um produto gerado pela atividade humana, notadamente pela queima de combustíveis fósseis que combina oxigênio com carbono para produzir energia, e sua presença na atmosfera aparenta estar crescendo rapidamente. Todavia, a relação entre a geração de CO_2 e a quantidade de

CO_2 na atmosfera não é simples de formular porque existem muitas variáveis que influenciam a quantidade de atmosférico, incluindo a retenção e emissão de carbono e CO_2 por formas de vida e o armazenamento de CO_2 no solo e oceano (Figura 3.4).

Ambas, a retenção e a emissão de CO_2 no solo e no oceano, são funções de espécies de vida presentes e da temperatura terrestre, bem como das propriedades químicas do solo e oceano. As espécies e o volume de biomassa presente estão vinculadas à disponibilidade de água e comida, ao clima e aos gases presentes na atmosfera. Nuvens e precipitação afetam os tipos de organismos vivos e a quantidade de biomassa produzida. Ambas estão vinculadas à quantidade de CO_2 presente na atmosfera. Seres vivos parecem exercer um significativo papel na composição atmosférica e, por consequência, na sua temperatura, e acredita-se que formas de vida são partes essenciais em sistemas climáticos autocorretivos, que apresentam ciclos de retroalimentação. Um exemplo de ciclo de retroalimentação envolve a relação entre o aquecimento do solo e a atividade crescente de micro-organismos vivendo no solo que produzem e emitem CO_2 para a atmosfera. Com o aumento nos níveis de CO_2 na atmosfera, a temperatura aumenta e o solo fica mais quente. Isso estimula o crescimento de micro-organismos que produzem CO_2 e o emitem para a atmosfera, desse modo, aumentando os níveis de CO_2 na atmosfera, o que, por sua vez, aumenta a temperatura – um ciclo de retroalimentação positivo. Entretanto, muitas plantas consomem CO_2 e produzem oxigênio, e um aumento de CO_2 pode resultar em um aumento na vida vegetal, o que poderia diminuir a quantidade de CO_2 na atmosfera – um ciclo de retroalimentação negativo.

Contudo, apesar do papel de moderação que os organismos desempenham, cientistas estão preocupados com o fato de que um ciclo de retroalimentação positivo prevaleça na determinação no curto prazo do clima. Uma atmosfera mais quente faz mais água evaporar, o que produz maior cobertura de nuvens e que, por sua vez, leva a temperaturas mais quentes (embora, como será dito adiante, uma maior cobertura de nuvens também possa resultar em maior quantidade de energia térmica do Sol sendo refletida de volta ao espaço, o que refrescaria a Terra). Um oceano mais quente tem menor capacidade de absorção de CO_2, unicamente devido à temperatura. Com temperaturas maiores na água, a acidificação do oceano ocorrerá devido ao aumento da presença do ácido carbônico formado pela dissolução do CO_2 e isso irá reduzir a quantidade de CO_2 depositado em formações geológicas nos leitos, onde pode ser armazenado. Temperaturas mais quentes nos oceanos podem reduzir suas produtividades biológicas devido à menor circulação de águas nos oceanos, e isso pode levar a um aumento nos níveis de dióxido de carbono nos oceanos. O aquecimento do solo em áreas com uma grande quantidade de pergelissolos acelerará o efeito estufa do CO_2 devido ao aumento nas emissões de CO_2 por solos antes congelados. O aumento da cobertura de nuvens, causado pelas temperaturas atmosféricas maiores, poderia reduzir a temperatura da Terra, num grande ciclo de retroalimentação negativo. Relacionado com isso, estaria um aumento das chuvas, o que aceleraria o ritmo de deterioração das rochas e o de remoção do CO_2 da atmosfera devido ao desgaste das rochas.

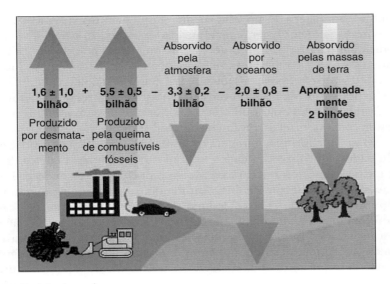

Figura 3.4 O ciclo do carbono.
Produção e absorção de CO_2 com base em dados da década de 1980.
Fonte: US Geological Survey. geochange.er.usgs.gov. http://geochange.er.usgs.gov/poster/carboncycle.html

MODELOS DE MUDANÇA CLIMÁTICA

Modelos científicos são abstrações na forma de equações que quantificam a importância das relações de causa e efeito em fenômenos mensuráveis. No que diz respeito à mudança climática, modelos foram criados em uma tentativa de predizer a temperatura atmosférica resultante da emissão de certas quantidades de CO_2 na atmosfera. A modelagem de mudanças climáticas será apresentada com mais detalhes no quadro após esta seção. Os modelos estão sendo usados para tentar descobrir se (1) houve um aumento recente do CO_2 na atmosfera maior do que se poderia esperar com base na história climática recente da Terra e, portanto, poderia ser suspeito de ser causado por atividades humanas, (2) as temperaturas globais estão aumentando e (3) o que acontecerá durante os próximos 50 a 100 anos.

Estudos científicos do ciclo do carbono e o papel que as formas de vida desempenham são um componente essencial no estudo do clima e são realizados com o uso de modelos científicos que simulam tanto o ciclo do carbono quanto o clima. Uma das importantes metas da ciência climática é a compreensão e a exatidão no cálculo de toda energia do Sol que chega à Terra e como essa energia interage com o planeta para produzir o clima. O ciclo do carbono é um componente-chave, mas ainda há questões que o envolvem para as quais não há boas respostas. Um "desconhecimento" importante é a falta de uma compreensão completa nos papéis que os oceanos e o solo desempenham na absorção de CO_2. Como os cientistas ainda não possuem o conhecimento completo sobre como oceanos e o solo afetam a quantidade de CO_2 na atmosfera, há uma incerteza na previsão feita por modelos complexos de causa e efeito recentes que incluem as variáveis de solo e oceano. Entretanto, utilizando outras abordagens de modelagem que simplesmente extrapolam as tendências da produção de CO_2 gerada por atividades humanas, estima-se que haverá um adicional de 20 a 220 ppm de CO_2 na atmosfera no ano de 2100, o que aumentará 1°C a temperatura média global. Pode haver menos incertezas nos modelos que extrapolam as tendências, mas, a eles, falta o poder de explicação de verdadeiros modelos de causa e efeito. Representantes eleitos encontram dificuldades para criar políticas, a não ser que possam identificar variáveis de causa com um nível relativamente alto de certeza.

Modelos climáticos feitos em computador necessitam de validação por meio de dados climáticos. Os dados utilizados para validar modelos de mudanças climáticas devem ser as variáveis que o modelo está tentando prever – temperatura e concentração de CO_2. Entretanto, registros de temperatura ao redor do mundo cobrem apenas algumas décadas ou, no melhor dos casos, alguns séculos em um número limitado de locais, e os dados sobre CO_2 são ainda mais escassos. Dessa forma, para criar um modelo de mudança climática anterior a mais que algumas centenas de anos, é preciso um raciocínio inferencial com base em fósseis e registros biológicos e geológicos de fenômenos que sabemos estarem relacionados com o clima. Essas simulações de clima foram mencionadas anteriormente neste capítulo. Depósitos profundos de estratos de rochas carbonáticas implicam a existência de grandes oceanos e a presença de CO_2 nos oceanos, e períodos de provável atividade vulcânica significam aumentos de longo prazo nos gases do efeito estufa, junto a diminuições de curto prazo na quantidade de luz solar, atingindo a superfície devido a nuvens maciças de cinzas. O quadro a seguir apresentará uma rápida análise da história climática da Terra. Uma vez que, para os bilhões de anos que o planeta tem passado em evolução, não há medições climáticas diretas disponíveis, o conteúdo do quadro deve receber o seguinte prefácio: "Baseado em registros fósseis e geológicos e raciocínio indutivo, acredita-se que..."

HISTÓRIA GEOLÓGICA DA TERRA E SUA ATMOSFERA

As origens da vida – 3,8 a 2,3 bilhões de anos atrás

A atmosfera original do nosso planeta era hostil à vida como a conhecemos atualmente na Terra. Cientistas acreditam que a atmosfera inicial não possuía oxigênio e era rica em dióxido de carbono e metano. O dióxido de carbono e o metano podem ter gerado temperaturas maiores na superfície terrestre que as atuais. Acredita-se que as primeiras formas de vida surgiram entre 3,8 e 2,3 bilhões de anos antes e era composta por bactérias e algas que poderiam sobreviver sem oxigênio. Estima-se que levou mais um bilhão de anos para que formas de vida evoluíssem para serem capazes de converter luz solar em energia por fotossíntese. Embora ainda fossem unicelulares, esses organismos podem ter consumido o CO_2 e começado a produzir oxigênio, que possibilitou a vida humana e animal. Além de gerar uma importante mudança na composição da atmosfera terrestre ao introduzir grandes quantidades de oxigênio, esses organismos mais recentes iniciaram uma variedade de interações termo-dinâmicas e metabólicas que deram aos organismos consumidores de oxigênio uma vantagem evolucionária.

Grande concentração de CO_2 – 540 milhões de anos

Acredita-se que as grandes quantidades de CO_2 presentes na atmosfera primitiva foram fixadas em camadas de calcário, tanto pelas primeiras formas de vida quanto por meio de processos químicos nos oceanos. Seguiu-se, então, um período no qual a quantidade de CO_2 oscilou entre uma concentração máxima 22 vezes maior que a atual, há aproximadamente 540 milhões de anos, o que tornou a Terra muito quente, e uma concentração mais baixa, há 320 milhões de anos. A isso, seguiu-se um aumento de CO_2 em quase cinco vezes o nível atual para, posteriormente, uma tendência de baixa, até chegar a níveis comparáveis com o presente. A remoção do CO_2 atmosférico pode ter levado a um resfriamento da atmosfera entre 540 a 2 milhões de anos atrás, o que, por sua vez, gerou um aumento das calotas de gelo quando os continentes se deslocaram em direção ao Polo Sul. Posteriormente, ocorreu uma grande tendência de aquecimento, há cerca de 60 milhões de anos. Durante as duas gran-des mudanças de temperatura – quente para frio e então de volta para o quente –, muitas formas de vida desapareceram.

Liberação de oxigênio – 330 milhões de anos

Há cerca de 330 a 250 milhões de anos, plantas vasculares surgiram e foram enterradas, possivelmente absorvendo muito carbono da atmos-fera e realocando-o no solo. Isso pode ter levado a um excesso na quantidade de oxigênio na atmosfera, o que, por sua vez, gerou incên-dios florestais e lançou o carbono de volta à atmosfera. Contudo, o resultado foi um resfriamento da atmosfera devido à remoção do car-bono e, junto a isso, a precipitação foi reduzida. Grandes áreas de gelo se formaram.

Resfriamento atmosférico – 251 milhões de anos

Há cerca de 251 milhões de anos, a atividade vulcânica aumentou consi-deravelmente, o que elevou a quantidade de cinzas vulcânicas e aerossóis de enxofre na atmosfera. Isso levou a um resfriamento rápido e pontual, que durou apenas algumas centenas de anos, e uma grande extinção das espécies existentes. Junto aos compostos de cinzas e enxofre também devem ter ocorrido grandes emissões de gases de efeito estufa, incluindo o CO_2, metano e vapor d'água, os quais teriam desaparecido tão rapida-mente quanto as cinzas e aerossóis. Após resfriar, a Terra teria se aque-cido novamente devido aos gases de efeito estufa liberados. Com esse aquecimento, também ocorreu uma diminuição no número de formas de vida.

Aquecimento atmosférico – 65,5 milhões de anos

Há cerca de 65,5 milhões de anos, a Terra era mais quente do que hoje, e os dinossauros surgiram. Entretanto, a Terra se resfriou novamente e, com o resfriamento, os dinossauros desapareceram. O resfriamento parece ter sido causado por impactos de asteroides e a poeira atmosférica que eles criaram. Um dos locais mais apontados como sendo de um impacto maciço de asteroide é a Península de Yucatan, no México.

Aumentos na variação de temperaturas sazonais – 55 milhões de anos

Há 55 milhões de anos, o clima ainda era mais quente que atualmente, mas houve um aumento na variação das temperaturas sazonais. A concentração de gases do efeito estufa era alta, e o movimento dos continentes criou correntes oceânicas que levaram o calor para longe dos trópicos, em direção a latitudes maiores. Espécies de mamíferos aumentaram. Aparentemente ocorreu um aumento significativo de ^{12}C na atmosfera durante a Era Eocênica, provindo de fontes ainda sob debate. A quantidade de carbono liberada foi associada ao significativo aumento na temperatura e é uma grande preocupação atual, porque os aumentos recentes de CO_2 associados à atividade humana são tão grandes ou maiores que os que ocorreram durante a Era Eocênica e levaram às maiores temperaturas na história recente da Terra. Esse aumento, o qual se deu em uma magnitude de 4° a 5°C na temperatura do mar, levou milhares de anos para ocorrer.

Resfriamento atmosférico – 14 milhões de anos

O clima resfriou novamente e muitas espécies desapareceram. Especula-se que o resfriamento tenha sido resultado de atividade de asteroides e a poeira produzida. Há aproximadamente 14 a 9 milhões de anos, o CO_2 atmosférico aparentemente diminuiu devido à proliferação de gramíneas. O surgimento de gramíneas se correlaciona com a chegada de novas espécies, incluindo os predecessores evolucionários dos humanos. A temperatura era 3° a 4°C maior que hoje, mas um período de resfriamento começou. Há cerca de 11.500 anos, períodos de glaciação começaram a se alternar com períodos de aquecimento.

O surgimento da civilização – um evento recente

O nascimento do homem moderno é muito recente, quando visto da perspectiva climática e geológica da Terra – faz apenas 7.500 anos desde que as primeiras civilizações floresceram, e aproximadamente 150 anos desde que a atividade humana começou a lançar quantidades maciças de CO_2 na atmosfera. Embora, até as últimas centenas de anos, os seres humanos tenham conseguido se adaptar a mudanças climáticas e seus impactos nos suprimentos de água e comida por meio da migração, as populações humanas eram bem menores, as mudanças de temperatura eram mais vagarosas e a maior parte das fronteiras políticas não existia de uma maneira que impedisse a imigração.

Modelos de mudança climática têm funcionado utilizando diferentes cenários, refletindo uma gama de hipóteses sobre o uso de combustíveis fósseis e a vontade das nações de criar uma política sobre mudança climática. Os modelos tipicamente descrevem temperaturas e valores de CO_2 apenas 100 anos no futuro. Esses cenários refletem realidades políticas alternativas. Aqueles utilizados nos primeiros modelos do IPCC eram divididos em cenários "**dentro do usual**", ou **D-d-U**, que presumiam taxas cada vez maiores de consumo de combustíveis fósseis, e "**conservação**", que presumiam alguma redução no consumo de combustíveis fósseis. Os cenários de 2001 utilizados pelo IPCC foram estruturados de forma diferente e chamados de A1, A2, B1 e B2. As características de cada cenário para 2007 estão descritas a seguir.

Enredo A1 – uma família global

- Redução substancial nas diferenças regionais de renda *per capita*.
- Rápido crescimento econômico.
- Pico populacional na metade do século XXI e posterior declínio.
- Introdução rápida de novas tecnologia mais eficientes.

Existem três grupos de cenários dentro do cenário A1 – uma família global:

- A1F1 – Consumo intensivo de combustíveis fósseis.
- A1T – Consumo intensivo de combustíveis alternativos.
- A1B – Uso balanceado de combustíveis fósseis e alternativos, um cenário "meio-termo".

Enredo A2 – um mundo dividido

- Ênfase em identidades nacionais e soluções regionais e locais para problemas de proteção ambiental e equidade social.
- Crescimento *per capita* e avanço tecnológico lentos.
- População mundial com crescimento contínuo.

Enredo B1 – utopia global

- Ênfase em soluções globais para sustentabilidade e proteção ambiental.
- Rápida alteração nas economias de informação e serviço.
- Pico populacional na metade do século XXI e posterior declínio, como no cenário A1.
- Redução na intensidade da demanda por materiais.
- Introdução de tecnologias limpas e eficientes energeticamente.

Enredo B2 – utopia local

- População mundial com crescimento contínuo, menor que em A2.
- Níveis intermediários de desenvolvimento econômico.
- Desenvolvimento mais devagar de novas tecnologias de energia do que o apresentado em B1 e A1.
- Ênfase nas soluções locais e regionais em vez das globais para problemas de proteção ambiental e equidade.

No estudo de 2007, o maior aumento nas emissões de CO_2 ocorre no cenário A1F1, e o menor, no cenário B1. O cenário "meio-termo", A1B, foi usado pelo IPCC como base de comparação. Os resultados de rodar os modelos sob diferentes cenários indicaram que (1) fatores socioeconômicos bem diferentes podem levar a níveis similares de CO_2 e (2) fatores socioeconômicos similares também podem levar a níveis diferentes de CO_2 na atmosfera. O IPCC não tentou estimar as probabilidades de algum dos cenários se tornar realidade. A Figura 3.5 indica a extensão do aumento de temperatura dentro de cada cenário.

O cenário A2 é de grande interesse quando se prevê como o clima mudaria caso não houvesse qualquer mudança nas atitudes dos políticos das nações que mais produzem CO_2 e na falta de cooperação entre eles. Esse cenário parece refletir a realidade política de tentativas recentes para tratar do aquecimento global. Comparando condições medidas em 1961 a previsões decorrentes do cenário A2 para o final do século XXI, a mudança prevista na temperatura média do ar na superfície foi de uma média de +3°C, com uma variação possível de +1,3°C a +4,5°C.

CONSEQUÊNCIAS POTENCIAIS E RISCOS ASSOCIADOS À MUDANÇA CLIMÁTICA

Com base em modelos, o IPCC estimou a probabilidade de eventos específicos decorrentes do aumento de temperatura no século XXI. Os eventos e suas

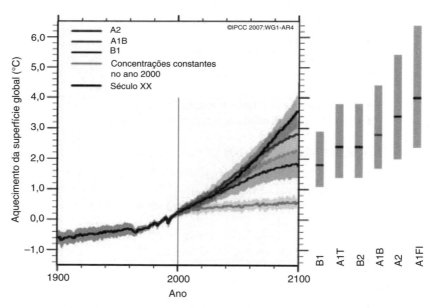

Figura 3.5 Mudanças de temperatura previstas.

As barras à direita indicam a extensão das mudanças de temperatura previstas em cada modelo.

Fonte: Climate Change 2007: The Physical Science Basis. Working Group I Contribution to the Fourth Assessment Report of the Intergovernmental Panel on Climate Change, Figure SPM.5. IPCC. Cambridge University Press.

respectivas probabilidades estão a seguir. Cientistas do clima acreditam que eventos com probabilidade de 99% são praticamente certos de ocorrer. Eventos com probabilidade por volta de 50% são tão prováveis de ocorrer como de não ocorrer, e eventos com probabilidade na casa de 30% são menos prováveis de ocorrer. Note que "improváveis" não significa que não ocorrerão, mas apenas que as chances são pequenas. As afirmações em itálico estão relacionadas com as estimativas de que a temperatura subirá e indicam que o IPCC está praticamente certo de que, se o nível de CO_2 na atmosfera se estabilizar no dobro do nível de 2007, a temperatura global terá subido mais de 1,5°C ao fim do século XXI, mas não tem tanta certeza de que o aumento será entre 2°C e 4,5°C.

99% de certeza

- Dias e noites frios serão mais quentes e menos frequentes na maioria das regiões da Terra.
- Dias e noites quentes serão mais quentes e mais frequentes na maioria das regiões da Terra.

90% de certeza

- *Se o dióxido de carbono na atmosfera estabilizar no dobro dos níveis atuais, a temperatura global irá aumentar em mais de 1,5°C*
- O aquecimento sobre continentes habitados em 2030 será o equivalente ao dobro da variação anual observada no século XX.
- Haverá um perceptível aumento na concentração de metano devido a atividades humanas.
- A taxa de crescimento do dióxido de carbono, metano e óxido nitroso na atmosfera chegará a níveis sem precedentes nos últimos 10 mil anos.
- A frequência de ondas de calor e massas de ar quente aumentará.
- Volumes de precipitação aumentarão em latitudes mais altas.
- As correntes termohalinas se enfraquecerão.

66% de certeza

- *Se os níveis de dióxido de carbono na atmosfera se estabilizarem no dobro do nível atual, a temperatura terrestre aumentará entre 2°C e 4,5°C.*
- O aumento futuro na temperatura média de superfície global será entre -40% e +60% dos valores previstos por modelos climáticos.
- Áreas afetadas por secas aumentarão.
- O número de dias com neve irá diminuir, e as épocas de cultivo se prolongarão.
- Atividade intensa de ciclones aumentará, com ventos mais velozes e maior precipitação.
- Eventos extremos de maré cheia aumentarão, assim como o tamanho de ondas em tempestades em latitudes medianas.
- O volume de precipitação diminuirá nas áreas subtropicais.
- O desaparecimento de geleiras aumentará nas próximas décadas.
- A mudança climática promoverá um aumento na camada de ozônio, apesar da diminuição geral dos compostos destruidores de ozônio.

De 35% a 50% de certeza

- As calotas de gelo do oeste da Antártica derreterão se o aquecimento global exceder os 5°C.

33% de certeza

- As calotas de gelo da Antártica e Groelândia entrarão em colapso devido ao aquecimento da superfície.

10% de certeza

- *Se os níveis de dióxido de carbono na atmosfera se estabilizarem no dobro do nível atual, a temperatura terrestre aumentará em 1,5°C.*
- As correntes termohalinas se extinguirão abruptamente

Fonte: Michael, E. M. e Kump, L. R. *Dire Predictions–Understanding Global Warming.* DK-Pearson Education, Londres, 2008. p. 21.

Das tendências com mais de 50% de chances de se tornarem realidade, a que traz maiores preocupações é a de alteração nos padrões de precipitação. Prevê-se que as correntes de ar de ambos os hemisférios se alterarão em direção aos polos, o que aumentaria as precipitações de inverno nas regiões polares e subpolares e diminuiria a precipitação em latitudes medianas e subtropicais. A região sudoeste dos Estados Unidos está atualmente enfrentando uma seca, e ela pode ser mais longa e profunda do que o esperado quando os recursos de abastecimento foram planejados para a região. Grande parte do meio-oeste também poderá receber menos chuva. Secas também poderão impactar o México, áreas ao redor do Canal do Panamá, Caribe, Chile e o norte da América do Sul, áreas ao norte do Mar Mediterrâneo e a porção sul da África. Poderá haver um aumento na precipitação ao longo da linha do Equador, o que impactaria partes da Indonésia, Nova Guiné e muitas pequenas ilhas próximas. A Figura 3.6 mostra projeções preparadas pelo NOAA e usadas pelo IPCC.

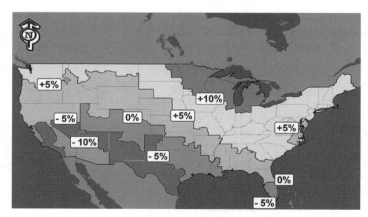

Figura 3.6 Mudança média na precipitação anual.

Projected Annual Precipitation Changes for 2091–2100 Drawn by JL Weiss, The University of Arizona. Data from Hoerling & Eisheid NOAA ESRL Changes relative to 1971-2000 averages.
http://www.esrl.noaa.gov/news/2007/ipcc.html

Uma das maiores incertezas acerca da modelagem de mudança climática é se o aumento da temperatura produzirá mais eventos como o **"El Niño"** ou como **"La Niña"**. Eventos como o El Niño estão associados ao enfraquecimento das correntes de ar nas partes central e leste do Pacífico, que levam a chuvas pesadas ao longo das regiões da costa do Pacífico e do Golfo, devido à baixa pressão atmosférica e ao crescimento de massas de ar úmido e quente sobre a Terra. Eventos como a La Niña são associados ao aumento nas correntes de ar que mantêm as massas de ar úmido de baixa pressão mais para o oeste; isso reduz o volume de chuva sobre áreas que recebem grandes quantidades de tempestades durante os eventos do El Niño. Mais eventos como o El Niño aumentariam a precipitação durante o inverno no deserto do sudoeste dos Estados Unidos e derrubariam qualquer tendência de seca, mas piorariam a situação de seca em outras partes do mundo, particularmente no sul da África. Os modelos climáticos em uso são divididos de acordo com a frequência de ocorrência de eventos como El Niño ou La Niña, embora os modelos utilizados pelo IPCC predigam uma tendência de aumento do El Niño.

No nível de menos de 50% de probabilidade, o que coloca os eventos na categoria "tão prováveis de ocorrer quanto de não ocorrer", está o derretimento das coberturas de gelo da costa oeste da Antártica. Em um nível de probabilidade de 33% está o colapso das coberturas de gelo da Groelândia e Antártica, o que deixa esses eventos na categoria "improváveis de ocorrer". O colapso de geleiras é menos perigoso para o aumento nos níveis de água do oceano, uma vez que as áreas de geleira são relativamente pequenas, e o aumento relativo que isso geraria no mar seria de 50 cm no máximo. Contudo, cientistas descobriram recentemente que fendas se formam na superfície de gelo continental, o que permite que a água da superfície penetre profundamente nas calotas de gelo. A água lubrifica a base da camada de gelo e permite que grandes pedaços deslizem em direção ao oceano, o que acelera a desintegração das calotas mais rapidamente do que o previsto pelos modelos atuais. O derretimento do gelo do mar apenas não aumentaria muito o nível dos oceanos devido aos efeitos de expansão termal. O aumento no nível do mar mais provável e previsto até 2100 é entre 0,5 cm e 1,2 m, dependendo do cenário do modelo.

Como o CO_2 é conhecido como um gás de efeito estufa, o fenômeno que cientistas tentam simular é a relação de causa e efeito preciso entre as emissões de CO_2 e o aumento de temperatura. Modelos de mudança climática representam tentativas de explicar essa ligação de forma que as temperaturas futuras possam ser previstas como parte das emissões de CO_2. Essa capacidade de previsão é necessária para a criação de políticas públicas eficientes. Como os modelos incluem as emissões de CO_2 como variáveis, os modelos podem funcionar presumindo que haja apenas a produção natural de CO_2 e nenhuma emissão devido a atividades humanas. Ao executar esses modelos a partir do ano de 1900, presumindo que não exista produção devida a atividades humanas, os resultados podem ser comparados com previsões que incluem o CO_2 emitido por atividades humanas. Quando essa comparação é realizada, os modelos sempre preveem temperaturas mais altas quando as emissões geradas por atividades humanas são incluídas. Isso levou os cientistas a concluírem que a atividade humana, notavelmente a oxidação do carbono pela combustão de combustíveis fósseis, explica o aumento global na temperatura, observado e agora aceito amplamente como fato. A Figura 3.7 mostra os impactos estimados pelos modelos do IPCC da atividade humana na temperatura.

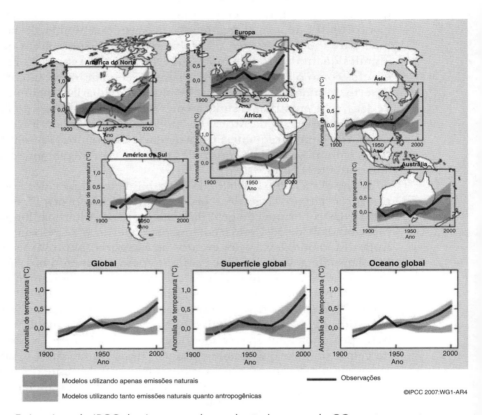

Figura 3.7 Estimativas do IPCC dos impactos da produção humana de CO_2 na temperatura.
Fonte: IPCC 2007: WG1 AR4 Figura SPM.4. Retirada do Environmental Defense Fund. http://www.edf.org/climate/human-activity-causes-warming.

Deve-se dizer que, em algumas afirmações, é necessário o seguinte prefácio: "*Se os níveis de dióxido de carbono na atmosfera se estabilizarem no dobro do nível atual, a temperatura terrestre aumentará em 1,5°C.*" Isso pode ser erroneamente interpretado como: se as emissões de CO_2 forem reduzidas significativamente, o aumento de temperatura será menor que 1,5°C, e as previsões podem não ser tão desoladoras quanto seriam se a temperatura realmente subisse 1,5°C. Contudo, cientistas não podem nos dar certeza de que uma diminuição nas emissões de CO_2 num futuro próximo reduzirá o aumento de temperatura porque as ligações entre a concentração de CO_2 e a temperatura atmosférica ainda não são compreendidas completamente. Também seria um erro concluir que, se a concentração de CO_2 aumentar mais que o dobro dos níveis atuais, a temperatura aumentaria linearmente à concentração – em outras palavras, se a concentração aumentar em três vezes, a temperatura aumentaria em $3/2 \times 1,5°C = 2,25°C$. Não há qualquer certeza de que a relação entre a concentração de CO_2 e a temperatura se manterá linear. Há muitos ciclos de retroalimentação positivos entre emissões de CO_2 e temperatura, e alguns cientistas acreditam que nosso planeta pode estar prestes a entrar em um ponto do qual não haja retorno, não importando quaisquer ações políticas tomadas para reduzir as emissões de CO_2. Outros cientistas são mais otimistas e acreditam que intervenções efetivas podem reduzir o aumento de temperatura e, dessa forma, evitar as previsões mais drásticas.

Cientistas do clima associados ao IPCC estão 99% certos de que dias e noites quentes serão mais quentes e que os dias e noites frios também serão mais quentes e menos frequentes na maioria das regiões. Eles estão 90% certos de que a frequência de massas de ar quente e ondas de calor aumentará e o volume de precipitação crescerá em latitudes altas. Uma elevação mediana na temperatura global gera aumento na precipitação sobre áreas nas latitudes mais ao norte, que, no passado, possuíam invernos frios com massas de neve que derretiam lentamente na primavera, liberando água mais devagar. Esse aumento de temperatura significa que mais energia será armazenada na atmosfera, e o ciclo da água será mais vigoroso. Mais água evaporará dos oceanos mais quentes. Mesmo que algumas regiões passem por seca devido a períodos mais longos entre chuvas, as chuvas se caracterizarão pela intensidade, porque haverá mais energia na atmosfera. Isso poderá produzir mais inundações. Se a precipitação não cair como neve e produzir camadas de neve que derreterão lentamente na primavera, mas sim surgir em estado líquido, deslizando rapidamente sobre a superfície de terrenos, pode significar perda de água que, de outro jeito, estaria disponível para consumo humano. Também poderá haver um aumento na frequência de ciclones tropicais de categoria 4 e 5 e ventos mais fortes, particularmente no oceano Atlântico. Mais pessoas morrerão devido a ondas de calor, inundações e secas. Com o aumento das inundações e ventos prejudiciais, perdas econômicas resultantes de danos às propriedades e desemprego também aumentarão. Com as temperaturas do verão aumentando, haverá uma demanda maior de energia elétrica para ar-condicionado. Em contrapartida, haverá redução na energia para aquecimento.

Os aumentos esperados de temperatura irão gerar mudanças em sistemas naturais e provavelmente reduzir a biodiversidade. Com um aumento de apenas 0,6°C, espera-se uma grande extinção de anfíbios. Uma elevação de somente 1°C colocará em risco a população de krills, o que ameaçará os pinguins, uma vez que krills é uma importante fonte de alimento para eles. Se a temperatura aumentar 1,6°C, cientistas acreditam que o desaparecimento de espécies pode se dar entre 9% e 30%. Ecossistemas árticos passariam por uma severa devastação, e metade da vegetação de Tundra se tornaria branca. Praticamente todos os recifes de corais no mundo passariam por esse embranquecimento. Com um aumento de 2,2°C, mais que 25% dos grandes mamíferos da África estariam ameaçados ou extintos. Se o incremento for de 2,6°C, haveria uma grande destruição de florestas tropicais e das espécies de vida a elas associadas. Em 2,9°C, espera-se que entre 21% a 52% das espécies sejam extintas. Cientistas estão apenas 66% certos de que o aumento de temperatura poderá

78 Introdução à Engenharia Civil

ser maior que 4,5°C (supondo que as concentrações de CO_2 se estabilizem no dobro dos níveis atuais), mas, se realmente aumentar nesse valor, mais que 40% a 60% das espécies da Terra poderão se tornar extintas. É questionável se a civilização humana poderá sobreviver a um aumento na temperatura mundial dessa magnitude devido à disrupção nas cadeias alimentares. O sistema de agricultura necessário para alimentar bilhões de pessoas pode não ser mais ecologicamente viável. Além disso, perdas ocasionadas por incêndios florestais, normalmente iniciados por raios, aumentarão.

Com escassez de comida e água, surgem as possibilidades de conflito armado entre nações e guerras civis dentro delas. Mortes por doenças infeciosas irão crescer. À medida que o clima esquenta, barreiras de temperatura contra doenças se moverão mais para o norte, pois roedores e insetos se espalharão por uma área maior e sem frio e levarão doenças com eles. A incidência de doenças transmitidas por alimentos e água também deverá crescer, assim como doenças respiratórias e de pele. Em todos esses cenários, as nações mais pobres carregarão um fardo maior do que os países desenvolvidos, porque sua população terá menor possibilidade de ter um aparelho de ar-condicionado, um sistema de saúde adequado, água limpa e, portanto, ficará mais exposta. Áreas urbanas superpopulosas, crianças e pessoas de idade enfrentarão o pior. Os dados expostos anteriormente foram retirados de *Dire Predictions–Understanding Global Warming*, resumo do relatório do IPCC de 2007, elaborado por Michael E. Mann e Lee R. Kump.

Risco é o produto da **probabilidade de um evento ocorrer** vezes o **custo do impacto** gerado se o evento acontecer e é uma medida de **expectativa de perda**. Estimou-se o risco associado ao aumento de temperatura para os vários cenários examinados pelo IPCC. Um grande aumento no nível dos oceanos ocorreria apenas com o colapso das coberturas de gelo da Groelândia e Antártica, e felizmente a probabilidade de isso ocorrer é baixa (entre 33% e 50%). Contudo, a probabilidade não é nula. Em razão de o custo do aumento dos níveis oceânicos ser muito alto, mesmo com a baixa probabilidade de ocorrer, o **risco** é grande. Mesmo com as projeções de aumento mais modestas, de 1,5°C, o aumento no nível dos oceanos mais provável de ocorrer é entre 0,5 e 1,2m. Com um aumento de um metro no nível do mar, espera-se que quatro milhões de pessoas enfrentem perdas na América do Norte, e 145 milhões, globalmente. A previsão da área de superfície perdida seria de 640 km² na América do Norte, e 2.223 km², mundialmente. Em termos econômicos, isso se traduz em um custo de U$103 bilhões no PIB da América do Norte e U$944 bilhões no PIB mundial. Se ambas as calotas de gelo derreterem, e os níveis do mar aumentarem em 10 m, é esperado que 22 milhões de pessoas sejam atingidas na América do Norte, e 397 milhões, globalmente. Com um aumento de 10 m no nível do mar, a quantidade de terra perdida seria de 1.335 km² na América do Norte, e 5.223 km², mundialmente. Isso se traduz em um custo no PIB de U$561 bilhões na América do Norte e U$2.570 bilhões no mundo. Também são contabilizadas, mas não incluídas nessas projeções, as perdas advindas de tempestades mais intensas, ondas maiores, má qualidade da água e a diminuição na disponibilidade de água potável devido à invasão de água salgada em lençóis freáticos em áreas de baixa altitude adjacentes ao oceano, como a Flórida.

IMPLICAÇÕES PARA PROJETOS DE SISTEMAS DE INFRAESTRUTURA EM ENGENHARIA CIVIL

No que diz respeito a infraestruturas de engenharia, os dois sistemas mais prováveis de serem afetados pela mudança climática são os de suprimento de água e os de gerenciamento de águas pluviais. Proteção de áreas urbanas contra o nível crescente do mar e fenômenos relacionados com tempestades representam uma terceira área de impacto potencial.

Em áreas passando por secas devido à mudança do clima, medidas precisarão ser tomadas para garantir o suprimento adequado de água. Água é um bem necessário para a vida e, como os alimentos, é uma commodity à qual pode ser atribuído um valor em dinheiro e negociada no mercado. Reduzir o consumo de água, reciclar e reusar a água provavelmente receberá mais ênfase no futuro, diante das novas necessidades de água. Novas fontes para o abastecimento de água também deverão ser buscadas. Estratégias de adaptação para compensar faltas de água já estão em desenvolvimento na América do Norte, Europa e Caribe. **Opções focadas na oferta do suprimento** identificadas pelo IPCC incluem:

- Prospecção e extração de lençóis freáticos.
- Aumento na capacidade de armazenamento de água com a construção de reservatórios e represas.
- Dessalinização da água do mar.
- Expansão do armazenamento de água da chuva.
- Remoção da vegetação não nativa e invasiva das margens de rios.
- Transporte de água para regiões necessárias.

Opções focadas na demanda incluem:
- Melhora na eficiência do uso de água por meio de reciclagem.
- Redução na demanda de água para irrigação por meio de várias alterações em práticas de agricultura.
- Adoção de práticas que apliquem princípios de sustentabilidade ao uso da água.
- Expansão da comercialização de água, de forma a realocar a água para áreas nas quais seja mais valorizada.
- Expansão em incentivos econômicos para encorajar a conservação de água, incluindo medições e precificações.

Sistemas de gerenciamento de águas pluviais são projetados para suportar eventos de máxima precipitação. A previsão de eventos de pico é baseada em estimativas de volume de chuva, o que, por sua vez, é uma variável de registros históricos da frequência, intensidade e duração de temporais; essas características são probabilísticas e não podem ser previstas com 100% de certeza. Registros históricos têm sido usados para determinar as probabilidades que compõem as bases para as previsões utilizadas em projetos. Nos últimos 25 anos, os métodos ensinados e praticados no projeto de sistemas de recursos hídricos presumem que registros históricos fornecem uma base precisa para chuvas. Essa abordagem abarca o conceito de **estacionário** – a noção de que flutuações de sistemas naturais se encerram dentro de determinada variabilidade. Estacionário tem sido o conceito-guia para o mapeamento de planícies de inundação, que estima a probabilidade de inundação e sua frequência, também no projeto de sistemas de gerenciamento de águas pluviais, incluindo bueiros em rodovias, sumidouros e sistemas de controle de inundação e para estimar as exigências operacionais de reservatórios e outros sistemas criados para recursos hídricos. Entretanto, a evidência examinada por cientistas que têm estudado as mudanças climáticas indica que o quadro e a variabilidade estão mudando devido ao aumento da média da temperatura global. Os métodos-padrão usados por governos e agências locais, estaduais e governamentais, e por milhares de empresas de consultoria privadas que fornecem serviços a comunidades, provavelmente se tornarão obsoletos e resultarão em projetos de sistemas que não funcionarão efetiva ou eficientemente. Os procedimentos de projeto com risco de se tornarem obsoletos têm como base métodos estatísticos e diretrizes estabelecidas nas décadas de 1970 e 1980, particularmente, nos Estados Unidos, no Water Resources Bulletin 17B (U.S. Geological Survey, 1981). Esses métodos precisarão ser substituídos, e engenheiros recomendam o uso de métodos probabilísticos baseados em conceitos de quadros não estacionários de variabilidade.

Se um aumento no nível do mar não pode ser evitado, deve ser elucidado por meio da **adaptação**. Adaptação significa a habilidade ou potencial de responder com sucesso à variabilidade e alteração do clima. Estratégias e adaptação para o aumento no nível dos oceanos incluem (1) proteção mediante **soluções de engenharia,** como construção de estruturas que permitam que áreas inundadas possam ser recuperadas ou a construção de diques, quebra-mares e praias artificiais para manter o oceano afastado, (2) métodos para **acomodar inundações,** como a construção de estruturas à prova de inundações ou sistemas de agricultura flutuantes ou (3) **recuo da zona costeira,** o que significa devolver a terra ao mar de maneira planejada, e pode incluir o uso de sistemas de monitoramento para determinar quando evacuações são necessárias, e a construção de quebra-mares, temporários. Normalmente, soluções de engenharia seriam examinadas primeiro, como estratégia inicial, e recuos da zona costeira representariam a terceira e última fase de adaptação, quando as duas primeiras estratégias não são mais viáveis. Nações mais pobres podem não ter os recursos necessários para implementar soluções de engenharia e, desse modo, o recuo da zona costeira seria a única solução viável.

Uma área adicional com impacto potencial na engenharia civil envolve o uso de geoengenharia para reduzir a quantidade de CO_2 liberada na atmosfera ou para contrabalancear os impactos do aumento da temperatura. Não confundir com "engenharia geotécnica" ou engenharia de solo; a geoengenharia significa a manipulação em larga escala de variáveis por meio da engenharia ambiental. Exemplos incluem a adição de ferro à superfície do oceano para aumentar a velocidade de absorção de CO_2 por plantas aquáticas, capturar carbono de combustíveis de carbono à medida que são queimados e enterrá-los na terra, ou diminuir a quantidade de luz solar na Terra utilizando escudos solares ou emitindo aerossóis de sulfato na estratosfera.

Claramente, **mitigar** ou diminuir a quantidade de CO_2 liberada na atmosfera é uma das opções que devem ser estudadas, já que pode se provar o melhor custo-benefício que apenas a adaptação. Projetos de infraestrutura devem ser avaliados para determinar se as pegadas de carbono primárias ou secundárias ligadas ao projeto podem ser reduzidas. Combinações de mitigação e adaptação podem se mostrar como as estratégias mais realizáveis. Todavia, encontrar soluções não parece fácil. Uma observação feita pelo National Research Council é a de que:

> mudança climática e muitos outros problemas políticos com viés ambiental são membros de uma classe de... problemas sem formulação definitiva e sem marco de solução claro. Eles foram descritos com cinco características-chave:

1. **Multidimensionalidade**: Um único processo ou política ambiental pode ter diferentes tipos de efeito, distribuídos desigualmente, de maneira que aqueles afetados enfrentem fatias desiguais de custos, riscos e benefícios.

2. **Incerteza científica**: A compreensão atual é primitiva em comparação com o que os tomadores de decisão querem saber e, às vezes, o grau de incerteza é em si uma incerteza. Além disso, as consequências transcorrem em um ritmo desconhecido, com alguns efeitos adiados e outros desconcertantemente imediatos.

3. **Conflito de valores e incerteza:** As pessoas diferem na importância que dão a diferentes efeitos de qualquer ação, e esses julgamentos mudam quando elas entendem como suas ações e a de terceiros afetam a si mesmas e ao que valorizam.

4. **Desconfiança**: Tomadores de decisão geralmente não possuem a confiança daqueles afetados por suas decisões. Suas análises também não são vistas como confiáveis.

5. **Urgência**: Não é viável postergar ações até que as incertezas científicas sejam resolvidas.

O estudo da NRC descobriu que:

> Muitas decisões relacionadas com o clima necessitam de melhores habilidades de estimativa, análise e projeção de vulnerabilidades humanas à mudança climática em regiões, setores e comunidades específicas. Pesquisas futuras são necessárias para avaliar a vulnerabilidade de pessoas, lugares e atividades econômicas em diferentes perspectivas: tipo de evento climático (tempestades, problemas em safras, ondas de calor, expansão territorial de doenças), localização e escala, características relevantes ou população afetada (características socioeconômicas, idade, deficiências) e por setor (mercado e agricultura de subsistência, abastecimento de água e qualidade, propriedades com e sem seguro, trabalhos públicos de larga escala). Uma pesquisa que leve em consideração a demografia e projeções econômicas pode gerar cenários de vulnerabilidade que possam ser integrados a cenários climáticos para produzir previsões melhoradas dos futuros impactos da mudança climática...

O NRC observou que "evidência científica disponível dá base a três observações gerais sobre mudança climática, especialmente importantes para a tomada de decisão:

- **Temperatura e outros parâmetros climáticos já estão fora dos limites da experiência humana passada.**
- **A mudança climática está acelerando.**
- **Eventos climáticos ocorridos recentemente não servem como guia para o que devemos esperar no futuro.**

O NRC identificou um **apoio a decisões** maior como parte importante da estratégia necessária de preparação para a mudança climática. "Sob este conceito, deverá existir um esforço organizado para produzir, disseminar e facilitar o uso de dados e informação, com o objetivo de melhorar a qualidade e eficácia de decisões relacionadas com o clima.... Conhecimento ou informação são relevantes nas decisões se produzem uma expectativa melhor de resultados para os tomadores de decisão e seu eleitorado do que o obtido se a escolha fosse realizada sem o conhecimento ou informação. ..." (*Fonte*: United States Nuclear Regulatory Committee (U.S. NRC))

DESENVOLVENDO MODELOS DE MUDANÇA CLIMÁTICA PARA DECISÕES POLÍTICAS

O debate sobre mudança climática gera conhecimento sobre **método científico** e **processo político**. A ciência tenta descobrir e produzir evidências que possam ser usadas para dar substância ou negar crenças sobre fenômenos. Essas crenças são expressas na forma de **hipóteses**. O método científico para testar hipóteses requer uma geração e avaliação sistemática de evidências, a criação de uma estrutura para incorporação do conhecimento desenvolvido como resultado do teste de hipóteses e uma indicação da extensão da aplicabilidade geral dos resultados ao universo. A ciência avança ao formar e testar hipóteses, as quais, esperançosamente, levam a explicações e previsões melhores acerca dos fenômenos. Se a hipótese for capaz de predizer corretamente algumas vezes, mas não todo o tempo, uma declaração deverá ser providenciada sobre o quão frequentemente as previsões serão corretas, ou a probabilidade de que estarão corretas. Se uma hipótese for considerada não validada por evidência, ela não poderá ser usada para explicações e previsões. Se a evidência não puder ser gerada para validar uma hipótese, qualquer uso da hipótese para explicar ou prever eventos estará aberto a questionamentos, e as previsões poderão estar erradas.

Modelos científicos tentam revelar as causas fundamentais da mudança climática e como o CO_2 produzido pelo homem pode ter uma ligação causal com a mudança climática. Eles contêm um grande número de hipóteses interligadas em um esquema lógico. Quão bem os modelos preveem temperaturas globais no futuro é uma questão que só pode ser respondida inteligivelmente por cientistas que estudam a mudança climática. Quando políticos aprendem que pode existir incerteza em previsões científicas para mudança climática, eles tendem a se tornar relutantes para estabelecer políticas que necessitam da crença de que existe evidência irrefutável de que a mudança climática é real e produzirá impactos não desejados que devem ser minimizados. Este é o dilema a ser encarado: cientistas não podem dizer com total certeza quais alterações e impactos no clima ocorrerão, e líderes políticos não podem agir com efetividade política quando há um grau de incerteza em relação às consequências negativas para as quais as políticas estão sendo criadas.

Modelos climáticos podem variar de simples para complexos. Os primeiros modelos tendem a ser simples e apenas calcular a energia trocada entre a Terra e sua atmosfera, e somente preveem alterações de temperaturas finais médias sobre a Terra, por meio das quais estimam o efeito estufa do CO_2. Modelos simples desse tipo não são úteis para estabelecer políticas para mudança climática. Para criação de políticas, modelos de mudança climática mais precisos são necessários. Um modelo mais exato para mudança climática necessita da resolução de todos os fatores importantes influenciadores do clima, junto a um número de medidas dimensionais, incluindo as três da atmosfera e oceano e as duas da superfície terrestre, que, na verdade, são três, se a curvatura da Terra for considerada, e a dimensão única do tempo. O mais importante é que as previsões devem ser para áreas correspondentes a jurisdições políticas e serem capazes de diferenciar as variações regionais dentro das jurisdições políticas. Como o tamanho físico das unidades ao longo das dimensões mensuradas diminui em um modelo, o número de unidades espaciais que um modelo deve conter aumenta, e maior a **resolução** do modelo se torna. Requisitos computacionais e para dados de entrada também aumentam com a quantidade crescente de unidades para representar tempo e espaço. Com o objetivo de serem úteis para estabelecer políticas climáticas, a resolução espacial dos modelos deve ser alta, e a quantidade de erros na previsão deve ser baixa.

O desenvolvimento de modelos de alta resolução pode ser muito desafiador. Se um modelo climático tem de fazer previsões com precisão para áreas geográficas pequenas, ele deve levar em consideração bacias oceânicas, correntes de água nos oceanos e correntes de ar na atmosfera, a topografia da costa e da Terra, incluindo cadeias de montanhas, além das relações de equilíbrio de energia e o ciclo do carbono. Deverá contabilizar a radiação eletromagnética de ondas curtas recebidas e radiação visível e infravermelha do Sol e a radiação infravermelha de ondas longas emitidas pela Terra. O albedo deve estar no modelo. O papel da biosfera com seus muitos ciclos de retroalimentação positivos e negativos deve ser incluído. Os modelos usados para prever a mudança climática são similares aos usados para prever mudanças de curto prazo no clima.

Modelos comuns de mudança climática são conhecidos como **GCMs** (General Climate Model) e são compostos de elementos atmosféricos e oceânicos chamados de **AGCMs** (Atmospheric General Climate Model) e **OGCMs** (Oceanic General Climate Model), respectivamente. AGCMs impõem a temperatura de superfície dos oceanos como valores limites. Se agrupados, os dois modelos formam uma **AOGCM**. Um AOGCM é bem completo e inclui tanto um modelo de evapotranspiração para superfície quanto um modelo gelo-mar, entre outros. Os modelos incorporam as equações para movimento fluido e as calculam para frente no futuro. A resolução de grade dos modelos recentes é entre 1° e 5° em latitude e longitude, ou aproximadamente 111 a 557 km, com a resolução do oceano até seis vezes maior que a resolução para atmosfera. A utilidade e o grau de confiança que cientistas podem depositar em um modelo dependem da exatidão com a qual ele prevê eventos no mundo real. A seguir estão listadas algumas das propriedades desejadas em modelos climáticos.

Características que cientistas procuram em modelos gerais de mudança climática

1 Médias globais de estimativas para o aumento de temperatura devem estar em acordo com os métodos de observação para o aumento de temperatura. Ser capaz de isolar e estimar com precisão os efeitos dos vários fatores que influenciam a temperatura do clima é essencial para a compreensão científica da mudança climática.

2 Médias globais devem ser sensíveis à concentração de gases do efeito estufa, especialmente CO_2. Há muito interesse científico na relação entre concentrações de CO_2 na atmosfera e temperatura. Dado que processos políticos são necessários para estabelecer políticas de controle da emissão de CO_2, deve haver pouca dúvida sobre tal relação.

3 Temperatura do ar na superfície deve ser prevista com precisão. A maior parte dos efeitos da mudança de temperatura que impactarão a humanidade ocorrerá na superfície da Terra.

4 Mudanças sazonais devem ser previstas com exatidão. Temperaturas sazonais determinam quando ocorrerá precipitação e se irá ocorrer na forma de chuva ou neve. Além disso, extremos de temperatura normalmente acontecem no inverno ou verão.

5 Temperatura deve diminuir acuradamente com latitudes crescentes em direção aos polos. Existem grandes massas de terra no Hemisfério Norte contendo solos e biomassas que podem influenciar a emissão e captação do CO_2. Além disso, o derretimento das geleiras depende da temperatura.

6 Correntes de ar e marítimas devem ser calculadas com exatidão. Correntes atmosféricas e oceânicas exercem grande influência nos padrões de clima regionais.

7 Precipitação deve ser prevista com precisão. A quantidade e o momento da precipitação têm uma grande influência na disponibilidade da água necessária para consumo humano e na agricultura, além de impactar a estabilidade de ecossistemas e das espécies que o compõem.

8 A cobertura de nuvens deve ser calculada com precisão. As nuvens refletem a energia solar para o espaço e prendem o calor na atmosfera e, portanto, desempenham importante papel na determinação da quantidade de energia solar que atinge a superfície terrestre e permanece na atmosfera quando a energia irradia da superfície.

(continua)

9 Previsões devem ser precisas para cada célula individualmente na grade utilizada pelos modelos. Previsões exatas do clima sobre regiões do planeta, em vez de estimativas globais, são necessárias para identificar problemas que possam surgir em locais específicos do planeta.

10 Os efeitos da biosfera devem ser modelados com precisão. Formas de vida são ligações importantes nos mecanismos de retroalimentação positiva e negativa do ciclo do carbono que influencia o clima.

11 Derretimento glacial e seus efeitos devem ser previstos com precisão. O derretimento de icebergs não aumentaria o nível dos oceanos, mas o das grandes placas de gelo que cobrem a Groelândia e a Antártica aumentaria o nível do mar e inundaria regiões de baixa altitude.

Em 2001, o IPCC avaliou modelos atualmente em uso e descobriu que eles se saem muito bem em muitas, mas não todas as características. Concluiu-se que cientistas climáticos se beneficiariam com previsões mais precisas em relação a muitas das características. O desenvolvimento de políticas públicas está ligado intrinsicamente ao Item 9, à resolução do modelo e sua precisão nas previsões para áreas menores que contenham ou componham jurisdições políticas. Se diversas jurisdições estiverem envolvidas, os modelos deverão demonstrar que cooperação entre tais jurisdições é necessário para alcançar uma política efetiva. Ter uma resolução menor que 1° que os modelos atuais fornecem poderia melhorar a habilidade dos políticos no desenvolvimento de políticas, uma vez que o efeito da mudança climática em áreas menores poderia ser visto. Cientistas climáticos tentam melhorar continuamente os modelos climáticos. Uma vez que os modelos atuais preveem muito bem, no que diz respeito às primeiras características, a maioria dos cientistas climáticos acredita que os modelos são válidos e seus resultados podem ser usados para examinar as consequências globais da emissão de enormes quantidades de CO_2 na atmosfera.

RESUMO

A mudança climática terá enormes impactos nos projetos de sistemas de infraestrutura, especialmente na necessidade por tipos específicos de sistemas e suas exigências de projeto. Embora as causas da mudança climática sejam controversas e gerem debates, evidências indicam que a mudança está ocorrendo mais rápido do que se esperava. A história geológica e biológica da Terra indica que grandes mudanças ocorreram antes de a civilização surgir, mas há muita incerteza sobre o futuro do clima do planeta. A previsão científica das mudanças futuras requer suposições e o uso de modelos matemáticos e dados confiáveis.

86 Introdução à Engenharia Civil

PALAVRAS-CHAVE

acomodar
inundações
adaptação
AGCMs
albedo
AOGGM
apoio a decisões
CFCs ou clorofluor-
carbonetos
CO_2
conservação
convecção
custo do impacto
dentro da usual
(D-d-U)
El Niño
estacionário
evaporação da água na
superfície

expectativa de perda
gases do efeito estufa
GCMs
hipóteses
La Niña
metano
método científico
mitigar
modelos climáticos
normal
OGCMs
opções focadas na
demanda
opções focadas
na oferta do
suprimento
óxido nitroso
Painel
Intergovernamental

sobre Mudanças
Climáticas (IPCC)
probabilidade de um
evento ocorrer
processo político
radiação térmica
infravermelha
recuo da zona
costeira
resolução
risco
satélites em órbita
polar
satélites
geoestacionários
soluções de
engenharia
vapor d'água

EXERCÍCIOS PARA DESENVOLVER HABILIDADES DE PROJETO

1. Rascunhe um fluxograma mostrando as relações gerais entre a queima de combustíveis fósseis e a produção de CO_2, a biosfera (tanto terrestre como aquática), o oceano, a atmosfera, a energia solar, cobertura de nuvens, a concentração de CO_2 na atmosfera, a precipitação e a temperatura da atmosfera sobre a Terra. Esse exercício foi difícil ou fácil? Por quê?

2. Identifique modos como políticas públicas podem influenciar a produção de CO_2. Identifique métodos específicos ou recursos que poderiam ser criados ou desenvolvidos para implementar políticas públicas de controle do volume de CO_2 emitido para a atmosfera.

3. Explique o motivo de incerteza na modelagem da mudança climática. Explique por que a incerteza parece estar relacionada com a viabilidade de desenvolver e implementar políticas públicas que controlem a emissão de CO_2 a partir de combustíveis fósseis.

4. Por que modelos de mudança climática relatam temperaturas e níveis de CO_2 apenas 100 anos no futuro? Por que não rodar modelos para 200 anos ou mais no futuro?

5. Quais os três tipos de projetos de engenharia civil você espera que se tornem cada vez mais importantes e a provável razão para novos projetos devido ao aumento esperado na temperatura dos oceanos e da atmosfera?

6. Examine o site do NOAA, para ver se consegue determinar como a mudança climática afetará a região onde está localizada a sua universidade.

7. Considere que você se tornou o especialista em gerenciamento de águas pluviais em uma empresa de consultoria em projetos que presta serviços à comunidade do Alaska. Com base nas projeções do IPCC, como se espera que a mudança climática impacte o projeto de sistemas de gerenciamento de águas pluviais no Alaska em 2100?

8. Considere que você se tornou o consultor de gerenciamento de recursos hídricos para um condado na Flórida, que depende de aquíferos para seu abastecimento. Com base nas projeções do IPCC, como se espera que a mudança climática impacte o abastecimento de água para o condado? Por que a disponibilidade de água potável poderá se tornar um problema se a temperatura do planeta aumentar?

9. Se for pedido a você que prepare estações de monitoramento de temperatura para sua comunidade, em quais tipos de áreas da comunidade você evitaria colocar os medidores? Por quê?

10. Se risco é definido como a probabilidade de um evento vezes o custo do impacto do evento, qual é o risco para o planeta que estaria associado ao aumento do nível do mar de 1 e de 10 metros?

11. Uma área de baixa altitude, próxima do oceano, está ameaçada pelo nível crescente do mar. Quais as três opções que poderiam ser examinadas para lidar com essa situação? Quais seriam os custos relativos associados com os três métodos, isto é, qual opção provavelmente seria a mais cara, a mais barata e qual teria custos intermediários?

12. Qual aumento de temperatura aparenta ser o mais provável com base nos modelos do IPCC? O que esse aumento de temperatura poderia significar para o projeto de sistemas de infraestrutura em engenharia civil?

13. O que estacionário quer dizer em relação ao projeto de sistemas de gerenciamento de resíduos e suprimento de água? Como a presença ou a falta de estacionariedade impacta o projeto e o desempenho técnico desse sistema?

CAPÍTULO

4 Etapas do Projeto

Objetivos

Após a leitura deste capítulo, você deverá ser capaz de:

- Apresentar o conceito de pensamento crítico a estudantes e as etapas de resolução de problemas de engenharia.

- Explicar cada uma das etapas da resolução de problemas de engenharia.

- Relacionar as etapas com as necessidades do projeto de equipe.

INTRODUÇÃO

A metodologia de projeto é composta de uma série de etapas que podem variar de uma forma ou outra, dependendo da área de especialização. Todos os processos da metodologia de projetos consistem em uma série de etapas lógicas, nas quais:

1. O problema é definido.
2. Soluções alternativas são criadas.
3. As soluções alternativas são comparadas e avaliadas de certa maneira.
4. A solução é escolhida.
5. A solução é implementada.

Embora essas etapas pareçam intuitivas, na verdade, elas envolvem processos mentais que devem ser desenvolvidos e aprimorados. Embora pareça que, subconscientemente, seguimos essas etapas toda vez que resolvemos um problema, quando cada um dos nossos passos subjetivos é examinado de forma independente e objetiva, normalmente descobrimos que alguns foram tomados de forma débil e com pouco raciocínio, e muitos foram baseados mais nas nossas emoções que em nossa capacidade de pensamento. Um dos ingredientes essenciais na tomada de decisão sobre a metodologia de projetos é a aplicação do pensamento crítico, o que pode frequentemente faltar em tomadas de decisões pessoais.

UM ARCABOUÇO PARA ORGANIZAÇÃO DE PROJETOS DE ENGENHARIA

Pensamento crítico

Dividir o processo do projeto em etapas ajuda a organizar as tarefas que uma equipe de projeto deve realizar e foca a atenção em cada um dos aspectos mais importantes do projeto. O processo adotado para resolução de problemas de engenharia incorpora o **pensamento crítico,** e uma importante meta da equipe do projeto neste livro é o desenvolvimento de habilidades de pensamento crítico no que diz respeito a projetos de engenharia civil. Pensamento crítico envolve todas as etapas do método científico para a resolução de problemas, incluindo a conceptualização do problema, desenvolvimento de dados sobre as diferentes soluções do problema (análise dos dados, preferivelmente relacionados com medições e síntese dos resultados) e uso do conhecimento adquirido a partir da observação, experiência, raciocínio ou comunicação para identificar boas soluções. Para incluir pensamento crítico ao projeto, o engenheiro precisa desenvolver habilidades que o possibilitem a:

- Reconhecer o problema e encontrar procedimentos viáveis para resolvê-lo.
- Priorizar e ordenar um conjunto de tarefas de resolução de problemas.
- Reunir e avaliar informações relevantes acerca do problema.
- Reconhecer e criar hipóteses.
- Compreender e fazer uma comunicação de forma clara e precisa.
- Utilizar a comunicação gráfica de forma precisa e clara.
- Interpretar dados e avaliar evidências.
- Analisar os prós e contras de alternativas e posições tomadas por outros.
- Reconhecer relações de causa e efeito.

- Chegar a conclusões baseadas em conhecimento e informação.
- Explicar ou mostrar como um projeto atinge um conjunto de objetivos ou metas.
- Revisar e possivelmente mudar crenças à medida que se acumula experiência.

Etapas do processo de projeto

As etapas fornecem um vocabulário que permite aos membros da equipe se comunicarem entre si, com seus supervisores e clientes. Essas etapas não são estritamente lineares; isso significa que o trabalho pode se iniciar em todas as etapas simultaneamente, e a equipe do projeto pode iterar entre as etapas para obter compreensão sobre como cada uma delas impacta o todo. Uma vez que todo o problema do projeto tenha sido suficientemente compreendido para começar os trabalhos, a Etapa 1 é realizada de forma abrangente. A Etapa 1 pode precisar ser repassada quando a Etapa 2 ocorrer ou mesmo após muito trabalho já tiver transcorrido na Etapa 3. A compreensão dos problemas do projeto normalmente aumenta quando as alternativas são criadas e avaliadas. Pode ser útil pensar nas etapas com uma relação circular entre si, em que cada uma pode interagir com qualquer outra. A Figura 4.1 mostra as etapas importantes na engenharia civil.

Essas etapas necessitam de operações mentais que utilizam diferentes partes do cérebro, e as pessoas possuem diferentes níveis de habilidade em cada uma

Figura 4.1 Etapas na resolução de problemas e projeto em engenharia civil.

delas. As habilidades são de alto nível e continuam a se desenvolver durante a carreira profissional, contanto que a pessoa permaneça engajada em atividades de projeto. Equipes de projeto são, num mundo ideal, compostas por profissionais competentes em uma ou mais dessas áreas, de forma que a equipe como um todo possa funcionar em um alto nível. É extremamente importante, na engenharia civil, que o engenheiro seja capaz de comunicar, verbalmente e graficamente, os conceitos do projeto e a justificativa que serve de base a eles para aqueles que tomam as decisões sobre a implementação ou não do projeto. O engenheiro civil tem de ser capaz de explicar por que as alternativas A, B, C, e assim por diante, foram examinadas e o porquê de uma alternativa ter sido recomendada no lugar de outra.

RESOLUÇÃO DE PROBLEMAS PARA A FABRICAÇÃO DE PRODUTOS

Existem grandes diferenças entre projetos de sistemas de infraestrutura e de fabricação de produto. Projetos de fabricação de produtos incluem uma série de subetapas que abrangem o desenvolvimento e teste de protótipos. O refinamento subsequente do projeto antes da fabricação exige que as Etapas 3 e 4 sejam recursivas e iteradas inúmeras vezes para se obter um bom projeto, como mostrado a seguir.

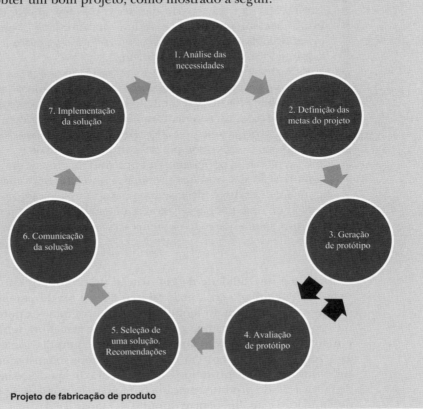

Projeto de fabricação de produto

O projeto de engenharia para fabricação de itens normalmente necessita da utilização de laboratórios que possuam oficinas mecânicas, dispositivos de testes eletrônicos e mesas de trabalho nas quais os protótipos funcionais possam ser montados. Projetos de sistemas de engenharia civil raramente oferecem a oportunidade de construir modelos funcionais, e normalmente se usa CAD em combinação com programas de análise especializada que permitem as alternativas serem projetadas com detalhe e comparadas. Produtos fabricados podem ter vidas úteis relativamente curtas, particularmente se forem dispositivos eletrônicos, eletrodomésticos ou veículos motorizados. Computadores e softwares raramente duram mais que cinco anos antes de se tornarem obsoletos e a substituição ser necessária. Em contrapartida, sistemas de engenharia civil terão uma utilidade de pelo menos 50 anos, e alguns poderão ser usados por 100 anos ou mais. Sistemas de engenharia civil são grandes, caros, muito duráveis e normalmente precisam ser construídos para funcionarem por muitos anos. Projetos de sistemas de infraestrutura podem ser melhorados por modificações subsequentes se problemas de segurança ou operacionais ocorrerem em um projeto já construído, mas não é comum sistemas serem completamente desmontados ou reconstruídos quando melhorias potenciais são identificadas. A ideia de construir protótipos funcionais em escala de sistemas alterados para resolver deficiências do projeto não é aplicável, na maior parte das áreas da engenharia civil; entretanto, simulações em computador podem permitir que projetos alternativos sejam avaliados. Seria proibitivo, em relação ao custo e ao impacto nas comunidades, destruir e reconstruir.

Existe evolução em projetos de infraestrutura, mas sistemas mais antigos geralmente permanecem como projetados originalmente até serem **aprimorados**, **reabilitados** ou parcialmente **reconstruídos**. A exceção pode se dar se os componentes do sistema forem usados repetidamente em um projeto, como placas de pavimento ou vigas de um tamanho-padrão para uma ponte muito longa. Nesses casos, poderá existir uma série de modelos e protótipos de vigas placas de pavimento; um processo de projeto similar aos utilizados na fabricação de produtos mecânicos ou eletroeletrônicos mostrados na figura anterior. Além disso, se uma nova tecnologia for implementada, um modelo de teste poderá ser montado para identificar e resolver problemas do projeto antes que todo o sistema seja implantado.

Devido à inviabilidade da construção de protótipos em escala real de sistemas de engenharia civil, mais esforço deverá ser despendido para assegurar que as etapas do projeto identificaram e corrigiram os potenciais problemas que poderiam ocorrer antes que as gaiolas de armadura tenham sido cortadas e montadas, e o concreto lançado. Modelos computacionais e simulações, e, às vezes, modelos físicos em escala, são usados extensivamente e servem de substitutos para os protótipos criados para o aperfeiçoamento do projeto de fabricação de produtos mecânicos e eletroeletrônicos. O uso de programas de simulação e análise ocorre durante as Etapas 3 e 4.

RELATÓRIOS DE ETAPAS PARA EQUIPES DE PROJETO

Este livro se utiliza de equipes de projeto a fim de ajudar os estudantes a desenvolverem habilidades de projeto ao seguirem a ordem das etapas. Três relatórios focados sequencialmente em seis de sete etapas são necessários. Neste livro, dois relatórios separados de equipe são requeridos para as Etapas 1 e 2, já que cada uma exige uma quantidade substancial de pesquisa e tempo. Para as Etapas 3, 4 e 5, é necessário apenas um relatório, dado que há sobreposição de tarefas, e a comunicação é mais efetiva se as três etapas forem tratadas simultaneamente. Modelos de avaliação para os relatórios estão presentes nos apêndices.

Em engenharia civil, uma parte muito importante da definição de problemas (Etapa 1) envolve a compreensão das necessidades do clientes e grupos de usuários, aqueles que realmente tomam a decisão sobre a implementação ou não de um projeto. A primeira etapa é seguida pela definição das metas do projeto. Ambas as etapas são resultado do desenvolvimento de um bom conhecimento acerca do que o cliente busca atingir e uma percepção das outras entidades que possuem influência no processo de aprovação. Isso é discutido na próxima seção. A lista a seguir indica como as seis primeiras etapas do projeto e os três relatórios das equipes se conectarão. O estudante deve estar ciente de que existem outras abordagens organizacionais para resolução de problemas, com as quais ele pode entrar em contato durante sua formação e carreira.

1. Avaliação das necessidades e definição dos problemas – *Relatório 1*.
2. Definição das Metas do Projeto – *Relatório 2*.
3. Geração de Soluções Alternativas – *Relatório 3*.
4. Avaliação das Soluções Alternativas – *Relatório 3*.
5. Escolha da Solução e Recomendações – *Relatório 3*.
6. Comunicação Verbal e Gráfica – *Relatório 3*.
7. Implementação da Solução.

AVALIAÇÃO DAS NECESSIDADES E DEFINIÇÃO DOS PROBLEMAS – ETAPA 1

O propósito desta etapa é desenvolver completamente as informações que fundamentam os problemas do projeto. Esse conhecimento é utilizado subsequentemente para definir as metas do projeto e alternativas. Existem três categorias de informação essenciais para compreensão dos problemas de projeto:

1. As razões pelas quais o projeto está sendo requisitado e as expectativas acerca dele.
2. Conhecimento sobre as entidades que aprovarão ou negarão o financiamento e quaisquer legislações que possam influenciar o projeto.
3. Conhecimento a respeito das exigências técnicas do problema e de soluções de ponta.

Em primeiro lugar, a justificativa para as necessidades do empreendimento precisa ser definida e compreendida com clareza. Em alguns casos, a apuração desta informação pode exigir um estudo separado, ou talvez um estudo que identifique as necessidades do projeto já exista. Exemplos de projetos públicos incluem estudos de planejamento que projetam que a demanda para um aeroporto excederá a capacidade da pista, que inundações na última década originaram um determinado número de vidas perdidas ou resultaram em danos de uma certa forma à atividade econômica ou que concluem que os índices de acidente estão bem acima da média em determinados cruzamentos. Exemplos de razões para projetos com financiamento privado incluem estudos de demanda econômica indicando a lucratividade de um novo complexo esportivo ou que existe uma demanda para casas e apartamentos para certas pessoas de determinada faixa econômica.

Em segundo lugar, o engenheiro projetista deve conhecer as exigências da entidade financiadora (por exemplo, restrições orçamentárias) e requisitos legais e de normas aplicáveis (leis, padrões de projeto exigidos). Essa informação pode ser obtida com as próprias entidades envolvidas. Relacionada a isso, está a compreensão do processo a ser seguido que garantam aprovação e financiamento.

Por último, o projetista deve estar ciente das tendências e inovações mais recentes em projetos que possam melhorar o desempenho do empreendimento. Exemplos incluem novos métodos para tratamento de resíduos líquidos ou separação de resíduos sólidos em componentes recicláveis, métodos melhores de sinalização de tráfego ou novas maneiras de proteger estruturas contra abalos sísmicos. A procura por projetos sustentáveis tem estimulado o desenvolvimento de vários conceitos de projetos em engenharia civil que buscam conservar energia, como as certificações LEED (Leadership in Energy and Environmental Design) para construções. Bibliotecas e recursos de busca em arquivos de publicações podem produzir informação sobre tendências e inovações em projetos.

Um Relatório de Análise de Necessidades e Definição de Problemas constitui o primeiro relatório de equipe recomendado neste livro. Bons comunicados de definição de problemas precisam de pesquisa, tempo e esforço em sua preparação. Problemas de projeto raramente são fáceis de definir.

DEFINIÇÃO DAS METAS DO PROJETO – ETAPA 2

As seis categorias principais de metas que o engenheiro civil será solicitado a atingir são metas de **desempenho**, metas de **segurança**, metas de **saúde**, metas de **sustentabilidade e de proteção ambiental**, metas de **eficiência econômica** e metas de **aceitação pública**. Cada uma dessas categorias foca diferentes perspectivas do projeto e algumas se justapõem. Antes de se realizar um projeto, deve-se desenvolver uma descrição formal de suas metas. As metas servem para esclarecer e tornar mais palpável as características ou funcionalidades que o projeto deve possuir.

Metas são abstrações que refletem o que o projeto deveria realizar e são usadas na comparação de projetos alternativos. Para serem utilizadas dessa forma, devem ser formuladas de maneira que contribuam para o cálculo do cumprimento das metas, do mesmo modo que réguas podem ser usadas para medir o comprimento ou quantidade. Em uma situação ideal, a amplitude do cumprimento das metas em uma alternativa de projeto deve ser expressa em números que possam ser usados para comparar os projetos. Deve ser possível comparar projetos alternativos usando evidência quantitativa baseada em cumprimento de metas e dar sustentação a afirmações de que um projeto tem melhor desempenho que outro mediante o uso de números.

Como um exemplo, suponha que a meta do projeto seja reduzir a lentidão do tráfego em uma grande estrada com sinalização e que dois sistemas alternativos de sinalização, A e B, estejam sendo avaliados. Considere que estudos sobre o projeto demonstraram que a Alternativa A terá uma lentidão média de 55 segundos, enquanto a Alternativa B terá uma lentidão de apenas 35 segundos. Com base na comparação utilizando o cálculo de lentidão média, a análise do projeto revelou que a Alternativa B cumpre melhor a meta que a Alternativa A.

Se a meta não puder ser facilmente mensurada em, pelo menos, uma escala ordinária, talvez seja possível medi-la por meio de valores binários de 0 e 1. Se o projeto cumpre as metas, a ele é atribuído o valor 1; caso não as cumpra, atribui-se o valor 0. A aprovação de um projeto pode ter propriedades binárias; se o projeto atende a exigências de orçamento e padrões, sua pontuação é 1 e, se não atende, a pontuação é 0.

O Capítulo 6 deste livro é voltado para o desenvolvimento das metas do projeto. Uma boa comunicação das metas necessita de um grande esforço mental para ser realizada. O desafio de medir o cumprimento das metas em um projeto não é trivial e requer consideração quando elas são rascunhadas em documentos que dissecam as características desejadas no projeto. O desenvolvimento das metas do projeto é o foco do segundo relatório recomendado para as equipes.

GERAÇÃO DE SOLUÇÕES ALTERNATIVAS – ETAPA 3

Em um estudo de viabilidade, alternativas que abranjam várias características do projeto devem ser criadas. Isso permite ao engenheiro identificar as compensações durante a etapa de avaliação e diminuir a quantidade de alternativas que parecem atender melhor às metas do projeto. Um bom projetista reconhece que há várias maneiras de resolver um problema e se esforça para encontrar os melhores projetos – aqueles que maximizam as chances de alcançar as metas. Todavia, quase sempre existem compensações em relação ao cumprimento das metas em um projeto. Um projeto com alta durabilidade pode precisar da utilização de materiais de construção onerosos; então, um projeto que tenha uma pontuação alta em objetivos de durabilidade pode ter uma pontuação baixa em objetivos de custo em comparação com projetos alternativos. Uma tecnologia de iluminação pública que pontue alto em conservação de energia pode ter uma baixa pontuação em nitidez de cores. Projetos de sistemas de suprimento de água que envolvam a criação de novos reservatórios terão uma pontuação alta no que diz respeito à capacidade de suprimento, mas baixa em relação às metas ecológicas.

Uma abordagem abrangente na busca pela melhor concepção para a solução pode envolver a geração de alternativas que variem em relação a metas importantes. Por exemplo, opções de alto, médio e baixo custos talvez precisem ser criadas para avaliar como o cumprimento das metas de eficiência econômica afetam o cumprimento das metas de desempenho e sustentabilidade. Alternativas podem abranger conjuntos de opções se houver muitos componentes que possam ser configurados de maneira diferente. Alternativas podem ser compostas de três ou quatro conjuntos que apresentem uma opção de cada categoria de característica. Por exemplo, um projeto que busque melhorar condições de tráfego ao longo de um corredor viário pode incluir várias opções de funcionalidade e configurações da malha, largura e quantidade das faixas, tipos de interseções e sistemas de sinalização.

Quando há interesse em incorporar sustentabilidade no projeto, soluções criativas talvez sejam necessárias. É difícil ensinar alguém a ser criativo. Por causa disso, são realizadas tentativas de criar ambientes nos quais a criatividade possa florescer. Criatividade é tratada no Capítulo 7.

AVALIAÇÃO DAS SOLUÇÕES ALTERNATIVAS – ETAPA 4

Avaliar significa julgar ou determinar a qualidade ou valor de algo. A razão pela qual projetos alternativos de engenharia civil precisam ser avaliados é identificar aquele que melhor se encaixa nos objetivos do projeto e merece ser implementado. Um jeito de fazer isso, apresentado no Capítulo 8, é desenvolver uma estrutura de avaliação que envolva computar a média geral do cumprimento das metas do projeto, de maneira que se possa atribuir uma nota para cada objetivo alcançado para todas as metas em cada alternativa. Os números representam a extensão em que cada alternativa cumpre cada uma das metas do projeto. Por exemplo, se houver seis metas de projeto que se aplicam a todas as alternativas e existem quatro alternativas, haverá $6 \times 4 = 24$ notas que poderão ser usadas para comparar as alternativas. Ao somar os valores representando o cumprimento das metas em todos os objetivos para cada alternativa, pode-se chegar a quatro valores que refletem a extensão de cumprimento das metas para cada alternativa. Desse modo, as alternativas podem ser ranqueadas de acordo com o cumprimento das metas.

Uma abrangente avaliação deve disponibilizar conhecimento adicional sobre por que um projeto em particular emerge como a melhor escolha e outros projetos não. A avaliação deve determinar qual meta do projeto contribuiu mais para escolha do melhor projeto. Ou, se os resultados da avaliação em nenhuma concepção de solução mostrar superioridade, a avaliação deve mostrar o porquê. Esta etapa, que busca determinar como as alternativas variam em relação ao cumprimento das metas e como o cumprimento de diferentes metas do projeto estrutura a seleção do melhor projeto, é chamada de **análise de trade-off**. Uma análise de trade-off busca respostas para questões sobre se, por exemplo, melhorias em segurança e desempenho estão associadas a aumentos no custo, ou se a segurança diminuiu à medida que o desempenho aumentou.

ESCOLHA DE UMA SOLUÇÃO E RECOMENDAÇÕES – ETAPA 5

As recomendações devem indicar qual das alternativas possui o necessário para seguir adiante nos trabalhos do projeto. As recomendações também devem expor qualquer incerteza em relação à alternativa considerada melhor. A avaliação, se realizada utilizando métodos similares aos apresentados neste livro, resultará em um ranking das alternativas, da melhor para pior no cumprimento de metas, junto a uma análise de trade-off a qual explica o ranking no que diz respeito às metas do projeto. Fatores adicionais devem então ser levados em conta para determinar se a alternativa com a melhor nota deve ser recomendada para implementação. Poderão existir falhas no estudo, como o uso de suposições que se baseiam em evidências fracas, em dados ou informações incompletas ou em dados potencialmente com grande quantidade de erros ainda desconhecidos. Esses lapsos devem ser expostos, e seus impactos na qualidade da avaliação e no ranking devem estar explícitos nas recomendações.

Se, como resultado da avaliação, for determinado que nenhuma das alternativas seja melhor devido às razões mencionadas, talvez seja necessário repetir a Etapa 4, desde que o cliente ou entidade financiadora opte pela continuidade do projeto. Se a análise de trade-off for benfeita, poderá sugerir projetos futuros. Com base na análise de trade-off, deve ser possível determinar se uma alteração em um dos projetos com melhor posição no ranking poderá produzir um projeto ainda melhor. Por exemplo, se um projeto obtiver uma boa nota em todas as metas, exceto a de custo, então encontrar uma maneira de reduzir esse custo pode resultar em um projeto superior, com notas ainda melhores. Ou pode acontecer de as notas baixas em segurança estarem ocorrendo devido à falta de recursos de segurança no projeto. E, se essas ausências forem corrigidas, ou o projeto, melhorado, teríamos um resultado melhor. As alternativas, suas avaliações e as recomendações resultantes da avaliação são os itens que compõem o terceiro relatório recomendado às equipes de projeto, o qual será discutido a seguir. Deve-se lembrar que o cliente ou entidade responsável pelo empreendimento pode não ter a obrigação de implementar o projeto recomendado.

COMUNICAÇÕES VERBAL E GRÁFICA – ETAPA 6

O cliente geralmente espera e pede comunicaçõess escritas e gráficas que descrevam o projeto. Desenhos e gráficos, juntos a uma argumentação escrita, são necessários para explicar os procedimentos seguidos para gerar as alternativas de projeto, os projetos em si, a justificativa para inclusão de funcionalidades específicas nas alternativas, como a avaliação das alternativas foi realizada e o que a equipe do projeto recomenda. Essas comunicações escritas e gráficas também compõem o terceiro relatório de equipe recomendado. Mapas que mostrem a localização dos sistemas propostos e seus componentes são extremamente importantes para compreender como o projeto afetará o local. Dimensões e características importantes devem ser apresentadas, assim como números de faixas em estradas, tamanho e densidade de desenvolvimento para uma região, tamanho e capacidade de um reservatório, pontos de despejo para um sistema de tratamento de resíduos líquidos e extensão do terreno preservado no estado natural para proteger e preservar o meio ambiente. Anotações podem ser necessárias para interpretar e compreender o projeto e devem ser incorporadas no mapa. Pode ser importante que as fases em um *processo* (por exemplo, tratamento de água) sejam descritas por fluxogramas com setas indicando a direção na qual o processo ocorre, e *sistemas* devam ser detalhados a partir dos *componentes* que os compõem. Qualquer inter-relação importante entre eles deve ser mostrada com setas e linhas. Um modo de determinar se um item em particular corresponde a um componente é perguntar se, omitindo-o, a representação do sistema estaria completa.

IMPLEMENTAÇÃO DA SOLUÇÃO – ETAPA 7

Na engenharia civil, implementação em geral significa construção. Desenhos do projeto mostrando uma considerável quantidade de detalhes normalmente são preparados para cada componente do sistema antes da preparação do projeto executivo. Construção é uma especialidade que pode empregar engenheiros civis, principalmente se a construtora responsável pela construção for grande e ficar responsável por projetos grandes e complexos. Contudo, muitas construtoras menores envolvidas em projetos de desenvolvimento de terreno típicos não empregam engenheiros. Gerenciamento de construções é uma disciplina separada, oferecida em algumas universidades.

GERENCIAMENTO DE PROJETO, COMUNICAÇÃO E TRABALHO EM EQUIPE

Há muitos elos de comunicação na elaboração de um projeto. Os dois mais óbvios são a rede de comunicação entre os membros da equipe e as ligações entre a equipe de projeto e o cliente. Mas elos potenciais também existem entre a equipe de projeto e qualquer entidade que vá aprovar ou negar o financiamento para o projeto (se o cliente imediato não for o responsável) e qualquer outra entidade que tenha estabelecido regras que possam influenciar o projeto. Dentro de um grupo, o trabalho em equipe é sinônimo de uma boa comunicação. Trabalho em equipe envolve especialização, com diferentes pessoas encarregadas de **tarefas** diferentes. Uma vez que as tarefas de trabalho forem definidas e ordenadas (**planejamento**), os membros da equipe encarregados de tarefas específicas (**organização**), haverá a necessidade de trocar informação entre si e seguir cronogramas estabelecidos para atender a prazos (**controle**). Um líder de equipe de projeto precisará ser escolhido, e sua principal responsabilidade será assegurar que as demandas de planejamento, organização e controle sejam atendidas (**direção**) e que os produtos finais exigidos do projeto sejam entregues. Estas quatro atividades (planejamento, organização, direção e controle) formam as **funções de gerenciamento** e devem ser apoiadas e aceitas pela equipe. O líder da equipe de projeto deve entender o papel e a importância de cada uma dessas funções e garantir que elas sejam realizadas efetivamente durante o projeto. Essas funções não podem ser realizadas na ausência de comunicação entre os membros da equipe. Elas serão discutidas com maior detalhe no Capítulo 12.

É muito importante que as expectativas sobre os produtos finais a serem entregues ao cliente estejam claramente expostas e compreendidas por todos os membros da equipe. Os resultados devem ser revisados por todos os membros da equipe para garantir que contenham toda a informação necessária para a compreensão do processo do projeto e do projeto em si. Relatórios devem ser revisados para determinar se existe alguma omissão de informações importantes. Além de ter um bom domínio técnico das questões do projeto, os líderes de equipe também devem possuir conhecimento sobre fatores psicológicos que influenciam o desempenho no trabalho e motivação. Habilidades de comunicação verbal e escrita são fundamentais às relações interpessoais que formam a base do desempenho e trabalho em equipe, mas precisam de tempo para se desenvolverem. Em resumo, habilidades de comunicação são essenciais para a prática de engenharia civil, e o esforço despendido em melhorá-las se mostrará benéfico para o crescimento profissional.

RESUMO

Projetos de engenharia civil consistem de uma série de etapas distintas. Essas etapas possuem tanto uma importância pragmática quanto filosófica, e é necessário ter conhecimento sobre elas. Pensamento crítico é uma exigência para o nível profissional das competências de projeto e está envolvido em cada etapa. A comunicação eficaz dos conceitos do projeto é essencial. Em razão da complexidade de projetos de infraestrutura, o trabalho em equipe envolvendo profissionais com diferentes habilidades normalmente é necessário.

PALAVRAS-CHAVE

aceitação pública
análise de trade-off
aprimorados
avaliação das
    necessidades e
    definição dos
    problemas – etapa 1
avaliação das soluções
    alternativas –
    etapa 4
comunicações verbal e
    gráfica – etapa 6
controle

definição das metas do
    projeto – etapa 2
desempenho
direção
eficiência econômica
escolha de uma solução
    e recomendações –
    etapa 5
funções de
    gerenciamento
geração de soluções
    alternativas –
    etapa 3

implementação
    da solução –
    etapa 7
organização
pensamento crítico
planejamento
reabilitados
reconstruídos
saúde
segurança
sustentabilidade
    e de proteção
    ambiental
tarefas

102 Introdução à Engenharia Civil

EXERCÍCIOS PARA DESENVOLVER HABILIDADES DE PROJETO

1. Escolha a profissão de advogado ou médico e explique se as habilidades de pensamento crítico seriam importantes para elas ou não. Explique como cada uma das 12 características listadas na seção "Pensamento crítico" se aplicam a ela.

2. A empresa recebeu o pedido de um cliente para projetar uma nova ponte sobre um importante rio. Como o problema de projeto seria organizado se as sete etapas na Figura 4.1 fossem seguidas?

3. Por que as sete etapas apresentadas na figura 4.1 estão organizadas em círculo? O que isso indica sobre as interações entre elas?

4. À medida que projetos são elaborados na Etapa 3, descobre-se que uma das necessidades foi negligenciada. O que deve fazer a equipe de projeto? Seguir para a próxima etapa? Avaliar? Ou voltar à etapa anterior? Por quê?

5. Quais são as seis categorias gerais das metas de projeto? Descreva cada categoria e dê um exemplo de uma meta de projeto relevante em cada uma delas.

6. Por que é desejável considerar diversas soluções potenciais ao invés de apenas uma solução?

7. O que é uma análise de trade-off e por que ela deve ser realizada?

8. Por que as comunicações verbais e gráficas são importantes?

CAPÍTULO

5

Análise das Necessidades e Definição de Problemas – Relatório 1

Objetivos

Após a leitura deste capítulo, você deverá ser capaz de:

- Identificar cinco elementos de uma declaração de definição de problemas.

- Apresentar seis categorias de necessidades e dez de características físicas do projeto que devem ser examinadas na etapa de definição de problemas de um estudo de viabilidade.

- Expor o conceito de um "bom" projeto.

- Identificar as instituições públicas e privadas que aprovam e financiam projetos e os problemas que podem influenciar suas decisões.

- Demonstrar três técnicas que podem auxiliar na definição de problemas.

INTRODUÇÃO

Este capítulo apresenta a primeira etapa da resolução de problemas em engenharia civil – Análise das Necessidades e Definição de Problemas. A análise das necessidades resulta na **definição do problema** e é o tópico do primeiro relatório da equipe de projeto. As questões que precisam ser respondidas são:

1. **"Qual a necessidade básica a que o sistema precisa atender? Quais são as características físicas básicas de desempenho e outras necessidades a que o projeto deve atender?"**
2. A segunda questão é: **"Quais características físicas do projeto precisam ser examinadas para atender às necessidades?"**
3. A terceira questão é: **"Quão adequado** é o local que receberá o sistema? Quais oportunidades e desafios ele apresenta?"
4. A quarta questão é: **"Quem utilizará o sistema e de que forma eles se beneficiariam ou se prejudicariam ao utilizá-lo? E quem, além deles, poderia ter benefícios ou prejuízos de algum tipo?"**
5. A quinta questão é: **"Quem influencia a decisão sobre a implementação ou não do sistema e quais características do projeto e sistema de valores são mais prováveis de fundamentar a decisão?"**

Juntas, essas cinco questões podem ser resumidas em uma pergunta geral: **"Quais seriam as características de um 'bom' projeto?"**.

Quais as necessidades básicas a que um projeto irá atender?

A primeira pergunta, que se refere às necessidades básicas às quais um sistema de infraestrutura deve satisfazer, pode parecer óbvia. A capacidade de atender a demandas físicas básicas que o sistema precisa fornecer, como volume de litros de água diária ou quantidade de veículos por hora, é de grande importância. Mas outras necessidades importantes não devem ser negligenciadas. Como indicado nos Capítulos 1 e 4, as necessidades precisam ser definidas em seis categorias abrangentes, que incluam:

Desempenho – necessidades normalmente expressas em quantidade ou qualidade dos efluentes com relação à mobilidade, água, remoção de resíduos, proteção contra enchentes, ambiente de trabalho ou local de moradia.

Segurança – necessidade de proteger pessoas de lesões ou perigos que podem ocorrer repentinamente.

Saúde – necessidade de se evitarem impactos na saúde de pessoas, que possam ocorrer em longo prazo, por doenças ou patologias; algumas vezes, riscos de saúde envolvem controvérsia científica.

Sustentabilidade e meio ambiente – necessidade de se garantir que quantidades suficientes de recursos estarão disponíveis para gerações futuras, incluindo recursos necessários para sistemas e hábitats não humanos.

Eficiência econômica – necessidade de fazer os benefícios que surgirem com o uso do sistema excederem os custos de prover e utilizar o sistema. Os custos de construção e operação do sistema devem ser considerados.

Aceitação pública – necessidade de o público ser favorável à implementação do sistema, o que pode incluir problemas relacionados com a qualidade de vida dos moradores próximos ou com o público geral, o qual pode se manifestar como problemas políticos.

No Capítulo 6, essas categorias de necessidades serão discutidas com maior detalhamento, quando as metas forem discutidas. Tais categorias são intuitivas e fornecem ajuda para começar a pensar sobre as necessidades às quais um sistema de infraestrutura deve satisfazer e formam a base para o pensamento por trás dos objetivos do projeto de um sistema. Por exemplo, se designado para o projeto de um sistema de despejo de resíduos sólidos, poderá ser fácil explicar a razão para projetá-lo como "para descartar resíduos sólidos". Entretanto, ao olhar para as seis categorias de necessidades, pode-se adquirir conhecimento adicional acerca do problema de projeto. A necessidade básica pode ser o descarte de resíduos sólidos de um modo que produza menos substâncias tóxicas que o método atual (saúde pública e proteção ambiental), ou com custo menor (eficiência econômica), ou para aumentar os índices de reciclagem (sustentabilidade), ou para atender a uma nova exigência municipal, estadual ou federal (proteção ambiental e aceitação pública). Engenheiros civis devem ser capazes de traduzir essas categorias gerais de necessidades em declarações mais específicas dos objetivos do projeto. Aos estudantes, será solicitada essa habilidade no Segundo Relatório para a equipe de projeto.

Quais características físicas do projeto devem ser examinadas?

A segunda questão diz respeito a como as características físicas de um projeto influenciam o atendimento às seis necessidades, e, como consequência, quais características físicas do projeto devem ser examinadas em um estudo de viabilidade. Para responder a essa pergunta, é necessário conhecimento prévio sobre o funcionamento do sistema, assim como a quantidade de área e recursos necessários. As categorias de características de sistemas relevantes para serem examinadas variarão de sistema a sistema e incluem as seguintes:

- **Demanda para o sistema, componente ou processo** – esse tipo de informação é básico para dimensionar o sistema e inclui o número de pessoas ou veículos atendidos por dia, litros ou toneladas de resíduos produzidos, litros ou m^3 de água utilizada, megawatts ou energia necessária ou volume escoado por segundo que deve ser alojado. Normalmente, são utilizadas fórmulas ou taxas médias para auxiliar o engenheiro a estimar a demanda.

- **Capacidade dos elementos ou unidades, ou o volume de captação que pode ser realizado ou a quantidade que pode ser produzida** – isso se aproxima à questão da demanda, mas representa o lado da oferta na relação. Indica quanto da demanda será atendida ou produzida pelo sistema.

Por exemplo: a capacidade de uma rodovia em termos de número de veículos que podem trafegar por ela a determinada velocidade por hora, a carga que um sistema de piso pode suportar com segurança ou o volume de litros por dia que uma estação de tratamento de água pode receber. Novos sistemas de infraestrutura geralmente são projetados com capacidade para exceder a demanda inicial e, quando a demanda começa a exceder a capacidade do sistema, é necessário projetar um novo sistema ou um sistema com capacidade maior.

- **Tamanho físico dos elementos ou unidades necessários** – é essencial que essa informação seja detalhada no projeto, além de ser importante para o estudo de viabilidade de sistemas que podem ocupar grandes áreas, como partes de um terreno a ser preservado para proteção ambiental, reservatórios, aterros e usinas de energia solar. Como exemplos, podemos citar a largura das faixas de uma rodovia e o tamanho dos lotes de um aterro; tamanho das colunas e espaçamento entre elas são importantes para o layout do piso de um arranha-céu.

- **Quantidade de elementos ou unidades** – isso está relacionado com o tamanho físico total, uma vez que é o resultado da quantidade de unidades vezes o tamanho por unidades. Também está relacionado com a capacidade, já que cada unidade ou elemento normalmente possui uma capacidade associada. Essa característica pode se aplicar ao número de andares de um prédio, à quantidade de toneladas para uma usina de tratamento de resíduos, lotes de um aterro, faixas de uma rodovia, loteamentos de um projeto de comunidade ou qualquer tipo de sistema que possua diversas unidades individuais que operem simultaneamente para atender a uma necessidade.

- **Organização espacial de elementos ou unidades** – a organização dos elementos ou unidades de um sistema pode influenciar o modo como as necessidades serão atendidas ou a funcionalidade do projeto. Exemplos incluem localização de uma área residencial ou área livre, localização de rodovias ou a distância entre cruzamentos em vias expressas, o posicionamento de canais para água das chuvas, onde ficarão as estações de armazenamento de água e o uso projetado para diferentes andares de um prédio.

- **Configuração de rede** – estradas, tubulação e canais formam redes. A configuração de rede é uma função da organização de elementos ou unidades em um espaço, mas envolve um nível maior de abstração. A configuração da rede rodoviária em uma área residencial tem influência sobre a qualidade de vida, saúde e segurança. A configuração da rede rodoviária em uma comunidade ou em escala regional pode influenciar a eficiência e custos para os usuários. De grande importância para o funcionamento eficiente em áreas urbanas, são as ligações com os sistemas de transporte externos, incluindo pontes. Configurações de rede podem ter impactos ambientais associados, que variam com a configuração.

108 Introdução à Engenharia Civil

- **Concepção de projeto para elementos ou unidades** – concepções de projeto distintivamente diferentes podem ser usadas para estruturar um leque de alternativas ou alternativas que incorporem diferentes princípios de projeto. Existem diferentes tipos de projetos estruturais que utilizam materiais ou conceitos diferentes, para prover a estrutura de rigidez, responder às cargas e distribuí-las, e transferir as cargas para a fundação. Concepções diferentes podem ser utilizadas para projetar estruturas seguras e tolerantes a terremotos. Níveis funcionais diferentes de estrada (vias expressas, arteriais e coletoras) incorporam concepções diferentes de projeto. Existem diferentes concepções possíveis para projetos de pontes. Águas pluviais podem ser coletadas por sarjetas, drenos e tubulações de esgoto ou serem absorvidas por pavimentos permeáveis. Em cada um desses exemplos, as alternativas de projeto representam modos diferentes de acomodar as cargas recebidas pelo sistema.

- **Alternativas tecnológicas ou de processo** – isso pode afetar qualquer sistema, mas possui especial importância em gerenciamento de resíduos e tratamento de água, e, até certo ponto, sistemas de transporte e estruturais. Tecnologia e processo são os meios primários pelos quais resíduos se tornam inofensivos, a água se torna potável e sistemas de transporte podem ser operados com maior eficiência. Estudos de viabilidade precisam identificar alternativas tecnológicas importantes quando existem muitas opções.

- **Localização(ões) em um lote ou terreno** – é preciso definir a localização de qualquer sistema que ocupe um grande espaço ou gere impactos ambientais em uma área. A localização de áreas para uso residencial, comercial ou industrial e das principais vias rodoviárias que as atendem são informações essenciais. Locais alternativos para o despejo de lixo ou aterros devem ser considerados, assim como locais para sistemas produtores de energia.

- **Alteração da topografia de um lote ou terreno (cortes e aterros)** – alterações no terreno podem impactar o meio ambiente e gerar implicações para sustentabilidade, particularmente em relação à conservação do solo e de hábitats. Também podem afetar a qualidade de vida quando há alteração visual na estética do terreno. Áreas nas quais cortes e aterros extensos sejam necessários ou padrões naturais de drenagem sejam alterados devem ser identificadas em um estudo de viabilidade. A alteração de um terreno por meio de uma série de cortes e aterros é dispendiosa e deve ser minimizada na medida do possível.

- **Flexibilidade para combinações variadas de elementos ou unidades que possuam diferentes características** – muitas alternativas podem ser compostas de conjuntos de componentes que funcionem em uníssono como um sistema, e esses conjuntos podem ser montados de forma a refletir ênfases em objetivos diferentes do projeto. Por exemplo, conjuntos diferentes de alternativas de projeto para os elementos de uma estrutura podem enfatizar sustentabilidade, qualidade de vida ou eficiência. Os conjuntos podem ser formados por métodos diferentes de provisão de iluminação, controle climático ou orientação dos prédios. Alguns conjuntos de alternativas podem ter um custo inicial pequeno, mas um custo operacional alto, enquanto outros conjuntos poderão ter altos custos iniciais, mas custos operacionais baixos. Sistemas de transporte são formados por muitos elementos, como sinais de trânsito, sistemas de trânsito e de informações aos viajantes, todos dispendiosos; dessa forma, podem ser criados conjuntos de baixo custo, médio custo, alto custo e baixa, média e alta acessibilidade. Sistemas de gerenciamento de águas pluviais oferecem diferentes métodos físicos para coleta, transferência, armazenamento e tratamento de água da chuva. Essas opções podem ser agrupadas de formas diferentes para maximizar o cumprimento de determinada meta do projeto. Um estudo de viabilidade é o momento ideal para examinar isso.

- **Materiais de construção utilizados para elementos ou unidades** – como mencionado no Capítulo 2, tipos diferentes de materiais de construção produzem pegadas de carbono diferentes. Metas de sustentabilidade podem requerer a avaliação do custo total de energia de diferentes materiais ou uma avaliação dos custos de ciclo de vida. Isso pode ser importante para sistemas que consomem grandes quantidades de recursos durante a construção, como sistemas de transportes. O aço utilizado em estruturas também possui uma pegada de carbono grande, mas pode não haver alternativas possíveis. Entretanto, projetos que maximizem a quantidade de madeira utilizada podem atingir melhor nota no quesito sustentabilidade. Materiais de construção podem ou não ser importantes em um estudo de viabilidade, dependendo da quantidade utilizada do material e da disponibilidade de materiais alternativos viáveis com pegadas de carbono menores. A utilização de matéria-prima local tem sido proposta e implementada em alguns projetos de sistemas para reduzir o custo de transporte e as pegadas de carbono associadas a remessas de longa distância de grandes cargas.

- **Custo** – o custo é extremamente importante. Ele abarca o custo de construção de um sistema e o de operação. Todo estudo de viabilidade deve tentar incluir uma comparação dos custos estimados de construção e operação para diferentes alternativas. Ambos os custos estão incluídos na avaliação de custo do ciclo de vida. É uma das mais importantes características de um projeto a ser comparada com outras alternativas. Contudo, boas estimativas de custo são difíceis de preparar, porque históricos de custos podem não estar disponíveis.

A Tabela 5.1 pode ser utilizada em conjunto com as seis necessidades e 13 categorias de características físicas apresentadas anteriormente. Antes de completar a matriz, deve-se determinar as oportunidades e desafios do terreno na realidade do sistema analisado. A matriz é utilizada tendo como primeiro passo a identificação da importância relativa das seis necessidades, no sistema analisado, e a escolha daquelas que possuem maior relevância ao projeto

110 Introdução à Engenharia Civil

Tabela 5.1 Matriz de necessidades e características do sistema

Características do sistema	Necessidades					
	Desempenho	Segurança	Saúde (bem-estar)	Sustentabilidade e meio ambiente	Eficiência econômica	Aceitação pública
Tamanho da demanda para o sistema, componente ou processo						
Capacidade dos elementos ou unidades, o volume de captação que pode ser realizado ou a quantidade que pode ser produzida						
Tamanho físico dos elementos ou unidades necessárias						
Quantidade de elementos ou unidades						
Organização espacial de elementos ou unidades						
Concepções de projeto para elementos ou unidades						
Tecnologia ou processos utilizados (incluindo poluentes produzidos)						
Configuração de rede						
Localização(ões) em um lote ou terreno						
Alteração da topografia de um lote ou terreno (cortes e aterros)						
Flexibilidade para combinações variadas de elementos ou unidades que possuam diferentes características						
Materiais de construção utilizados para elementos ou unidades						
Custo						

do sistema em determinado terreno. Depois de identificadas as necessidades, deve-se determinar as categorias de características de sistema que terão o maior impacto no cumprimento das metas. Deve-se colocar um "X" nas células da tabela fortemente influenciadas pela respectiva característica de projeto do sistema. Fileiras com "X" identificam as características que devem ser abordadas em estudos de viabilidade. As células que contenham "X" variarão de acordo com o tipo de sistema e os desafios e oportunidades oferecidos pelo terreno. Se houver muitas células com "X", será útil escolher as cinco mais importantes para focar durante o projeto.

EXEMPLO – O QUE CONSTITUI UM "BOM PROJETO"?

Todos nós já utilizamos produtos industrializados que falharam em atender às nossas expectativas de uma ou outra forma e também passamos pelo exercício de identificar as melhorias prioritárias para o produto. Uma vez que sistemas de engenharia civil são caros e permanentes, vale a pena identificar as partes críticas do projeto antes que grandes quantidades de recursos sejam consumidas na preparação dos desenhos de construção ou que a construção comece. As apreciações iniciais realizadas durante a etapa de definição de problemas podem mudar quando a criação e avaliação de alternativas começarem e mais informação e conhecimento forem obtidos. Uma das principais descobertas de um estudo de viabilidade pode ser quais necessidades competem entre si ou se completam quando da criação dos projetos. Por exemplo, no projeto de ruas para uma área residencial, necessidades de eficiência podem competir com necessidades de qualidade de vida, mas, em projetos de aterros, pode-se descobrir que conquistas na área sanitária podem estar conectadas a necessidades de proteção ambiental. Uma maneira de realizar a identificação inicial de potenciais implicações importantes de projeto é selecionar entre 2 e 5 "Xs" na Tabela 5.1, dos quais se espera grande influência sobre o projeto. Depois disso, deve-se tentar definir o que pode ser caracterizado como um "bom" projeto.

Por exemplo, se construíssemos um reservatório em determinada região que constituísse um sistema de recarga para lençol freático, e as células na tabela fossem marcadas como mostrado a seguir, um "bom" projeto poderia ser descrito como um que "atendesse às necessidades de suprimento e sustentabilidade de forma eficiente sem impactar negativamente o ambiente e sem violar nenhuma lei existente". Isso pode ser interpretado com maior profundidade significando que o volume de água estocado tem de ser pelo menos igual à demanda (ou fontes suplementares de água devem ser encontradas), o sistema não pode causar danos ao ambiente e não deve criar restrições à utilização da água àqueles que, por direito, possam utilizá-la.

MATRIZ PARA EXEMPLO DE PROBLEMA – PROJETO DE RESERVATÓRIO

	Necessidades					
Características do sistema	Desem-penho	Segu-rança	Saúde (bem-estar)	Sustenta-bilidade e meio ambiente	Eficiência econômica	Aceitação
Tamanho da demanda para o sistema, componente ou processo	X				X	X
Capacidade dos elementos ou unidades, ou o volume de captação que pode ser realizado ou a quantidade que pode ser produzida	X			X	X	
Tamanho físico dos elementos ou unidades necessárias	X			X		
Quantidade de elementos ou unidades	X					
Organização espacial de elementos ou unidades	X					
Concepções de projeto para elementos ou unidades				X		X
Tecnologia ou processos utilizados (incluindo poluentes produzidos)						
Configuração de rede						
Localização(ões) em um lote ou terreno	X			X	X	X
Alteração da topografia de um lote ou terreno (cortes e aterros)	X			X	X	X
Flexibilidade para combinações variadas de elementos ou unidades que possuam diferentes características						
Materiais de construção utilizados para elementos ou unidades						
Custo					X	

É provável que, à medida que o conhecimento sobre os problemas aumente durante o empreendimento, as qualidades desejadas em um bom projeto fiquem mais claras. Não é incomum descobrir que nenhuma característica desejada do projeto pode ser atingida em um único projeto, mas que diferentes concepções de projeto atingem diferentes características em níveis diferentes. A Solução 1 pode cumprir a Meta A do projeto da melhor forma; porém, a Solução 2 cumpre melhor a Meta B. O problema então se torna a seleção de um "bom" projeto. Há uma abertura na resolução desse problema, já que diferentes equipes de projeto podem recomendar diferentes soluções "boas". Normalmente, não existe um único projeto "certo".

Quais oportunidades e desafios o terreno oferece?

A terceira questão, "quão adequado é o local que receberá o sistema? Quais oportunidades e desafios ele apresenta?", requer uma análise do terreno por si só. Tamanho e limites, topografia, recursos hídricos e vegetação, clima, condições do solo e os usos adjacentes de terra podem influenciar as possibilidades de projeto. Especialmente importantes são os impactos que o projeto poderá ter em questões de sustentabilidade associadas à alteração do terreno, incluindo a destruição de hábitats e a degradação do solo pela erosão.

Quem são os ganhadores e os perdedores?

A quarta questão pede que os grupos de pessoas que tenham a possibilidade de ganhar ou perder algo com o sistema proposto sejam identificados. Os ganhos e perdas relativas entre diferentes grupos populacionais terão grande influência sobre os tomadores de decisão, e é importante que o projetista demonstre conhecimento sobre esses grupos. Para responder à questão, também é necessário que o engenheiro civil pense em modos de comparar soluções alternativas, sintetizar o processo de projeto às necessidades, para que seja possível realizar comparações estruturadas que reflitam os valores dos grupos que se beneficiaram com o sistema, em contrapartida àqueles que não terão benefícios e, na verdade, poderão pagar o custo. Muitos sistemas de engenharia civil causam um impacto de longo prazo no ambiente. Esses impactos podem afetar a sociedade direta ou indiretamente, em termos econômicos, de qualidade de vida e sustentabilidade. Podemos citar como exemplo pessoas que dependem da pesca e agricultura, turismo e do ramo imobiliário; povos nativos e pessoas que vivem em áreas remotas podem dar um grande valor ao ambiente natural e podem não querer vê-lo alterado. A identificação de pessoas que podem ganhar ou perder com um projeto será discutida em uma seção adiante.

Quais são as realidades políticas?

A quinta questão, "Quem influencia a decisão sobre a implementação ou não do sistema e quais características do projeto e sistema de valores são mais prováveis de fundamentar a decisão?", pede que o engenheiro civil esteja ciente de quaisquer processos políticos ou necessidades de negócios que possam influenciar o projeto e seu destino, assim como qualquer lei ou código que tenha poder sobre as características do projeto. A resposta para essa pergunta está relacionada com a questão anterior, sobre quem ganha e quem perde. Dos representantes eleitos, espera-se que representem os valores da maioria do eleitorado. Se uma reeleição estiver próxima, pode ser muito importante para eles mostrar apoio aos valores de sua base eleitoral. Demonstrações de habilidade para assegurar financiamento para empreendimentos que seu eleitorado aprove ou será um dos beneficiários que lhes dará visibilidade.

Empregos e bem-estar econômico são extremamente importantes. Companhias podem ter planos que dependam da implementação de determinado projeto de infraestrutura. Empresas também podem encarar situações de perda de lucratividade que possam influenciar a decisão de seguir em frente ou não com uma ideia criada para um plano de negócio. A criação de um novo sistema de infraestrutura ou a melhoria de um sistema existente pode ser crucial para o sucesso de um plano de negócio.

É importante para o engenheiro responsável pelo projeto ter uma boa noção de quais tipos de projetos têm maior possibilidade de serem aprovados por instituições de financiamento e quais não. Projetos precisam estar em conformidade com leis e códigos que regulamentem segurança e proteção ambiental. Para atender aos requisitos dessas leis e códigos, algumas características talvez precisem ser incorporadas aos projetos. O engenheiro civil precisa ter ciência de quais são essas características.

CLIENTES, ELEITORES E APROVAÇÃO DO PROJETO

Agências públicas e o setor privado

É necessário identificar as entidades que possuem o poder para negar autorização para a implementação de um projeto. Este é um item importante da Etapa 1, Avaliação das Necessidades e Definição dos Problemas. Empresas privadas de consultoria em projetos oferecem serviços de projetos para **órgãos públicos**, **sociedades de economia mista** ou **entidades do setor privado**. O **cliente** é a entidade para a qual a equipe de projeto trabalha em troca de uma quantia. Alguns órgãos públicos utilizam seus próprios engenheiros para projetos e possuem capacidades próprias nesse quesito. De qualquer forma, todas as entidades envolvidas em um projeto são, em última análise, responsáveis aos olhos dos corpos legislativos, cujos membros foram eleitos pelo público e, portanto, devem atentar para as necessidades expressadas por eles. Projetos devem ser realizados tendo em mente os objetivos e restrições dos órgãos legislativos ou entidades privadas que aprovam e financiam os projetos de infraestruturas.

A entidade arcando com o custo de construção pode ser um órgão público, como uma secretaria de saneamento, ministério dos transportes ou outro órgão federal. Frequentemente, os custos são divididos entre as esferas federal, estadual e municipal, com a esfera federal arcando com a maior parte dos custos, e a esfera local fornecendo **verbas compatíveis**. Órgãos públicos normalmente possuem um conjunto de exigências ao qual o projeto deve atender para se tornar elegível para financiamento; isso ajuda a garantir que as verbas públicas utilizadas terão como resultado um projeto que desempenhe as funções necessárias, siga os padrões atuais de projetos, seja seguro e construído com materiais que terão desempenho satisfatório ao longo da vida útil do empreendimento. As exigências das entidades financiadoras também podem abordar maneiras de mitigar ou minimizar impactos indesejados ao meio ambiente e grupos de não usuários. Essas exigências podem ser reguladas por lei e existir, na forma de **leis**, **códigos** ou **normas técnicas**, e um órgão governamental possuirá autoridade para inspecionar e aprovar projetos de forma a garantir que as exigências sejam atendidas.

Órgãos governamentais podem ter políticas e programas que reflitam as prioridades dos políticos que os comandam, podendo focar objetivos de governo sobre áreas específicas, como eficiência energética, trens de alta velocidade ou água tratada. Órgãos governamentais são compelidos por leis que os

Análise das Necessidades e Definição de Problemas – Relatório 1 **115**

permitem investir verba pública em tipos específicos de soluções, como estações de tratamento de água ou ônibus novos. Normalmente, esses órgãos utilizam categorias de financiamento específicas e possuem restrições orçamentárias gerais. Em alguns casos, Estatutos Federais estabelecem exigências de projeto e limitam o financiamento para certos tipos de soluções.

O órgão de inspeção e aprovação pode ser o encarregado do financiamento público ou poderá ser um órgão local, responsável por garantir o cumprimento da lei. **Audiências públicas** sobre o empreendimento ou **análises ambientais** podem ser necessárias antes de o projeto ser aprovado e de a construção começar. Os objetivos dos órgãos públicos são prover sistemas de infraestrutura que atendam às necessidades da população e protejam o meio ambiente de modo seguro e eficiente, reflitam as prioridades públicas do governo e representem investimentos seguros dos fundos para construção obtidos através de taxas e impostos. Portanto, esses órgãos governamentais podem ser encarados como detentores de grande poder na aprovação e implementação de um projeto. Dessa forma, o papel que desempenham, influenciando ou ditando certos aspectos do projeto, deve ser conhecido antes de o projeto ser iniciado.

Se o empreendimento for financiado por entidades do setor privado, os investidores desejarão ter certeza de que o projeto atende a todas as exigências legais, gera um retorno econômico sobre o investimento, carregam apenas aqueles riscos percebidos que o investidor se sinta confortável em assumir e pode competir efetivamente com alternativas possivelmente disponíveis no mercado. Riscos percebidos dentro do setor privado podem variar desde preocupações ambientais, como construções em uma área de terremotos constantes até preocupações sobre se o produto final será vendido em quantidade bastante por um preço suficiente para cobrir qualquer gasto e gerar um retorno aceitável sobre o investimento. Pode incluir alguma preocupação de que certa característica do projeto possua riscos sanitários ou de segurança que possam levar a processos legais no futuro e diminuir o valor do projeto (por exemplo, a proximidade de linhas de força, presença de argônio no solo ou a expansão de uma base militar). Já que o setor privado deve pagar os fundos tomados como empréstimo ou declarar falência, entidades do setor privado geralmente têm aversão a qualquer investimento que talvez não seja capaz de pagar seus custos ou quitar uma dívida. A meta principal é obter lucro; a demanda deve ser grande o suficiente para gerar um lucro que pague a dívida.

A maioria dos empreendimentos que lidam com o desenvolvimento de terrenos é financiada pelo setor privado. A entidade que contrata os serviços da empresa de engenharia civil pode não ser a principal financiadora, mas, sim, pegar dinheiro emprestado de uma instituição financeira. Na verdade, poderá existir uma corrente de agentes envolvidos: especuladores que compram pequenos terrenos na esperança de que os valores subam; a entidade que compra e reúne pequenos lotes do terreno de especuladores para criar grandes áreas adequadas ao desenvolvimento; a entidade que compra grandes áreas e garante um desenvolvedor; e o desenvolvedor que assegura o investimento necessário para o desenvolvimento e contrata uma empresa de engenharia para projetar o local para uso comercial, residencial ou industrial. A entidade financiadora irá analisar o projeto, observando a questão de riscos *versus* retorno e, portanto, exerce grande influência sobre a decisão de implementação de um projeto. O desafio recai sobre o projetista em criar um conjunto de planos que sejam suficientemente atrativos para o desenvolvedor e a financiadora desejarem apoiar.

Sociedades de economia mista também existem e podem possuir responsabilidades de administração sobre alguns sistemas de engenharia civil. Uma **sociedade de economia mista** provê um serviço público necessário e possui controle estatal, mas, como uma empresa privada, poderá vender ações e atrair investidores que procuram obter lucro. Algumas sociedades de economia mista eram originalmente empresas públicas; muitas foram criadas para atender às necessidades especiais específicas que nem o setor privado nem o poder púbico sozinhos estavam motivados ou poderiam atender de forma eficiente. Exemplos podem ser vistos na área de transportes, serviços e energia. Seus poderes e relações com órgãos legislativos são estabelecidos por lei, e suas decisões podem estar sujeitas à análise desses órgãos.

Parcerias público-privadas

Algumas instalações normalmente públicas, como rodovias e pontes ou estações de tratamento de água, podem ser financiadas, projetadas e operadas pelo setor privado, e o desenvolvimento do terreno pode ocorrer dentro do conceito de **privatização** no esquema de uma **parceria público-privada**, ou **PPP**. Sob o conceito de PPP, o governo pode adquirir e fornecer terras, por aluguel ou venda, e o setor privado poderá ser induzido a construir (por exemplo, prédios comerciais) em troca do lucro que isso gerará. As PPPs têm se tornado mais comuns à medida que governos tentam diminuir custos e se manter dentro das restrições orçamentárias. Muitos serviços públicos, como redes de ônibus e coleta e descarte de resíduos sólidos, são mantidos por empresas privadas, mas sob o controle do governo, e, de algumas, se esperam investimentos de capital, utilizando o dinheiro obtido com empréstimos. Nesses casos, uma agência governamental pode exercer considerável controle sobre o projeto. Se uma financiadora privada estiver envolvida, o investimento será analisado pelo risco *versus* lucro. Existem prós e contras em PPPs.

Organizações sem fins lucrativos

Também existem **corporações sem fins lucrativos** e **grupos de interesse especial** que tem um interesse em como sistemas de engenharia são projetados e como eles afetarão as pessoas, o meio ambiente e quais outros impactos terão. Esses grupos normalmente são bem organizados, possuem suporte financeiro e acesso a representantes eleitos que aprovam a implementação dos sistemas. As organizações incluem grupos ambientais, defensores de tipos específicos de tecnologia e grupos de apoio a portadores de problemas de saúde específicos. O projetista deve estar ciente de suas crenças e pretensões, já que alguns grupos possuem influência suficiente para incentivar representantes eleitos a negar financiamento para um empreendimento. Atender a esses valores criando um projeto que eles aprovem pode ganhar o apoio para o empreendimento.

TÉCNICAS PARA AUXILIAR NA DEFINIÇÃO DO PROBLEMA

Esta seção apresenta diversas técnicas que podem ser úteis na definição do problema. O modo como um problema é definido normalmente restringe os tipos de soluções percebidas. Além disso, a legislação pode restringir o modo como o problema é definido. Boas companhias de projeto possuem a habilidade de enxergar problemas a partir de diferentes perspectivas. Elas possuem a expertise necessária para criar boas formas de comunicar o problema e avaliações de necessidades para tipos particulares de sistemas ou tipos particulares de problemas de infraestrutura. Companhias de projeto aprimoram áreas de expertise das quais se valem para continuar assegurando contratos.

Um engenheiro que trabalhe para um órgão governamental obrigado por lei a focar com maior afinco determinado tipo de solução provavelmente irá pensar em soluções dentro desses sistemas mais particulares. Por exemplo, não seria incomum para engenheiros e planejadores no final da década de 1950 e início de 1960 ver a construção de mais faixas em vias expressas como soluções para congestionamentos de tráfego. Contudo, hoje em dia, engenheiros e planejadores considerariam muitas alternativas, incluindo melhor serviço de transporte, faixas exclusivas para veículos de maior capacidade e um melhor sistema de sinalização de tráfego. Contudo, nos Estados Unidos, códigos federais, reconhecendo estes tipos de solução como de bom custo-benefício e elegíveis para financiamento federal, tiveram de ser propostos e aprovados antes que entidades reguladoras, como o Departamento de Transporte dos Estados Unidos, pudessem financiá-las. O precursor da engenharia ambiental era chamado "engenharia sanitária", e o tratamento da poluição da água causada pelo escoamento da água da chuva não era comum. O Clean Water Act mudou isso. Problemas de poluição do ar só começaram a ser reconhecidos e combatidos no final da década de 1950 e início de 1960, e o Federal Air Quality Act, de 1967, significativamente alterado em 1970, tornou a limpeza do ar atmosférico obrigatória e também liberou verba federal para pesquisas e esforços de planejamento. Percepção de problemas e soluções apropriadas evoluíram juntos. Órgãos governamentais, refletindo os valores dos representantes eleitos e possuindo administrações reguladas por atos legislativos, têm desempenhado um papel importante na definição de problemas para sistemas públicos de engenharia civil.

Princípios da definição do problema

Estudantes que apenas começaram a ter aulas de projeto devem estar cientes dos dois princípios-chave para uma boa definição do problema, definidos e explicados a seguir:

Princípio 1: A maneira pela qual o problema é definido influenciará os tipos de soluções apresentadas. Evite definições de problemas que restrinjam o leque de soluções prematuramente ou tenham maior ênfase em determinada solução. A pessoa que estiver definindo o problema deve ter muito cuidado para comunicá-lo da forma mais abrangente possível, sem se referir a nenhum conjunto de soluções em particular. A noção de que gerações mais antigas teriam enxergado a solução para congestionamentos na construção de mais faixas em vias expressas já foi discutida. Sempre que congestionamento for definido como "número de faixas insuficientes na estrada", a definição do problema já sugerirá a solução em si, "adicionar mais faixas à estrada". Isso pode resultar na negligência de outras soluções com melhor custo-benefício. Se problemas de falta de água forem definidos como "suprimento insuficiente de água", a estratégia de resolução do problema poderá focar em descobrir novas fontes de água em vez de se concentrar na conservação ou em possíveis substitutos para água.

Princípio 2: Tente chegar à origem do problema. Perguntar "por que isto é um problema?" cerca de cinco vezes seguidas pode ajudar. As razões por trás do problema podem ter várias camadas. O processo de entender completamente um problema pode ser como uma exploração arqueológica; deve-se cavar cada vez mais fundo em busca de informação e conhecimento. Como exemplo, podem existir poucas vagas de estacionamento em um *campus*. Pode parecer uma resposta apropriada construir um edifício-garagem. Contudo, isso não age na raiz do problema. Se alguém perguntasse "por quê?" seguidas vezes, poderia encontrar as respostas a seguir:

Pergunta 1: "Por que há falta de vagas de estacionamento em certas horas do dia, especialmente terças e quintas-feiras pela manhã, começando às 10 horas?"

Resposta 1: "Porque existem muitos estudantes que precisam dessas vagas de estacionamento nestes períodos."

Pergunta 2: "Por que há muitos estudantes que precisam dessas vagas nestes períodos?"

Resposta 2: "Porque são os períodos em que muitos deles frequentam as aulas programadas."

Pergunta 3: "Por que existem tantas aulas com muitos alunos matriculados nesses horários?"

Resposta 3: "Porque são os períodos em que o corpo docente prefere que suas aulas sejam programadas. E o cronograma é baseado no pedido dos professores."

Pergunta 4: "Por que o corpo docente pede por estes períodos?"

Resposta 4: "Porque é conveniente para seus cronogramas pessoais; os libera das aulas de sexta-feira e dos horários muito cedo ou muito tarde no dia."

Assim sendo, após apenas quatro questões, pode-se determinar que talvez existam soluções para o problema de estacionamento além da dispendiosa construção de um edifício-garagem. O procedimento para a programação de aulas pode ser alterado.

Métodos para definir problemas

Existem três métodos que podem ser muito úteis na definição de problemas de engenharia civil: o **Método de Revisão**, **Diagramas Por que-Por que** e **Diagramas Duncker**. Cada um deles é descrito a seguir e um exemplo é dado no box conseguinte.

O **Método de Revisão** envolve verificar as soluções existentes e identificar o que é indesejável nelas. Essas falhas são utilizadas para redefinir objetivos de forma a melhorar o projeto. Isso é o que normalmente ocorre conforme o projeto avança.

EXEMPLO – MÉTODO DE REVISÃO

Vejas as imagens a seguir. Os cruzamentos em rodovias adotavam a concepção de trevos. Descobriu-se que havia duas grandes falhas com esse tipo de formato: eles precisavam de uma área grande e que o tráfego saindo da via expressa diminuísse a velocidade e cruzasse com o tráfego entrando na via expressa, que, por sua vez, tentava acelerar e tinha de cruzar com o tráfego de saída. A mistura de veículos em aceleração tentando entrar à esquerda com veículos em desaceleração virando à direita era uma fórmula para batidas. As curvas em formato de trevo também criavam situações nas quais um veículo poderia sair da via expressa em uma velocidade muito alta e perder controle na curva; de forma similar, um veículo subindo a rampa de acesso em velocidade alta também poderia perder o controle. Quando existiam restrições de espaço e as curvas tinham de ser construídas mais fechadas nas rampas, os motoristas normalmente subestimavam velocidades seguras de saída (e ignoram placas de sinalização).

Uma melhoria foi o trevo em formato de diamante, o qual não apenas exigia menos espaço, mas eliminava a necessidade de veículos entrando e saindo se cruzarem. Também evitava as curvas mais fechadas, exceto na interseção com a estrada transversal. O próximo passo na evolução foi a interseção de ponto único, que também minimizou a necessidade de área, mas permitiu que veículos saíssem da via em uma velocidade maior, incorporando uma saída em curva no cruzamento, utilizando apenas um conjunto de sinalização. Embora veículos saindo e entrando no trevo em diamante tivessem de diminuir suas velocidades para realizar as curvas em 90°, a saída em curva e o cruzamento no modelo de ponto único permitiram aos veículos trafegar em maior velocidade. Também foi eliminada a curva rápida e acentuada para a esquerda, associada a taxas de acidentes maiores. O diamante divergente, o conceito de projeto mais recente, cruza faixas de tráfego na mesma direção. Isso aumenta a eficiência e também a segurança do trevo, já que não há curvas para a esquerda no sentido oposto. Contudo, este projeto pode tornar a passagem de pedestres mais difícil.

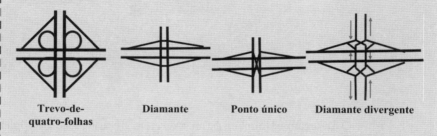

Trevo-de-quatro-folhas   Diamante   Ponto único   Diamante divergente

Conceitos de trevo

Fonte: http:// en.wikipedia.org/wiki/Interchange_(road)#Diamond_ interchange

O **Diagrama Por que-Por que** é uma representação gráfica das respostas para uma sequência de questões de "por quê". Um exemplo é mostrado na imagem a seguir, em que só se pergunta o porquê apenas duas vezes.

EXEMPLO – DIAGRAMA POR QUE – POR QUE

Nesse exemplo, o problema é que há muitos acidentes ocorrendo em um trevo rodoviário. Perguntar o primeiro "por quê?" leva a uma análise dos dados de acidentes que revela que aqueles que estão associados a avanços de sinal vermelho e retornos à esquerda no sentido oposto ao tráfego ocorrem mais frequentemente que em outros trevos. O segundo "por quê?" questiona possíveis razões para cada uma das observações. Os motivos para avançar o sinal vermelho podem ser o curto intervalo da luz amarela quanto a existência de motoristas agressivos. Se o intervalo da luz amarela é curto, isso pode ser corrigido pelo engenheiro de tráfego. Mas, se a direção agressiva é a razão dos acidentes, então uma fiscalização mais rígida ou programas educacionais podem ser a resposta, e nenhuma das duas envolve uma solução de engenharia civil. A segunda razão, colisões envolvendo conversões à esquerda no sentido oposto ao tráfego, pode ser uma indicação de que a sinalização está confusa para os motoristas. Soluções para melhoria da sinalização no trevo podem ser desenvolvidas por engenheiros de tráfego.

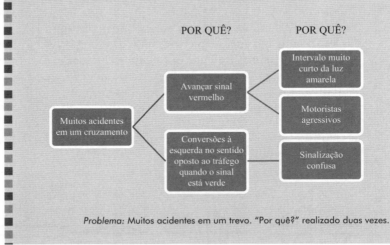

Problema: Muitos acidentes em um trevo. "Por quê?" realizado duas vezes.

O **Diagrama Duncker** é um exercício de aplicação de lógica para, em um primeiro momento, estruturar conjuntos abrangentes de soluções gerais mutualmente excludentes, e, posteriormente, gerar conjuntos de soluções que se tornem cada vez mais concretos sob cada uma das soluções gerais mutualmente excludentes. Um exemplo é mostrado a seguir.

EXEMPLO – DIAGRAMA DUNCKER

Primeiramente, a situação do problema é definida, e também uma situação desejada. Essas definições devem ser específicas de algum modo, como mostrado no exemplo (Estado do Problema: "Muito CO_2 emitido por veículos"; Estado Desejado: "Reduzir o volume de emissões por veículos"). Então, são criadas as **soluções gerais** (primeiro nível) mutualmente excludentes, tipos de alternativas como "A" e "Não A". No exemplo, a solução "A" é "reduzir a quantidade de veículos". Em termos de lógica, o complemento mutuamente excludente, "Não A", deve ser "Não reduzir o número de veículos". Depois, cada uma dessas categorias abrangentes de solução é utilizada para ajudar na identificação das "**soluções funcionais**", mais concretas, mas ainda abrangentes o suficiente para formar alternativas posteriores mais concretas, "soluções específicas". No exemplo, "reduzir a quantidade de veículos" (solução funcional) sugere "criar alternativas [aos veículos]" e "aumentar o custo dos veículos". "Criar alternativas [aos veículos]", por sua vez, sugere as soluções específicas de "serviços de ônibus" e "sistema de caronas". No lado "Não reduzir a quantidade de veículos" do quadro, as soluções funcionais são "Utilizar combustíveis alternativos" e "Diminuir as emissões de motores a gasolina", cada um com sugestões de soluções específicas.

Embora os Diagramas Duncker tenham um grande apelo intuitivo, eles têm uma construção desafiadora. Muitas equipes de projeto de estudantes tentaram utilizá-lo, mas normalmente falta ao primeiro nível de soluções gerais a exclusão mútua necessária para gerar um leque abrangente de soluções específicas. Se esta técnica for utilizada, é provável que sejam criadas espontaneamente, pelos membros da equipe, soluções específicas que não se encaixem na lógica exigida pelo Diagrama de Duncker. Algum membro da equipe com grandes habilidades em lógica e comunicação precisa trabalhar em direção ao topo da tabela e desenvolver categorias funcionais e gerais nas quais as soluções específicas se encaixem. Uma vez que os rascunhos da solução funcional e da solução geral forem realizados, soluções específicas adicionais podem surgir. Isso poderá tornar necessário refazer as descrições dos conjuntos de soluções funcionais e gerais.

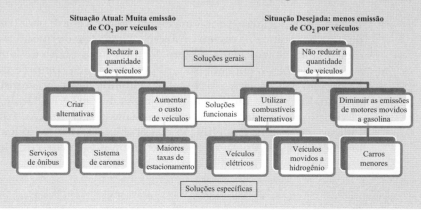

Quando o quadro estiver completo, o modo de verificar sua exatidão é determinar se as soluções gerais são mutuamente excludentes, as soluções funcionais são subconjuntos das soluções gerais e as soluções específicas são subconjuntos das soluções funcionais. Conjuntos de soluções devem então ser comparados nos níveis gerais, funcionais e específicos para se ter certeza de que eles possuem o mesmo grau de abstração. Por exemplo, um bom Diagrama de Duncker não traria resultado se as descrições no nível das Soluções Gerais fossem "Reduzir a quantidade de veículos" e "Aumentar a quantidade de pontos de ônibus". Quando agrupadas, elas não geram o leque de soluções alternativas, e qualquer afunilamento adicional de "Aumentar a quantidade de paradas de ônibus" pode levar a soluções específicas como "Adicionar uma parada na esquina da General Osório com Ataulfo Paiva" enquanto as soluções específicas de "Reduzir a quantidade de veículos" teriam um nível de abstração maior, como "sistemas de caronas".

CONCLUSÕES

A etapa de avaliação das necessidades e definição do problema de um projeto fornece a estrutura para o tipo de soluções propostas. Dedicação e tempo são necessários para definir o problema. Se não for feito com cuidado, projetos ficarão fracos, e sua implementação pode não ser aprovada e financiada. O projeto é uma via aberta, no sentido de que não existe um projeto ou solução correta para um problema. É normal que existam diversas soluções que cumpram pelo menos uma das necessidades dos clientes ou dos eleitores. É uma responsabilidade profissional do engenheiro civil realizar boas declarações de definição do problema como o primeiro passo na criação e avaliação de soluções alternativas.

RESUMO

Uma boa definição do problema é geralmente a chave para o desenvolvimento de uma boa solução para um problema. Uma série de questões deve ser respondida quando se realiza um projeto de infraestrutura. Na tentativa de responder a essas questões, o engenheiro civil produzirá uma compreensão do problema do projeto e se tornará mais hábil para identificar as características de um bom projeto. Em algum momento, o projetista deverá ser capaz de visualizar a ligação entre as necessidades do projeto e suas características. Podem-se usar métodos para auxiliar na definição dos problemas, mas métodos podem ter suas limitações ou exigências que os deixem um nível abaixo do ideal.

Análise das Necessidades e Definição de Problemas – Relatório 1 **123**

PALAVRAS-CHAVE

análises ambientais
audiências públicas
cliente
códigos
corporações sem fins
  lucrativos
definição do
  problema
diagramas Duncker

diagramas Por que
  – Por que
entidades do setor
  privado
grupos de interesse
  especial
leis
método de revisão
normas técnicas

órgãos públicos
parceria público-
  privada (PPP)
privatização
sociedades de
  economia mista
soluções funcionais
soluções gerais
verbas compatíveis

EXERCÍCIOS PARA DESENVOLVER HABILIDADES DE PROJETO

1. Use a matriz a seguir para identificar as interações entre as características de sistema de um automóvel com suas necessidades. Coloque um "X" no local em que achar que a característica de desempenho do sistema mostrada em uma linha irá afetar o cumprimento de uma necessidade relevante para você.

MATRIZ PARA EXEMPLO DE PROBLEMA – PROJETO DE RESERVATÓRIO

Características do sistema	Necessidades					
	Desempenho	Segurança	Saúde	Sustentabilidade e meio ambiente	Eficiência econômica	Aceitação
Km rodados anualmente						
Potência do motor						
Peso						
Quantidade de assentos						
Notas nos testes de batida						
Consumo estimado de combustível por km na estrada e dentro de cidades						
Distância de frenagem						
Confiabilidade						
Layout do painel e controles						
Visibilidade						
Sistema de som						
Sistema de controle climático						
Quantidade de materiais compostos utilizados na construção						
Estilo da carroceria (duas portas vs quatro portas)						
Estética da carroceria						
Valor de revenda em cinco anos						
Custos de consertos						
Valor de compra						

2. Usando a matriz preenchida, escreva uma declaração sobre o que seria um "bom" projeto para um automóvel que você gostaria de comprar. Tente limitar sua definição em três ou cinco combinações de características e necessidades.

3. Procure na Wikipedia o artigo "Port Authority of New York and New Jersey". Qual sistema de engenharia civil ele controla e opera? Como ele é administrado? Quem ele representa? Quem seriam seus eleitores? Que papel importante ele desempenha na história moderna?

4. Procure pelo artigo sobre Robert Moses na Wikipedia. Ele foi um engenheiro civil que recebeu educação formal e ganhou experiência? Que impacto ele causou na construção da infraestrutura de engenharia civil que atendeu à região da Grande Nova York? O que levou ao seu declínio?

5. Uma rodovia desenvolveu um número incomum de grandes buracos. O que estaria errado em resolver o problema simplesmente como "cubra todos os buracos"?

6. Considere que o software de inscrição nas matérias da sua universidade não permitirá que você se inscreva em uma matéria que você gostaria de cursar no próximo semestre. Quando você tenta se inscrever, ele avisa que a inscrição não é permitida. Prepare um Diagrama Duncker que descreva o problema e as ações possíveis que você poderia tomar, ou um Diagrama Por que-Por que, que descreva as possíveis razões.

CAPÍTULO

6

Definição das Metas de Projeto – Relatório 2

Objetivos

Após a leitura deste capítulo, você deverá ser capaz de:

- Apresentar as características de uma boa declaração de metas de projeto e recomendações de estilo de redação em sua preparação.

- Descrever a informação que deve ser incluída em cada uma das seis categorias de declaração das metas.

- Apresentar métodos de classificação e peso para as metas de projeto.

INTRODUÇÃO

Metas são afirmações explícitas do que um engenheiro espera ou precisa conseguir com o projeto, e concepções diferentes de projeto provavelmente irão cumprir metas em níveis diferentes. Declarações de metas são respostas cuidadosamente escolhidas para responder a pergunta: "O que o projeto tenta alcançar?". Mesmo que um engenheiro queira que um projeto cumpra todas as metas, raramente é possível, uma vez que muitos tipos de metas competem entre si por recursos. Por exemplo, é possível pavimentar rodovias com materiais que durarão 50 anos, mas o custo é muito alto. A meta de Desempenho pode ser muito bem cumprida, mas somente com o sacrifício da *eficiência econômica*, porque o uso de materiais com grande durabilidade significaria menos km pavimentados ou que outra característica do projeto teria de ser excluída para manter os custos dentro das restrições orçamentárias.

Para realizar rigorosas comparações de alternativas, é desejável formular metas de maneira que seja possível calcular a capacidade de cumpri-las. Isso torna plausíveis comparações numéricas de alternativas em relação à extensão do cumprimento das metas de cada alternativa. O cumprimento geral das metas pode ser calculado para cada alternativa e usado para comparar ou ranquear as alternativas e o projeto. O conjunto de metas, junto dos métodos para mensurá-las ou colocá-las em operação, abrange metade do **arcabouço de avaliação**. A outra metade do arcabouço de avaliação é composta pelos métodos utilizados para comparar alternativas.

À medida que o problema era definido na Etapa 1 (Capítulo 5), uma compreensão das características de um bom projeto se formava. A Definição de Problemas da primeira etapa indicou o que era importante ou necessário obter com o projeto e as restrições ou oportunidades que o terreno oferecia, e quais são as exigências legais. Durante a etapa de definição de problemas, o engenheiro civil também identificou as características ou funcionalidades de projeto que deveriam ser abordadas em um estudo de viabilidade. O engenheiro civil tentou identificar o que poderiam ser consideradas características de um "bom" projeto. Seis necessidades a que um projeto de sistema procura atender foram descritas rapidamente, mas foi apontado que a importância relativa das necessidades variaria de sistema para sistema e de local para local. As seis categorias de necessidades eram *desempenho, segurança, saúde, sustentabilidade e proteção ambiental, eficiência econômica e aceitação pública*.

FORMALIZANDO A DECLARAÇÃO DE METAS

Uma sugestão ao redigir as metas é deixá-las sucintas, relacioná-las a exigências importantes do projeto, usar conceitos que podem ser mensurados e usar palavras como "deve" e "pode" para distinguir entre as metas cujo cumprimento é necessário e aquelas cujo cumprimento é desejável, mas que possuem certa flexibilidade no cumprimento. O exercício de decidir pelo uso ou não de "deve" e "pode" traz à tona quais aspectos do projeto possuem raízes em exigências rígidas e quais aspectos permitem níveis variados de cumprimento. Em relação ao suprimento de água, por exemplo, a declaração de meta apropriada seria: "A água tratada DEVE atender aos padrões de qualidade atuais", e não "A água tratada pode atender aos padrões de qualidade atuais" ou "a água deve ser potável". Qualquer uma das duas últimas definições cria considerável espaço de indefinição no projeto, embora as entidades que aprovam o projeto pedirão apenas evidências de que a água tratada atenderá às exigências descritas em códigos e padrões atuais de qualidade da água. Por outro lado, em relação ao fornecimento de serviços de transporte, um objetivo apropriado é "Linhas e paradas de ônibus PODEM estar localizadas de forma a incluírem quantas áreas sejam possíveis, a uma distância de caminhada de 20 minutos". Uma vez que o fornecimento de serviços de transporte é custoso e não existe uma imposição de que toda residência deve estar a 20 minutos de uma parada de ônibus, a utilização da palavra "deve" não é necessária. Note que, em ambas as declarações aceitáveis de metas, é indicado um modo de mensurar seu cumprimento, ou a água atende aos padrões ou não (o resultado é 0 ou 1), e o número de residências a 20 minutos de distância de um ponto de ônibus pode ser estimado. Assim como com todos os aspectos do raciocínio crítico, o modo para desenvolver proficiência na criação de declarações de metas é a prática.

CARACTERÍSTICAS DAS METAS DE PROJETO

Métodos formais de comparação de alternativas utilizando medições de cumprimento de metas requerem que elas apresentem as seguintes características:

Quantificável

Deve existir um modo de associar um valor quantitativo (número) à extensão do cumprimento da meta ou um modo de gerar evidência de que a meta será atendida por um projeto. Em terminologia científica, a quantificação de uma meta é referenciada como **operacionalização**, o que significa definir como o conceito (neste caso, o cumprimento de meta) é realmente medido. Como exemplo, a meta de projeto pode ser projetar um prédio "atraente". Como isso poderia ser medido de tal forma que fosse possível determinar se a concepção de projeto A resultará em um prédio "mais atrativo" que a concepção de projeto B? Ou, se uma meta de projeto for "minimizar rupturas" na ecologia existente de um rio, como isso poderia ser medido? Trataremos mais sobre operacionalização adiante no texto. Quantificação é um conceito importante, extremamente relevante para o pensamento crítico. Além disso, órgãos governamentais destinam quantias significativas de financiamento para pesquisas desenvolvendo instrumentos de medição para o cumprimento de metas em projetos relacionados com a engenharia. Embora seja fácil pensar em conceitos que valorizem a medição, é mais desafiador e controverso operacionalizá-los. Um bom exemplo é o conceito de atratividade estética ambiental, a qual possui um forte apelo intuitivo. Entretanto, vem-se tentando desenvolver uma maneira de mensurar a estética há milhares de anos, e controvérsias sobre o que mensurar e como mensurar provavelmente continuarão existindo.

Independência

As metas devem ser **independentes** quando operacionalizadas de forma que medições específicas não sejam incluídas e comparadas repetidas vezes, o que tornaria a avaliação tendenciosa para as alternativas que cumprissem melhor essas determinadas metas do que as que não as cumprissem. Por exemplo, se uma delas for "proteção ambiental", e isso for medido pela "quantidade de espécies de peixes preservadas", e se "sustentabilidade" e "quantidade de espécies de peixes preservadas" forem utilizadas novamente como medida para o cumprimento da meta, então a preservação de espécies de peixe será contabilizada em duplicidade quando as alternativas forem comparadas, e isso pode influenciar as recomendações em favor dos projetos que preservem espécies de peixes. Seria melhor incluir a preservação de espécies de peixes em apenas uma das metas. Em outro exemplo, um problema de projeto pode requerer a construção de um muro de contenção por causa do solo instável em uma encosta que pode causar deslizamento se chuvas fortes ocorrerem. Supondo que a eficiência econômica esteja sendo avaliada e que uma das metas seja "minimizar os custos totais de construção", uma das opções pode ser projetar um muro de contenção com esculturas visualmente agradáveis para diminuir o impacto visual. Se o custo total da construção do muro incluir o custo das esculturas, então as esculturas impactarão no quão bem o projeto cumprirá esta meta. À medida que a qualidade e a aparência das esculturas melhorarem, o custo total do muro também poderá aumentar drasticamente, embora a engenharia básica do muro e seu desempenho não se alterem. Se uma segunda meta de eficiência econômica de um projeto for "minimizar o custo de tratamentos estéticos", o custo das esculturas será calculado duas vezes na avaliação dessa alternativa. Isso pode influenciar bastante os tomadores de decisão contra uma alternativa que possua as esculturas. Haveria menos influência na avaliação se os custos dos tratamentos estéticos fossem excluídos do custo total do muro e examinados apenas sob a ótica da meta de minimizar os custos estéticos.

Dentre os projetos de infraestrutura, metas com uma grande chance de ser contadas em duplicidade são as de segurança e sustentabilidade. Metas de segurança podem ser muito intrínsecas às normas de projeto sendo seguidos; desse modo, sua avaliação em separado pode resultar em dupla contagem. É provável que metas de sustentabilidade coincidam com metas ambientais, porque muitas metas de sustentabilidade dizem respeito ao meio ambiente. Preservação de espécies ou hábitats são indicadores de cumprimento de metas tanto de sustentabilidade quanto ambientais. Reduções da emissão de CO_2 afetam a ocorrência de mudanças climáticas, o que, consequentemente, também afetarão as metas de sustentabilidade e ambientais. Engenheiros devem decidir em qual categoria de metas eles desejam colocar aquelas metas contadas em duplicidade e incluí-las apenas uma vez no arcabouço de avaliação.

Generalidade

Para comparar criticamente as alternativas, deve ser possível aplicar as *mesmas* metas operacionalizadas a *cada* alternativa. De outra maneira, a comparação das alternativas seria tendenciosa, de acordo com a quantidade de metas usadas para avaliar a alternativa. Conjuntos de metas diferentes não podem ser usados para avaliar e comparar alternativas diferentes. Maçãs não podem ser comparadas a laranjas, a não ser que as mesmas características sejam mensuradas para ambas. A utilização de conjuntos de metas diferentes viola o conceito de **generalidade**. Metas devem ser gerais o suficiente para serem aplicadas a todas as alternativas avaliadas. Se um objetivo for muito específico, ele pode se aplicar a apenas um subconjunto de alternativas e incluir suas medições apenas para um subconjunto de alternativas que enviesará a avaliação.

Como exemplo, se uma meta de sustentabilidade do problema for a utilização de materiais locais, uma meta que se restrinja a "utilizar brita local para concreto" não poderia ser aplicada a alternativas que utilizem brita para mistura de asfalto. Seria melhor declarar a meta como "utilizar brita local"; assim, seria possível comparar todas as alternativas, incluindo as que utilizam asfalto. Em geral, quanto mais uma declaração de metas aponta para uma solução física em particular, com nível de detalhamento consideravelmente maior que a declaração de problemas, maior o risco de não ser aplicável ao conjunto completo de alternativas. Em outras palavras, metas estritamente definidas tendem a resultar em um conjunto de alternativas (soluções potenciais) que exibam pouca variação entre elas. Usando o exemplo anterior, a meta de "utilizar brita local para concreto" pode resultar em um conjunto de soluções apresentando apenas concreto, e nenhum outro material que pudesse utilizar a brita local, como asfalto. Se, como resultado da informação gerada durante a definição dos problemas, a equipe de projeto estiver certa de que as únicas soluções aceitáveis são as que envolvem tipos específicos de solução, como concreto, então pode ser aceitável usar a declaração mais estrita de metas: "utilizar brita local para concreto". Todavia, mesmo nesse caso, as palavras "para concreto" poderiam ser omitidas da meta sem afetar a comparação.

Não é necessário para cada alternativa de projeto cumprir cada uma das metas declaradas do projeto. Elas devem ser definidas de tal maneira que seja possível para uma alternativa obter zero no cumprimento da meta, contanto que isso não desequilibre a comparação de alternativas. Utilizando o exemplo anterior, se uma das metas do projeto for "utilizar brita local para concreto", então qualquer projeto que utilize asfalto, e não concreto, receberá zero nessa meta. Isso seria aceitável desde que não favorecesse apenas os projetos com concreto na comparação, levando à rejeição de projetos que merecessem implementação, mas indicassem a utilização de asfalto. Caso seja necessário ter uma declaração de metas que especifique o uso de concreto e que seja notório que isso desequilibraria a comparação e resultaria na eliminação de outras boas alternativas, pode ser preferível fragmentar as metas de algum modo e ter metas separadas, que tratem da "utilização de asfalto", "utilização de concreto" e "utilização de brita local". Uma solução melhor ainda poderia ser reescrever a meta para "uso de materiais que minimizem a pegada de carbono" e permitir que o concreto concorra diretamente com o asfalto na avaliação de alternativas.

Metas hierárquicas

Metas de projeto precisam ser desenvolvidas em um nível de especificação e detalhamento concomitante com o nível de detalhamento do projeto. Este é o conceito de **metas hierárquicas**. Os níveis na hierarquia são formados por **metas gerais**, **metas específicas de projeto** e **especificações**. A cada nível, de cima para baixo, um projeto aumenta seu detalhamento, e as soluções ficam mais próximas dos requisitos para sua implementação. Lembre-se de que, na planta de construção, devem existir poucas opções de projeto a serem ainda escolhidas. No nível mais alto da hierarquia, sistemas de engenharia civil são projetados para cumprir seis categorias principais de **metas gerais**: **desempenho, segurança, saúde, sustentabilidade e proteção ambiental, eficiência econômica** e **aceitação pública**. Essas são categorias abstratas, e metas devem ser especificadas em cada categoria em um nível maior de detalhamento.

Metas específicas de projeto, representando o segundo nível hierárquico, devem ser desenvolvidas. É neste nível que as exigências de projeto relacionadas com o tipo particular de sistema de infraestrutura aparecem e são importantes em estudos de viabilidade. Metas específicas de projeto têm relação com o tipo particular de sistemas de infraestrutura projetado e normalmente serão diferentes para categorias diferentes de sistemas de infraestrutura. Exemplos que podem ser citados são: a demanda do volume de água a que um sistema de suprimento de água deve atender, o número de viagens por veículo que um sistema de transporte deve gerenciar, o volume de água que deve ser contido por um sistema de gerenciamento de águas pluviais ou o volume de resíduos que deve ser manejado por um sistema de gerenciamento de resíduos líquidos.

O primeiro passo em operacionalizar metas específicas de projeto é criar definições mais precisas, que mostrem aspectos mensuráveis do projeto, mas que ainda se atenham ao conceito que define a categoria geral. Por exemplo, se segurança for uma categoria geral, então uma meta específica poderá estar relacionada com o número de acidentes por veículo ou mortes por veículo. Declarações de metas específicas de projeto geralmente contêm palavras relevantes para o tipo de sistema sendo projetado e podem não se aplicar a outros tipos de sistema. Por exemplo, as metas específicas de projeto para sistemas de transporte podem levar em conta o tempo de viagem e velocidade, enquanto as metas específicas para tratamento de resíduos podem tratar das características de qualidade dos afluentes.

O desenvolvimento de metas específicas de projeto requer conhecimento prévio sobre o sistema, componente ou processo em projeto. Operacionalização é importante porque a avaliação de alternativas envolve a mensuração do quão bem cada alternativa considerada cumpre cada uma das metas específicas de projeto aplicadas àquele tipo particular de sistema. Se a mensuração não for possível, o engenheiro deve ser capaz de gerar evidências de que há uma tentativa de se cumprir a meta.

No terceiro nível de hierarquia estão as **normas de projeto** utilizadas durante a fase de concepção, as quais podem descrever com detalhes os meios de cumprir as metas específicas do sistema, incluindo a abordagem teórica geral de projeto, as premissas que devem ser assumidas, os métodos de análise e as fórmulas que podem ser utilizadas e as funcionalidades de projeto que devem ou podem estar presentes. As normas de projeto geralmente descrevem as exigências de desempenho, segurança, saúde e proteção ambiental. Todas as alternativas devem atender às normas de projeto exigidas por lei, o que limita o leque de alternativas que podem ser consideradas. O escopo de cada norma usualmente é limitado a um tipo específico de sistema de infraestrutura, como rodovias, aparelhos de controle de tráfego, sistemas de suprimento de água, sistemas de gerenciamento de resíduos, prédios com estrutura de aço, com estrutura de concreto e pontes, ou a tipos específicos de materiais de construção, como concreto ou asfalto. Um modo de gerar evidências de que se cumprirão as metas específicas do projeto é indicar as normas de projeto que serão seguidas.

Uma vez que o projeto estiver completo, ele precisa ser comunicado graficamente e verbalmente. **Especificações de projeto** representam o quarto nível de hierarquia, consistindo em documentos descrevendo, com alto nível de detalhes, as dimensões, materiais e outros itens incluídos em um contrato de construção do projeto. O projeto deve cumprir todas as metas especificadas no primeiro e segundo níveis, além de seguir as normas de projeto exigidas no terceiro nível. As especificações de projeto em si representam as metas a serem cumpridas durante a construção e, havendo permissão para qualquer variação durante a construção, isso deve estar registrado nos documentos de especificação e nos desenhos que os acompanham.

CATEGORIAS DE METAS GERAIS DE PROJETO

Neste tópico, que foca o planejamento e projetos preliminares, apenas metas gerais e específicas de projeto serão discutidas, sem muitos detalhes. Nas próximas seções, as seis categorias gerais de metas serão descritas de forma abrangente, e importantes características das metas específicas de projeto, operacionalizadas sob cada uma, serão apresentadas.

Metas de desempenho

Metas de desempenho se preocupam com os rendimentos físicos básicos de um sistema, componente ou processo. Elas refletem as razões fundamentais para implementação do sistema. Para auxiliar na identificação de metas de desempenho, as perguntas apropriadas são: "O que o sistema supostamente deve realizar? Quais as razões para sua existência? O que define a qualidade do desempenho do sistema em relação a essas razões?". *Projetos da maioria dos sistemas de engenharia civil têm base em estimativas dos valores de pico que ocorrem em determinados períodos ou condições. Os sistemas devem suportar cargas ou demandas de pico sob condições normais e, às vezes, cargas acima dos valores de pico na ocorrência de eventos com baixa probabilidade, como terremotos, tsunamis, furacões e outras condições climáticas extremas, mas que podem causar grande impacto, danos significativos, acidentes ou mortes. Metas de desempenho geralmente refletem necessidades de períodos de pico ou cargas extremas surgidas durante a utilização normal.* A razão que justifica a construção do sistema normalmente está relacionada com a necessidade de processar ou acomodar determinado volume de demanda, suportar um peso específico ou disponibilizar certa área coberta de espaço livre.

As metas de desempenho do planejamento de uso de um terreno consistem em medições relacionadas com a alocação de áreas do terreno para usos específicos, as diferentes utilizações de terreno no mesmo local, a densidade do desenvolvimento, a porção de terreno ocupada, a qualidade dos arredores, a preservação de áreas sensíveis e a compatibilidade das utilizações de terrenos adjacentes. No que diz respeito a sistemas de transportes, as metas específicas de projeto são acomodar ou encarregar-se de certa quantidade de veículos ou

132 Introdução à Engenharia Civil

pessoas em certo período, facilitar a movimentação em uma velocidade desejada e unir locais distantes geograficamente. Para sistemas de gerenciamento de águas pluviais, a principal meta de desempenho é coletar, transferir e se desfazer de dado volume de água da chuva, geralmente gerado pelo temporal estimado durante o processo do projeto. Questões ambientais relacionadas com o sistema de gerenciamento de água pluvial também podem incluir minimizar a perda do solo por erosão, assim como a prevenção de ocorrências de carreamento de substâncias tóxicas pela água da chuva para um rio ou um lago. Para sistemas de suprimento de água, as metas específicas de projeto são prover um volume específico de água em certo período, com certas características (qualidade da água), por uma pressão mínima. Sistemas e processos de gerenciamento de resíduos devem ser projetados para manipular quantidades ou volumes estimados de resíduos em determinados períodos para garantir que o produto ou resíduos finais gerem um dano mínimo ao meio ambiente. As metas de desempenho de projetos estruturais buscam garantir a quantidade desejada de espaço aberto interior utilizando pisos e paredes, com o objetivo de suportar as cargas esperadas. Necessidades de espaço podem existir tanto na direção vertical quanto na horizontal.

Pontes e viadutos são uma categoria especial de estrutura, que deve suportar a carga de veículos em movimento e de pedestres passando sobre obstáculos como água e vales. Os projetos de pontes devem prover espaço livre adequado sob elas, aguentar o impacto de objetos que possam atingir seus pilares, suportar vibrações, atender às exigências sísmicas e ter uma ancoragem firme ao solo, dentre outros objetivos. Para sistemas geotécnicos, as metas de desempenho são suportar cargas determinadas em direção à terra ou prevenir o deslizamento de taludes. Projetos de fundação devem garantir que o solo sobre o qual a estrutura distribui seu peso não seja comprimido ou movimentado de maneira que resulte em dano à estrutura. Metas sísmicas de desempenho precisam ser definidas de forma a reconhecer que, embora a movimentação do solo e de rochas possa vir a ocorrer, devem ser minimizados os danos à estrutura e a seus usuários.

A declaração de metas deve deixar claro como o cumprimento das metas de desempenho para o projeto será medido (operacionalização). Por exemplo, se uma meta específica de projeto é suportar determinado volume demandado, a demanda deve ser calculada e incluída na declaração. A declaração de metas para um sistema de transporte deve dizer quantas pessoas ou viagens precisam ser atendidas nos períodos de maior congestionamento da rede. Se a meta de uma rede for conectar dois pontos separados geograficamente, suas localizações e um modo que sugira como mensurar a qualidade dessa conexão (tempo de viagem, por exemplo) deverão ser especificados. Uma estimativa do volume de resíduos a ser processado deve ser incluída na declaração de metas de um sistema de gerenciamento de resíduos. As normas aplicáveis de qualidade da água devem ser mencionadas na declaração de metas para um sistema de suprimento de água, junto com o volume de água que precisa ser fornecido. A frequência e o intervalo de recorrência entre chuvas fortes devem ser incluídos na meta de desempenho para um sistema de gerenciamento de águas pluviais. A magnitude do terremoto que a estrutura deve ser capaz de aguentar precisa ser especificada. Quanto mais tempo for dedicado à operacionalização de uma meta de desempenho, mais bem compreendido estará o problema de projeto.

Metas de desempenho também podem se relacionar com a confiabilidade do sistema, a durabilidade dos materiais usados ou a utilização de componentes padronizados. A confiabilidade é importante para todos os sistemas, mas especialmente para os de transporte e de produção de energia. Nos sistemas de transporte, a confiabilidade está ligada à segurança, uma vez que falhas podem levar a condições não confiáveis. A confiabilidade pode ser mensurada pela porcentagem de tempo em que o sistema funciona corretamente e atendendo às suas metas básicas de desempenho. Avarias em componentes críticos para o desempenho reduzem a confiabilidade. Sistemas de transporte público devem prover o serviço de acordo com o cronograma operacional previsto, entre 98% e 99% das vezes. Sistemas de sinalização de tráfego devem funcionar corretamente quase 100% do tempo.

A durabilidade pode ser obtida pela quantidade e pelos tipos de materiais utilizados. Quanto menor a durabilidade, mais frequentemente será necessária a manutenção para substituição dos materiais. Isso pode aumentar o custo da operação, assim como reduzir a confiabilidade. O custo de operação e a necessidade de substituição dos materiais de construção afetam os custos do ciclo de vida.

Usam-se partes padronizadas em muitos componentes de sistemas de engenharia civil, como bombas, válvulas, canos, estruturas de aço e madeira, fixadores, sinais de trânsito, marcações de estradas e placas, grades de proteção, tampas de bueiro e postes de luz. Normalmente, os engenheiros civis consultam catálogos fornecidos pelos fabricantes para selecionar o componente adequado para um determinado projeto. Os engenheiros civis não projetam muitos componentes como esses; o seu custo de projeto e fabricação seria proibitivo. O desempenho do sistema depende da qualidade dos componentes selecionados pelo projetista.

Metas de segurança

Metas de segurança se referem a eventos súbitos, que causem fatalidades ou danos e tenham relações causais relativamente claras com o projeto; elas merecem uma categoria separada das metas gerais. Muitas normas de projeto possuem exigências de segurança incorporadas, e muitas questões de segurança podem ser abordadas seguindo as normas técnicas de projeto. O descumprimento de normas legais de projeto existentes resultará na reprovação do projeto pela entidade responsável. As normas técnicas são alteradas quando ocorrem eventos trágicos não esperados e **estudos periciais** (que determinam as causas do ocorrido) indicarem que vidas poderiam ter sido salvas se as normas de projeto fossem diferentes. A análise de eventos como incêndios, colapsos estruturais, tsunamis, terremotos e ataques terroristas tem levado a reavaliações e modificações em normas técnicas de projeto.

A movimentação de pessoas a pé ou em veículos sempre envolve riscos e suas consequências – mortes e ferimentos. Órgãos de engenharia responsáveis pela segurança no transporte nas esferas federal, estadual e municipal realizam estudos de acidentes e revisam as práticas de projeto para identificar modos de melhorar a segurança no transporte. Contudo, em alguns casos, as normas de projeto podem não cobrir todas as potenciais situações de perigo, e o engenheiro do projeto deve se manter vigilante. Podem ocorrer condições ou eventos não previstos pelas normas de projeto. Exemplos incluem sistemas de transporte utilizados por veículos transportando substâncias perigosas, sistemas que poderiam se tornar alvos para ataques terroristas ou o despejo de substâncias novas e potencialmente perigosas resultantes de um processo de fabricação. Quanto menos exemplos existirem da estrutura sendo projetada (quanto menor a experiência com projeto do sistema), menor será a possibilidade de existência de normas de projeto e maior terá de ser a atenção em relação às questões de segurança. Instalações singulares dedicadas ao armazenamento ou manipulação de substâncias extremamente perigosas merecem atenção especial; isso inclui galpões de munição e explosivos, campos militares de tiro, instalações nucleares de vários tipos e prédios para o processamento e armazenamento de produtos químicos.

Para determinar se uma questão de segurança, não abordada adequadamente por normas técnicas existentes, deve ser tratada como uma meta específica de projeto, três fatores devem ser considerados: primeiro, qual é o **evento** em questão; em segundo lugar, qual a **probabilidade** de sua ocorrência; e, por último, qual é o **impacto** da sua ocorrência. Esses três elementos determinam a magnitude do **risco**, igual à *probabilidade vezes impacto*. Se o risco for alto o suficiente para ser uma preocupação, então uma meta de segurança específica de projeto deve ser definida para tratar da prevenção ou redução de seu impacto, caso aconteça.

Existem quatro maneiras pelas quais os engenheiros normalmente incorporam segurança a projetos: utilização de **fatores de segurança**, **métodos probabilísticos de projeto**, incorporação de **sistemas de backup** e **sistemas redundantes**. *Fatores de segurança* são valores de majoração usados para aumentar cargas e dimensões estimadas ou tensões calculadas no projeto, considerando certa quantidade de erros possíveis nas pressuposições de projeto. Por exemplo, cargas ou tensões estimadas podem ser multiplicadas por 2 quando da realização do projeto. As razões para se fazer isso estão relacionadas com potenciais fontes de erros nas estimativas devido a falhas na teoria, suposições incorretas ou erros na construção. Em outro exemplo, o cálculo da distância segura de frenagem presume que os freios sejam acionados dentro de determinado tempo e que os sistemas mecânicos no veículo brequem em uma dada taxa de desaceleração. As duas premissas podem ser violadas em situações práticas de frenagem, e um fator de segurança pode ser usado para levar em conta casos extremos. Um projeto estrutural pode presumir a carga de um andar de acordo com a utilização esperada do prédio, mas um locatário pode querer utilizar o prédio para propósitos que superariam as cargas pressupostas pelo projetista. Se um fator de segurança for inserido no projeto, o prédio pode aguentar uma carga maior por andar com maior segurança. Fatores de majoração iguais ou superiores a 2 podem ser usados para dobrar a resistência de uma viga ou um pilar em um projeto, o que resultaria em um superdimensionamento, mas com uma probabilidade muito pequena de falha catastrófica. Exemplos de erros em construção incluem o uso de materiais que não possuem as resistências especificadas ou possam conter erros de fabricação.

Os fatores de segurança normalmente resultam em projetos mais robustos que podem, em alguns casos, representar um superdimensionamento. O *projeto probabilístico* leva em conta as reais probabilidades de a carga exceder determinados níveis, e pode resultar em dimensionamentos mais conservadores. Diâmetros menores em canos ou seções transversais menores de peças estruturais podem ocorrer com mais frequência que quando fatores de segurança são usados. Métodos probabilísticos são utilizados em projetos de sistemas de gerenciamento de águas pluviais ou projetos sísmicos. Um projeto probabilístico também é usado para estruturas que devem ser extremamente leves ou eficientes, como aeronaves.

Sistemas de backup atuam como sistemas substitutos no caso de falha do sistema principal, mas os sistemas de apoio podem operar em um nível inferior aos dos sistemas originais. O conceito normalmente envolve organizar sistemas em série; se o componente principal falhar, haverá outro sistema substituto pronto para ser ligado. Estações de bombeamento de água podem ter sistemas de bombas de apoio e geradores de energia.

O princípio de *sistemas redundantes* baseia-se no arranjo de sistemas em paralelo, de forma que, se um componente falhar, um substituto estará disponível para suportar o aumento na carga. As redes de distribuição de água são formadas por laços para o caso de, se uma das seções do laço falhar, a água ainda possa ser fornecida, embora talvez seja encaminhada no sentido contrário dentro do laço. A pressão da água no início do laço garante que a água irá fluir. Muitas dessas soluções para potenciais problemas de segurança também podem aumentar a confiabilidade do sistema. O conceito de um **projeto à prova de falhas** significa que, quando ocorre uma falha, o sistema a reverte para uma condição segura. Quando ocorrem falhas em sinais de trânsito, a luz vermelha acende em todas as direções, exigindo que todos os veículos parem. Se a luz vermelha não acendesse em todas as direções, os veículos continuariam seus percursos e provavelmente ocorreriam batidas.

Três categorias gerais de preocupações de segurança examinadas por juntas de litígio são: (a) **perigos inerentes ao projeto**; (b) **defeitos de construção**; e (c) **mau uso durante a ocupação.** *Riscos inerentes ao projeto* envolvem falhas na avaliação e compreensão por parte do engenheiro responsável sobre como o projeto irá funcionar concretamente. Por exemplo, erros em suposições, em modelos matemáticos, em dados coletados para ajudar no projeto ou falha no discernimento ao projetar que resulte em um projeto que cause acidentes ou fatalidades quando o sistema for usado da forma prevista. Uma maneira de minimizar a possibilidade de riscos inerentes ao projeto é seguir as normas de projeto, mas isso nem sempre pode ser suficiente para gerar um projeto seguro em todas as situações possíveis. Se o sistema for único ou incorporar novas tecnologias, alguns dos potenciais riscos inerentes ao projeto poderão não ter sido identificados ainda. As normas passam por revisões e atualizações constantes para refletir novos riscos descobertos, mas isso normalmente ocorre após um evento. Eventos extremos provocados por explosões, incêndios e intempéries podem mostrar falhas no projeto. Se os projetistas do World Trade Center tivessem alguma suspeita de que seus prédios poderiam ser alvos de um ataque terrorista, eles provavelmente teriam adotado concepções diferentes de projeto ou incorporado características adicionais ao projeto para reduzir

136 Introdução à Engenharia Civil

a probabilidade de um colapso estrutural. Quando as normas técnicas não cobrem todos os possíveis aspectos do projeto, o engenheiro responsável deve ir além da norma e tentar conceber cenários reais que poderiam resultar em acidentes ou morte.

Defeitos de construção ocorrem quando o sistema não é construído de acordo com os planos e especificações. Se o concreto utilizado não atender às especificações ou os parafusos de aço não forem colocados nos lugares ou nas quantidades indicadas, isso pode colocar em risco a segurança. Inspeções podem encontrar muitos defeitos visíveis em construções, mas outros podem estar ocultos nos materiais utilizados. Testes de resistência e qualidade dos materiais utilizados em uma construção foram padronizados e normatizados, além de serem realizados durante a construção para certificar que aqueles utilizados possuem as características assumidas quando o projeto foi elaborado. Após a construção da estrutura, mas antes da sua ocupação para uso, ela deve receber um **certificado de ocupação** (um "habite-se") da agência responsável pela inspeção de estruturas e verificação de que as normas foram seguidas. Normas de incêndio e de construção são estabelecidas para atender às necessidades públicas de segurança em relação à ocupação.

Mau uso durante a ocupação ocorre quando um sistema é utilizado para algum propósito além daquele para o qual foi concebido. Podem-se citar como exemplos a utilização de canais por pedestres ou crianças em alguma atividade recreativa, pessoas desabrigadas dormindo no vão de pontes, rachas entre automóveis em áreas residenciais, despejos de lixo em reservatórios contendo água potável e descarte de produtos químicos ou com risco biológico sem tratamento no sistema de esgoto. Cercas, placas de aviso e de esclarecimento público podem ser usados para avisar a população desses perigos e desencorajá-la do uso inadequado dos sistemas. Um modo efetivo de prevenir os desabrigados de dormirem debaixo de uma ponte é projetar taludes com inclinação contínua para evitar que existam plataformas horizontais que possam ser utilizadas.

Metas sanitárias

Muitas metas ambientais também coincidem com **metas sanitárias**. A poluição do ar, da água e do solo apresentam **riscos de saúde** para os seres humanos e ecossistemas. Pode-se argumentar que manter a saúde de pessoas pode ser considerado um elemento de sustentabilidade, uma vez que custos elevados de saúde no presente podem reduzir os recursos fiscais disponíveis para as futuras gerações, e problemas de saúde podem reduzir a produtividade dos indivíduos, o que também pode impactar as gerações futuras. A maioria das jurisdições possuem **leis de saúde pública** que afetam o projeto e a operação de sistemas de engenharia civil.

Muitos tipos de poluição resultantes da operação de um sistema de infraestrutura podem afetar a saúde. Contudo, nem todas as causas de uma questão de saúde podem ser aparentes. O mecanismo responsável pode ser incerto, e problemas de saúde podem levar anos para se desenvolver. Estudos científicos precisam ser conduzidos para estabelecer o papel relativo de diferentes fatores causais suspeitos.

A poluição do ar afeta muitas pessoas com problemas respiratórios. O uso de combustíveis fósseis para transporte, aquecimento e fins industriais resulta em uma variedade de poluentes lançados na atmosfera. Muitos poluentes atmosféricos irritam o revestimento do sistema respiratório humano e aumentam a severidade de doenças, como enfisemas e asma, que podem levar ao óbito. Leis e Planos sobre qualidade do ar ditam metas de poluição do ar para vários poluentes comuns. As metas normalmente se aplicam a regiões inteiras ou a locais específicos, em vez de infraestruturas específicas. Leis exigem o controle de poeira em canteiros de obras, o que está relacionado tanto com a poluição do solo quanto do ar, embora seja vista principalmente como poluição do ar.

Várias cidades nos Estados Unidos (Pittsburgh e Los Angeles, entre elas) limparam com sucesso o ar em suas áreas, e sua qualidade atual melhorou consideravelmente quando comparada com a década de 1950. Projetos que reduzem o volume de poluentes lançados na atmosfera auxiliam metas de sustentabilidade porque ajudam a preservar a saúde dos seres humanos, o que torna a vida nas cidades mais atrativa. Controle de emissões em veículos e usinas de energia trouxeram melhorias significantes para a qualidade do ar em áreas urbanas. A conversão do aquecimento doméstico e prédios comerciais de carvão e óleo para gás natural também ajudou a reduzir a poluição. Embora os fatores responsáveis pela qualidade do ar sejam complexos, a topografia e clima locais desempenham importantes papéis. Transportes alternativos minimizam congestionamentos, e o tempo que veículos passam parados contribui para melhoria da qualidade do ar. Sistemas de geração de energia que utilizem recursos renováveis, como vento, luz solar ou energia geotérmica, também contribuem para uma qualidade melhor do ar.

Mau gerenciamento de resíduos podem ser os fatores causadores de doenças transmitidas pela água, quando os organismos que as causam não são removidos ou neutralizados antes que os resíduos sejam despejados em um corpo d'água. Poluição hídrica possui fortes ligações com doenças transmitidas pela água que assolaram civilizações por séculos, até a invenção de métodos efetivos para o tratamento da água. Água de refugo pode conter substâncias químicas ou outros componentes causadores de problemas de saúde. Reservatórios de água potável devem atender a padrões de qualidade que protejam a saúde dos usuários, e processos industriais podem demandar água livre de certos minerais. Existem leis e padrões de qualidade tanto para água de refugo quanto para a potável.

Resíduos sólidos podem atrair roedores e outras pestes que servem de vetores para doenças transmissíveis. Leis e orientações especificam como aterros sanitários devem ser cobertos com terra e como a água gerada por eles deve ser removida e tratada (**chorume**). Problemas de saúde associados à poluição do solo têm sido alvo de leis e programas que se aplicam ao funcionamento de aterros. Existem programas para eliminar os riscos de saúde associados à reutilização de terrenos com solos contaminados por lixos tóxicos. O descarte de lixo radioativo na terra é delimitado por exigências legais, e existem leis que versam sobre o descarte de materiais com riscos biológicos. Normalmente, riscos biológicos são tratados com incineração, em vez do sepultamento dos resíduos. Mas a possibilidade de poluição do solo proveniente do enterro de material biológico de risco precisa ser considerada. Poluição sonora também existe. Ela pode dificultar o sono e contribuir para problemas relacionados com o estresse. Existem diretrizes para medição do barulho de uma área e projetos de infraestruturas que reduziriam seu impacto.

Uma nova área de pesquisa está surgindo e seu foco de estudo se refere à ligação entre o projeto de uma comunidade e a incidência de patologias relacionadas com a falta de exercícios. As patologias de maior interesse são obesidade e doenças cardiovasculares. A lógica por trás dessas pesquisas é que, se comunidades não criam oportunidades para exercícios, como caminhadas ou outras atividades esportivas mais intensas, é mais difícil para as pessoas as procurarem voluntariamente, e isso as coloca sob um risco maior. Assim como em pesquisas médicas que focam a relação entre fatores ambientais e doenças, é difícil estabelecer uma relação clara de causa e efeito entre o projeto de uma comunidade e patologias relacionadas com a falta de exercício.

Metas de sustentabilidade e proteção ambiental

Conceitos importantes relacionados com **metas de sustentabilidade e proteção ambiental** foram discutidos no Capítulo 2, e muitas das ideias expostas podem ser aplicadas no desenvolvimento da declaração de metas. Revisando, as metas mais importantes de sustentabilidade estão relacionadas com o consumo de energia e mudança climática devido à produção de CO_2, aos efeitos da mudança climática na economia humana e nos ecossistemas, à perda de importantes recursos não renováveis, como perda de solo por erosão, o esgotamento de fontes de água e a perda de hábitats e biodiversidades em ecossistemas. Preservação e reciclagem são metas comumente declaradas, relacionadas com a sustentabilidade. Pegadas de carbono e análises de ciclo de vida são dois conceitos que possuem aplicação abrangente na mensuração de metas de sustentabilidade. Perdas econômicas causadas por tempestades ou inundações também estão relacionadas com a sustentabilidade porque representam perda de dinheiro e, possivelmente, de vidas.

Metas de proteção ambiental e de saúde se sobrepõem. Poluição da água é resultante do despejo de substâncias nocivas e tóxicas, o que reduz a biodiversidade; a poluição alterará ecossistemas e possivelmente trará riscos aos seres humanos. Muitos processos naturais de decomposição na água utilizam oxigênio, e a disponibilidade de quantidades adequadas de oxigênio dissolvido na água é peça fundamental para a qualidade da água. Processos químicos e biológicos podem ser usados para tratar resíduos em estações de tratamento antes do despejo em corpos d'água. Resíduos devem atender às exigências específicas antes que possam ser descartados no ambiente. Sedimentos também podem ser uma forma de poluição quando consomem oxigênio e bloqueiam a passagem de luz solar necessária para processos naturais de decomposição.

A proteção da qualidade ambiental é uma importante meta de projeto no descarte de resíduos sólidos. Contaminação do solo ocorre quando há o despejo de substâncias perigosas ou tóxicas na terra, mas ele não permanece isolado, se dispersando pela área, normalmente, via lençóis freáticos. A contaminação do solo também pode ocorrer quando os materiais não são tratados corretamente antes de serem descartados. Projetos de aterros sanitários se utilizam de loteamentos e revestimentos para limitar o movimento em direção ao lençol freático. Muitas substâncias questionáveis são jogadas em aterros quando equipamentos, materiais de construção e lixo doméstico são descartados. Reciclagem e reúso oferecem alternativas aos aterros, mas deve existir uma demanda comercial para os materiais reciclados e reusados para que esses conceitos funcionem. Parte da solução é ter meios economicamente eficientes para separar e transportar o lixo para um local no qual possa ser processado. Entretanto, leis atuais são um tanto vagas em relação à utilização do solo para o despejo de substâncias que não poderiam ser descartadas de outra maneira. Existe pouco que se possa fazer para impedir uma pessoa de cavar um buraco, despejar ali o lixo e cobri-lo de terra. Sabe-se pouco sobre como diferentes resíduos interagem em aterros para produzir novas substâncias tóxicas e quais os problemas de saúde que essas substâncias podem causar no longo prazo.

Metas de conservação estão presentes na categoria geral de sustentabilidade. Quando a quantidade de qualquer recurso necessário para sobrevivência se torna limitada até o ponto em que a demanda exceda a oferta, pode se tornar necessário **conservar** o recurso. Quando a oferta se torna limitada em relação à demanda, o preço pelo qual o item é comercializado pode aumentar, normalmente de maneira muito drástica. Uma vez que comunidades e nações dependem de vários recursos para produzir os bens necessários, a sustentabilidade exige que recursos necessários se mantenham disponíveis em quantidades adequadas para as gerações futuras. Recursos fundamentais seriam comida, energia, água e substâncias retiradas do solo, necessárias para produzir os produtos que constituem a base econômica de uma nação. Desses recursos, reservas de água são de extrema importância para a sociedade. A vida não pode se sustentar sem água, e não há substitutos para ela. Desenvolver e garantir fornecimentos adequados de água é uma das importantes preocupações de cidades localizadas em regiões nas quais secas possuem grande chance de ocorrer, ou nas quais se projete que o aumento de demanda por água excederá as fontes atuais de oferta. Algumas indústrias, como a agricultura, dependem de uma grande oferta de água. Ainda que a água esteja disponível em regiões remotas, é provável que construir nesses pontos e transportar a água para onde ela é necessária será dispendioso. Projetos de infraestrutura que conservem a água utilizada podem ser importantes para o cumprimento das metas de sustentabilidade. Em uma região que esteja enfrentando escassez no suprimento de água, talvez seja necessário criar metas específicas de projeto no campo da conservação de água.

Conservação de energia pode ser realizada de várias maneiras, todas com relevância para a sustentabilidade. A pegada de carbono é um produto da produção de energia que utiliza combustíveis fósseis. Existem tecnologias alternativas para produção de energia, embora algumas tecnologias sejam mais caras. Existe uma forte pressão econômica para se produzir energia da forma mais barata possível e, atualmente, as tecnologias que utilizam combustíveis fósseis oferecem vantagens financeiras. Políticas e incentivos atuais exigem a instalação de dispositivos de controle de poluentes e o uso de combustíveis fósseis "limpos", que reduzem a quantidade de poluentes e emissões de CO_2. Algumas dessas exigências são adicionadas aos custos para se produzir energia a partir de combustíveis fósseis. Para que ocorra uma transição, a tecnologia para produção de energia via fontes alternativas renováveis deve avançar até o ponto que possa competir efetivamente com combustíveis fósseis. É possível que, se a tecnologia de energias renováveis for desenvolvida até o ponto que seu custo se torne mais barato por unidade que a energia produzida por combustíveis fósseis, a demanda por energia suba, e mais energia seja consumida.

Uma vez que grandes pegadas de carbono estão associadas à produção de energia a partir de combustíveis fósseis, é atualmente desejável desenvolver projetos que utilizem menos energia como meio de reduzir as pegadas de carbono, tanto primária quanto secundária. Conservação de energia é, portanto, uma meta especial de projeto que auxilia no cumprimento das metas de sustentabilidade. Embora isso se aplique a sistemas de engenharia civil que consomem energia produzida por combustíveis fósseis, possui uma relevância especial em sistemas de transporte e na iluminação, aquecimento e refrigeração de construções. Para sistemas de transporte, as pegadas de carbono primárias são de grande importância, já que o deslocamento de pessoas para ir e voltar do trabalho consome grandes quantidades de combustíveis fósseis. Pegadas de carbono secundárias podem ser inevitáveis, uma vez que não existem bons substitutos para concreto, asfalto e aço em projetos rodoviários. Em projetos estruturais, tanto as pegadas primárias quanto as secundárias são importantes. A primária é determinada pelos custos de **aquecimento, ventilação e ar condicionado (AVAC)** e de iluminação. Isso pode sugerir metas específicas de projeto que possuam ênfase na conservação de energia por meio de solução AVAC e de iluminação, além da orientação de aspectos estruturais, considerando a insolação do terreno. A secundária é determinada pelos tipos de materiais de construção utilizados. Projetos com certificação LEED podem ser utilizados.

Para o abastecimento de água potável e sistemas de gerenciamento de resíduos, pegadas secundárias são dominantes, uma vez que pouco ou nenhum combustível fóssil é utilizado quando residências utilizam a água ou jogam fora o lixo. Quase toda a energia usada envolve a construção, seguida pelo tratamento e bombeamento da água e descarte do resíduo. Contudo, aterros sanitários podem produzir metano, um dos gases do efeito estufa ligados à mudança climática. Para o controle no escoamento da água da chuva e de enchentes, quase toda energia consumida se dará na construção do sistema, e os custos de bombeamento dependerão da topografia e da frequência e duração dos temporais. A pegada de carbono de sistemas geotérmicos envolve principalmente a etapa de construção, mas a degradação do solo pode ocorrer tanto durante a construção quanto na utilização do sistema.

Estações de geração de energia produzem tanto pegadas primárias, quando a energia é utilizada por residências, quanto secundárias, quando utilizada na produção de bens. Uma grande parte da energia produzida é usada diretamente no consumo doméstico e resulta em uma grande pegada de carbono; entretanto, mais da metade da energia produzida é utilizada na fabricação e fornecimento de bens e serviços. Independentemente de como a energia é consumida, a utilização de fontes renováveis diminui a pegada de carbono. A energia usada na construção e operação de uma estação de geração de energia faz parte de uma pegada de carbono secundária.

Todavia, existe uma preocupação adicional em relação à produção de energia. Muitas tecnologias para produção de energia exigem o uso de água de resfriamento, por vezes em grandes quantidades. Essa é uma razão pela qual muitas usinas de energia estão localizadas próximo a grandes corpos d'água, em que possuem grande disponibilidade (a outra razão é reduzir o custo de transportar combustíveis fosseis até eles). Quando da avaliação de projetos alternativos para produção de energia, a necessidade de água de resfriamento deve ser levada em conta. Se o local for uma área na qual seja necessário conservar água, algumas tecnologias para produção de energia podem ser inapropriadas.

Metas de eficiência econômica

Metas de eficiência econômica estão ligadas à viabilidade econômica do projeto. *Eficiência econômica* é um conceito geral incorporado em várias medidas de viabilidade econômica. As metas específicas de projeto relacionadas com o método de análise que deve ser usado para avaliar a eficiência econômica depende do que a entidade financiadora espera como evidência da viabilidade econômica para aquele sistema em particular. Diferentes entidades financiadoras terão maneiras diferentes de mensurar a viabilidade econômica e exigir que diferentes métodos sejam usados. Existem vários métodos para determinar eficiência econômica, incluindo: **análise de custo-benefício**, **análise de valor presente líquido**, **taxa de retorno** e **análise de custo-efetividade**. Como regra geral, os custos do projeto, sua construção e operação não devem ser maiores que a receita ou benefícios que ele produzirá.

Custos geralmente são o modo mais fácil de mensuração econômica. Custos de capital incorrerão sobre a construção do projeto, e os custos de operação e manutenção incorrerão a cada ano durante a vida útil do projeto. A avaliação de sistemas existentes fornecerá dados sobre custos. **Benefícios** ocorrerão para os usuários do sistema durante a vida útil do projeto, mas também poderão ocorrer para os não usuários, e são mais difíceis de definir e medir do que os custos. A receita reflete apenas uma parte dos benefícios dos usuários do sistema, a qual pode ser facilmente calculada. O valor real de um serviço público para uma pessoa pode exceder o valor cobrado pela sua utilização. "Disposição a pagar", a qual pode ser maior que o realmente cobrado, às vezes, é considerada uma medida melhor de benefício. Criar um conjunto conciso de benefícios e maneiras de mensurar sua obtenção pode ser um desafio até para os melhores economistas. Um novo e melhorado sistema de infraestrutura pode ser apenas uma parte da razão para o aumento no número de empregos, população ou renda; poderá existir razões adicionais para um crescimento econômico. Alguns benefícios podem ser intangíveis.

Eventualmente, um sistema de infraestrutura pode precisar de reabilitação ou reconstrução. Uma nova análise de eficiência econômica precisará ser realizada para determinar se os custos de renovação serão menores, iguais ou maiores que os ganhos econômicos advindos dela.

Muitos métodos de avaliação utilizam o conceito de **valor presente**. Valor presente é a quantia que teria de ser investida no presente para obter um retorno específico no futuro. Outra possibilidade é o analista desejar saber qual o valor presente de um dado valor futuro – esse é o mesmo problema no que diz respeito à relação matemática. O valor presente depende da taxa de juros pela qual o investimento atual renderá, e o período pelo qual será investido.

Por exemplo, se quisessem obter um lucro de $100 daqui a 10 anos, e a taxa de retorno anual fosse de 3%, a quantia a ser investida no presente seria calculada multiplicando o valor futuro pelo **fator do valor presente**, ou, nesse caso, $100 × 0,7441 = $74,41. Outro modo de dizer isso é que, se a taxa de juros é de 3%, então $100, daqui a 10 anos, valeria $74,41 no presente.

Com a *análise de custo-benefício*, todos os custos anuais e benefícios que ocorrerão, incluindo o custo de capital no presente e os benefícios e custos operacionais que ocorrerão em cada ano no futuro, são convertidos para um valor presente. Análises de custo-benefício calculam a razão entre o valor presente dos benefícios no período e o valor presente dos custos no período; essa razão deve ser maior que 1 para que o investimento seja eficiente. *Métodos de valor presente líquido* subtraem do valor presente dos benefícios na vida útil o valor presente dos custos na vida útil; o número deve ser positivo para que o investimento seja eficaz. *Métodos de taxa de retorno* calculam qual seria a taxa de juros se os custos de capital e operacional fossem vistos como equivalentes aos juros recebidos; a taxa de retorno deve ser positiva. *Análises de custo-benefício* são usadas quando os benefícios não podem ser medidos em moeda corrente, mas sim utilizando outra métrica que reflita a meta a ser cumprida (exemplo, número de pessoas que podem ser transportadas durante horas de pico ou o volume de substâncias tóxicas removidas pelo processo de tratamento). Quanto maior a razão entre eficácia e custo, mais eficiente será a alternativa (menor será o custo por unidade de cumprimento de meta).

O princípio geral de que o custo de investimento de qualquer projeto, ou seja, o valor presente do investimento de capital somado aos custos anuais de operação devem gerar um retorno em benefícios ou lucro que ao menos seja igual, mas que preferencialmente exceda o custo de investimento, é particularmente o caso para sistemas com financiamento privado. Contudo, também é muito importante para sistemas com financiamento público. Para sistemas com financiamento privado, a receita advinda da venda do produto deverá exceder o custo de capital somado ao valor de um lucro aceitável. Se as receitas não conseguirem atingir esse nível, a entidade privada pode ter de declarar moratória dos empréstimos que assumiu para pagar os custos de construção e operação e poderá declarar falência. Para sistemas com financiamento público, o valor dos produtos ou serviços consumidos pelos usuários do sistema, ou os benefícios, devem ser maiores que o custo de fornecimento do produto ou serviço coberto pelos impostos pagos pela população. Se os sistemas não forem economicamente eficientes, e o orçamento for gasto para construir sistemas que produzem um valor menor do que custam, então é possível afirmar que seria melhor para a sociedade se o dinheiro tivesse sido empregado em projetos que produzissem um retorno maior em relação ao seu custo.

Alguns sistemas públicos, pode-se dizer, são necessários independentemente do seu custo; sobretudo sistemas que salvam vidas, protegem o meio ambiente ou atendem a alguma outra necessidade que não pode ser facilmente equalizada em medidas que envolvem dinheiro. É difícil estabelecer um valor em dinheiro para a valia da educação do primário ao ensino médio, ou a experiência adquirida em um ambiente natural, ou o valor de serviços de transporte para portadores de necessidades especiais; mas, se economistas conseguissem lhes alocar um valor, tornaria mais fácil para que políticos eleitos decidissem quanto dinheiro deveria ser arrecadado por meio de taxas e impostos para sustentar esses sistemas, quanto dinheiro deveria ser recuperado dos usuários do sistema *versus* outras fontes de receita e quanto do dinheiro de impostos deveria ser alocado para implementar e operar os sistemas. Dado que sempre haverá desacordo e controvérsia sobre quais benefícios devem ser mensurados e como podem ser convertidos em valores monetários, uma solução é usar uma forma de análise de custo-benefício que relaciona desempenho com o custo sem ter de colocar um valor monetário sobre os benefícios.

Tanto para sistemas privados quanto para os públicos, os dois maiores elementos de custo são o custo de capital para construção e os custos anuais de operação e manutenção. Eles devem ser comparados com os benefícios derivados do uso do sistema, o qual pode ser mensurado diretamente se os usuários forem cobrados pela utilização do sistema ou pelo seu produto. A "Disposição a pagar" às vezes é usada como substituta para receitas reais geradas por taxas de uso quando o real benefício é maior que a receita obtida pelas taxas. Por outro lado, o tamanho da receita que deve ser gerada por unidade de produto utilizado ou consumido pode ser determinada se os custos de capital e os custos de operação/manutenção forem conhecidos, bem como as demandas do sistema. O valor das taxas de uso pode ser definido dividindo o custo total de construção e operação/manutenção pelo número de usuários do sistema. Quando esse método é utilizado para definir taxas, a renda deve ser igual ao custo de fornecimento do serviço e pagamento de quaisquer dívidas feitas para construção somadas a qualquer custo futuro de operação e manutenção. Esse princípio pode ser utilizado para estimar o valor da **tarifa** cobrado para sistemas de transporte ou **tarifas de serviços públicos**. Para alguns serviços, como suprimento de água e de energia, pode-se esperar que o empreiteiro, dono do terreno, arque com todos os custos de extensão das linhas, recuperando-os mediante taxas adicionais cobradas sobre os lotes. Em outros casos, podem ser realizadas análises para os proprietários com base no tamanho da infraestrutura necessária; uma técnica comum é ratear os custos com base na extensão da propriedade em contato com a rua, a área da propriedade, tipo de consumidor (residencial ou comercial) ou quantidade de produto consumido (litros de água). Os custos associados a qualquer reconstrução ou reforma futura do sistema também deverão ser incluídos na análise.

Note que análises de custo de ciclo de vida incluem não apenas os custos de construção e operação/manutenção, mas também os eventuais custos de descarte do sistema. Normalmente, existem trade-offs entre os custos iniciais de construção e os subsequentes custos de manutenção/operação. Elaborar um projeto pensando em economizar nos custos de construção geralmente resulta em projetos que possuem custos mais elevados de manutenção/operação. Como resultado, se apenas considerarmos os custos de construção, poderá haver uma proliferação de sistemas de infraestrutura que, mais tarde, se tornarão fardos econômicos devido aos altos custos de manutenção/operação. Análises de custo e ciclo de vida tentam elucidar os trade-offs entre o custo inicial de construção e os custos anuais de manutenção e operação.

Se existirem limitações na quantia que pode ser gasta para construir e operar um sistema, essas limitações representam as **restrições orçamentárias**. Um projeto sob restrições orçamentárias geralmente tenta maximizar o cumprimento

144 Introdução à Engenharia Civil

das outras metas sem exceder o orçamento. Se uma ou mais metas não puderem ser cumpridas devido às restrições de orçamento, a restrição pode ser considerada **limitante;** ela limita o cumprimento de metas. Se, porventura, as metas puderem ser cumpridas sem que se exceda o orçamento, então as restrições orçamentárias podem ser consideradas **não limitantes**.

A discussão anterior é uma introdução bem simplificada às opções de avaliação da eficiência econômica e abordagem do cumprimento das metas de eficiência econômica de um projeto. Enquanto, do engenheiro civil, se espera o fornecimento de estimativas de custo de construção e manutenção/operação, muitas outras facetas de um projeto que devem ser levadas em consideração em relação à sua viabilidade podem precisar de especialista em financiamentos para empreendimentos privados ou impostos e políticas públicas para sistemas públicos. Em empreendimentos particulares, o lucro e a taxa de retorno são, provavelmente, os fatores de decisão mais importantes. Alguns sistemas públicos são financiados por títulos, mas a maioria é financiada por programas federais que oferecem **subsídios** para cobrir uma parte dos custos de capital. Nesses casos, análises de custo-benefício podem ser exigidas pelos órgãos para determinar quais projetos receberão financiamento.

Em relação às metas específicas de projeto, as metas econômicas devem incluir qual dos métodos mais comuns ou usuais para a avaliação da eficácia de um investimento deve ser aplicado. As metas também podem especificar que um critério econômico deve exceder determinado valor; por exemplo, a meta pode estabelecer que a razão entre os benefícios e custos deve ser maior que 1,5%, ou que a taxa de retorno esteja acima de 5%. Ou a meta específica de projeto pode indicar algum nível desejável de custo-benefício, ou comunicar qualquer restrição orçamentária conhecida. Para trabalhos de estudantes sobre etapas preliminares de projeto de estudo de sistemas em engenharia civil, é adequado que se indique o método usual para determinar a eficiência de um projeto para aquele tipo de sistema junto com algum limiar de eficiência, se existir, além de uma razão entre benefícios e custos maior que 1 ou uma taxa de retorno no mínimo igual às taxas do Tesouro Direto. É muito difícil para estudantes nos primeiros períodos estimar com precisão custos de operação e construção; isso requer conhecimento especializado e bases de dados que podem não estar prontamente disponíveis ou que precisam ser compradas. Estimativas precisas de custo normalmente estão além do escopo da maioria dos cursos de graduação.

UTILIZAÇÃO DE CONCEITOS DE VALOR PRESENTE PARA MEDIR EFICIÊNCIA ECONÔMICA

Considere que os custos de capital para construção de um sistema de infraestrutura seja de $35 milhões, e, durante um período planejado de funcionamento de cinco anos, os custos de operação e manutenção somados à receita e aos benefícios são como os mostrados na tabela a seguir. Qual é a eficiência econômica do projeto? Use os métodos de análise de custo-benefício, de valor presente líquido e de taxa de retorno. Suponha que a taxa de desconto, r, seja de 5% quando computar o valor presente.

Ano	Custo \$10^6 (tipo de custo)	Benefício ou receita \$10^6
0	\$35 Construção	\$0
1	\$5 Manutenção e operação	\$12,5
2	\$5,5 Manutenção e operação	\$15,0
3	\$6 Manutenção e operação	\$17,0
4	\$6,5 Manutenção e operação	\$17,5
5	\$7 Manutenção e operação	\$18,0

O fator de valor presente é calculado com a equação $\frac{1}{(1+r)^n}$, em que r é a taxa de desconto (5%) e n é o número de intervalos considerados, o que, neste acaso, é $n = 1, ..., 5$.

Os fatores do valor presente e o valor presente dos custos e benefícios são mostrados na tabela a seguir, considerando a taxa de desconto de 5%.

Ano	Fator do valor presente	Valor presente dos custos \$10^6	Valor presente dos benefícios ou receitas \$10^6
0	1,0	\$35	\$0
1	0,9524	\$4,762	\$11,905
2	0,9070	\$4,988	\$13,605
3	0,8638	\$5,129	\$14,685
4	0,8227	\$5,348	\$14,397
5	0,7835	\$5,484	\$14,103

Análise de custo-benefício

A soma dos benefícios é (\$11,905 + \$13,605 + \$14,685 + \$14,397 + \$14,103) $\times 10^6$ = \$68,695 $\times 10^6$.

A soma dos custos é (\$35 + \$4.762 + \$4,988 + \$5,129 + \$5,348 +\$5,484) $\times 10^6$ = \$60,711 $\times 10^6$.

A razão Custo-Benefício é \$68,695 $\times 10^6$/\$60,711 $\times 10^6$ = 1,13. Então, o investimento é eficiente com base no critério de que a razão Custo-Benefício deve ser maior que 1.

Análise de valor presente líquido

A diferença entre o valor presente de benefícios e o valor presente dos custos é \$68,695 $\times 10^6$ – \$60,711 $\times 10^6$ = \$7,984 $\times 10^6$. O investimento é eficiente com base no critério de que o valor presente líquido deverá ser positivo.

Análise de taxa de retorno

O objetivo de uma análise interna de taxa de retorno é achar o valor de r para que o fluxo de receita seja 0, dentro da situação anterior. Custos são subtraídos dos benefícios ou receitas para cada ano e multiplicados pelo fator de valor presente, em que r é desconhecido. O objetivo seria determinar r a partir dessa fórmula:

$$0 = \frac{-35{,}0}{(1+r)^0} + \frac{12{,}5-5{,}0}{(1+r)^1} + \frac{15{,}5-5{,}0}{(1+r)^2} + \frac{17{,}0-6{,}0}{(1+r)^3} + \frac{17{,}5-6{,}5}{(1+r)^4} + \frac{18{,}0-7{,}0}{(1+r)^5}$$

UTILIZAÇÃO DE ANÁLISE DE CUSTO-EFETIVIDADE

Análises de custo-efetividade são úteis quando os benefícios não podem ser medidos em valores monetários, mas os custos sim. No exemplo do box anterior, considere os seguintes dados sobre o Sistema A, uma rodovia. (Os custos de construção e operação são conhecidos e mostrados na tabela.) Sua soma é igual a ($35 + $5 + $5,5 + $6 + $6,5 + $7) × 10^6 = $65 × 10^6. Mas considere que os benefícios ou receitas não podem ser calculados em dinheiro e que o único benefício do sistema que pode ser mensurado em números é a quantidade de veículos atendidos pela rodovia. Para o Sistema A, são 125 × 10^6 veículos atendidos pelo período de cinco anos. Agora, considere que um segundo projeto de rodovia, o Sistema B, também seja capaz de conectar os dois pontos que o Sistema A conecta. Considere que os custos do Sistema B sejam de $75 × 10^6 e que eles atenderão a 100 × 10^6 veículos pelos mesmos cinco anos. Um gráfico comparando os custos à quantidade de veículos atendidos permitirá uma comparação eficiente entre as duas alternativas.

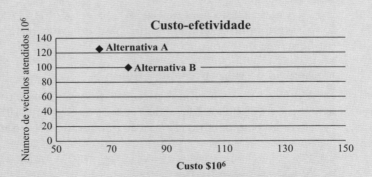

Pode-se observar que a Alternativa A atende a um maior número de veículos por um custo total menor que a Alternativa B.

Metas de aceitação pública

Metas específicas de projeto em relação à **aceitação pública** devem incluir o atendimento às exigências de qualquer norma técnica, lei ou diretriz aplicáveis. Alternativas que não atendam às exigências legais de projeto podem ser excluídas de considerações futuras porque são improváveis de serem escolhidas pelas entidades que possuem o poder de aprovar ou negar projetos. Exceções às exigências dos códigos podem ocorrer se existirem mecanismos para abrir mão do atendimento obrigatório a certas partes da norma técnica, e argumentos de que a renúncia à exigência ao cumprimento é necessária e de que não irá comprometer a segurança ou a saúde pública. Nesses casos, os custos de ir atrás dessas renúncias e a probabilidade de serem aplicadas devem ser considerados pela equipe do projeto, e pode ser apropriado criar metas específicas de projeto que busquem minimizar quaisquer consequências negativas que possam ser geradas em decorrência da renúncia. Pode ser útil, em tais metas de projeto, reconhecer quais aspectos do projeto precisam ser relaxados e qual entidade seria responsável pela renúncia. Por exemplo, se a meta for evitar um problema custoso no projeto de uma represa, gerado pela necessidade de instalação de escadas para peixes, então uma das metas de sustentabilidade poderia ser descrita como "O projeto deverá conter alternativas a escadas para peixes que obtenham a aprovação do órgão responsável".

A INTER-RELAÇÃO ENTRE ENTIDADES QUE POSSUEM PAPÉIS-CHAVE NA ACEITAÇÃO PÚBLICA

Um dos capítulos anteriores identificou três categorias de entidades (stakeholders ou partes interessadas) que possuem o poder de aprovar ou negar um projeto – as entidades públicas que possuem responsabilidade na criação de leis, as entidades que administram a aplicação das leis e financiam ou aprovam os custos para implementação; e as entidades que representam o usuário final ou o não usuário afetado. Essas entidades normalmente são inter-relacionadas e se influenciam mutuamente. As entidades que aprovam o financiamento também possuem responsabilidades de regulação, se o sistema for público, e podem ser sensíveis sobre ramificações políticas da implementação de um sistema que não possui o apoio do usuário final ou do não usuário afetado. Seus programas de financiamento podem depender das mesmas entidades responsáveis pela criação das leis. Entidades de financiamento, que podem ser tanto públicas como privadas, dependendo do tipo de sistema, não aprovarão projetos que não atendam às exigências legais dos códigos de projeto. Usuários finais e não usuários afetados normalmente estão preocupados com a economia, qualidade de vida ou questões ambientais associadas à implementação do sistema, e podem realizar campanhas por leis que aumentem seus interesses. Usuários finais ou não usuários afetados podem se unir ou entrar para organizações formais que apoiem seus interesses (fazem lobby) e exerçam pressão política. Como resultado do

> desenvolvimento de uma base forte, grupos de usuários finais e não usuários afetados podem influenciar os códigos de projeto e exigências legais neles incluídos, além dos políticos eleitos que tenham responsabilidade na aprovação do financiamento. Geralmente, são formuladas leis que protegem o usuário final ou o não usuário afetado e determinam que o projeto não pode ser aprovado, a não ser que determinados procedimentos de projeto que envolvam os usuários finais e grupos de não usuários no processo do projeto tenham sido seguidos.

Se as entidades financiadoras dos sistemas de infraestrutura determinaram restrições orçamentárias ou exigiram uma taxa de retorno mínimo, valores mínimos de custo-benefício ou razões de custo-efetividade mínimas, as restrições devem ser incluídas como metas específicas de projeto relacionadas com a eficiência econômica. Quaisquer metas com parâmetros econômicos mensuráveis em um projeto devem ser inseridas às metas de eficiência econômica. Questões econômicas apropriadas para a aceitação pública incluem qualquer financiamento que exija aprovação dos eleitores, como o aumento de impostos ou emissão de títulos. Se o financiamento para implementação do sistema de infraestrutura precisar da aprovação dos eleitores, pode ser desejável determinar uma meta de aceitação pública que reconheça isso e indique quais funcionalidades do projeto podem ser relevantes, como: "A via circular deve estar localizada de modo a servir à parcela da população da qual será necessária a aprovação da concessão do crédito necessário para financiar a construção."

Uma exigência legal de grande importância para o desenvolvimento do terreno diz respeito ao tipo de desenvolvimento permitido no local em que o projeto deve ser implementado. Isso, normalmente, está sob o controle de políticos eleitos. Usos de solo permitidos são especificados nas **portarias de zoneamento**, que também podem definir a densidade ou os tipos de desenvolvimento permitidos e outras exigências que devem ser atendidas para desenvolver um terreno para o propósito pretendido. As categorias básicas de utilizações permitidas geralmente incluem desenvolvimento residencial (casas ou apartamentos), comercial (com diferentes propósitos e tamanhos), industrial (de diferentes tipos) e áreas que devem ser preservadas para utilização pública, como escolas e parques. Muitas subcategorias dessas básicas podem ser encontradas nas portarias de zoneamento. Jurisdições municipais são, geralmente, as que criam e aprovam zoneamentos ou permitem exceções, mas terrenos sob jurisdição estadual ou federal também possuirão restrições quanto à utilização da terra.

Além das portarias de zoneamento, algumas comunidades possuem **subdivisões territoriais** de zoneamento, que especificam as exigências físicas para construções residenciais e incluem informações como a área do lote, a quantidade de parques, modelos de calçada e ruas. Tipos mais complexos de desenvolvimento de terreno podem ser aprovados por meio de portarias criadas especialmente para desenvolvimentos que utilizem grandes áreas ainda não dividas em lotes residenciais. Essas portarias dão flexibilidade ao desenvolvedor no arranjo geral de diversos usos de terreno para residências, centros comerciais e utilização pública, contanto que o desenvolvimento atenda a certos critérios.

Se um projeto de sistema com financiamento privado estiver em elaboração, pode ser importante ter metas de projeto relacionadas com as características físicas do projeto para as quais existem sensibilidade por parte da demanda do consumidor ou penetração de mercado. Isso pode incluir questões estéticas, como a preservação de áreas de grande apelo estético e paisagens, além do fornecimento de acesso a esses locais, ou a presença de funcionalidades do projeto que podem comprometer a estética do local, como turbinas eólicas ou aterros sanitários. Estética não é uma preocupação apenas visual, mas também de audição e olfato. Barulho em excesso também pode gerar complicações de saúde e segurança. Para o projeto de uma comunidade, a aceitação pública pode envolver a disponibilidade de comodidades, como parques, ciclovias, transporte público e local de comércio ou facilidade de estacionamento. As pessoas realocadas pelo sistema ou que viverão adjacentes a ele provavelmente terão influência política sobre os órgãos legislativos que aprovarão o financiamento.

Grupos efetivos de não usuários incluem um bom número de organizações preocupadas com proteção e conservação da natureza, além de organizações que desejam promover metas culturais específicas, como preservação histórica. O projeto do sistema proposto pode ser examinado por essas organizações de forma a determinar como ele poderá alterar instalações cênicas importantes, ecossistemas ou biodiversidades, ou locais históricos ou culturais. O projeto será escrutinado pelos grupos relevantes de não usuários interessados, e qualquer reclamação ou preocupação identificada por esses grupos interessados normalmente será comunicada às pessoas que possuam o poder de aprovar ou negar a construção. As comunicações poderão ser realizadas por meio de cartas – às vezes, mediante campanhas organizadas encorajando isso –, do envio de petições ou de cartas oficiais apoiando ou não o projeto. O processo de apreciação ambiental por um órgão público, como o IBAMA, inclui mecanismos para expressar tais preocupações e pode exigir que o projeto as responda. Em casos extremos, processos judiciais podem ser iniciados para forçar a modificação do projeto ou a sua suspensão. **Audiências públicas**, normalmente, são realizadas para apresentar os projetos alternativos para apreciação do público e dar ao público em geral, a esses grupos de não usuários e os de usuários, a oportunidade de manifestar suas preocupações e comentar sobre o que está sendo proposto. Sempre que se suspeitar que o projeto de um sistema pode estar em conflito com os objetivos de um grupo efetivo de não usuários, metas específicas de projeto devem ser desenvolvidas para identificar essa possibilidade e demonstrar a motivação para minimizar os efeitos indesejáveis durante a etapa de projeto.

Como mencionado no parágrafo anterior, metas de aceitação pública relacionados com o meio ambiente podem se ligar diretamente às exigências estaduais ou federais em relação à avaliação do impacto ambiental. Como parte do processo de aprovação, projetos de sistemas que se utilizarão de fundos federais podem ter de submeter ou aprovar um **relatório de impacto ambiental** ou **avaliação ambiental**. A aprovação desses relatórios ou avaliações são marcos importantes em direção à implementação do sistema. Os relatórios definem um ponto em que o projeto pode ser rejeitado, ou modificações de projeto, exigidas, para resolver problemas ambientais. A exigência de relatórios e avaliações fornece um mecanismo para que muitas questões de aceitação pública sejam abordadas e resolvidas.

NORMAS DE PROJETO

As normas de projeto têm sido mencionadas em vários trechos deste capítulo. Normas são desenvolvidas por comitês formados por pessoas com grande experiência no projeto de sistemas ou utilização de materiais de construção, além de serem elaboradas sob a tutela de organizações especializadas, como a Associação Brasileira de Normas Técnica (ABNT). Como exemplos americanos podemos citar a American Society for Testing Materials (ASTM), o American Institute for Steel Construction (AISC), o American Concrete Institute (ACI), a American Society of Civil Engineers (ASCE), a American Association of State Highway Transportation Officials (AASHTO), o Transportation Research Board (TRB), ou um órgão federal como o Department of Transportation (USDOT). Além de serem formados por pessoas com extenso currículo no projeto de sistemas ou utilização de materiais de construção, os comitês também podem ter a participação de representantes do público geral, das agências reguladoras que aprovam projetos e fiscalizam o cumprimento de códigos e padrões, das indústrias que fabricam os componentes utilizados no sistema e representantes das organizações que apoiam o desenvolvimento das normas técnicas.

As normas técnicas são desenvolvidas seção a seção, e a sua conclusão pode levar anos. Durante a elaboração, normalmente se estabelece um cronograma para o início da revisão e atualização de cada seção, de forma que o processo não termine nunca – há uma revisão contínua e publicação periódica de revisões. Geralmente, os códigos e padrões são publicados em formato de livro e vendidos por um valor que ajuda a pagar os custos de sua elaboração. Cópias podem ser disponibilizadas on-line. Uma vez elaborados, os códigos e padrões são adotados em escala nacional, estadual e municipal, como as leis que devem ser seguidas por engenheiros de projeto. Fracassos nesse quesito resultarão em projetos não aprovados pelos órgãos que revisam as plantas. É de responsabilidade do engenheiro de projeto se familiarizar e usar os códigos e padrões correntes como exigidos pela jurisdição à qual ele se submete, além de estar ciente de quando a próxima revisão será publicada e entrará em vigor.

HIERARQUIA E PESO DAS METAS

Permanecendo dentro da teoria que baseia o pensamento crítico, metas de projeto devem ser pesadas de acordo com seu uso durante a etapa de avaliação. Existem métodos para conseguir isso, e um deles será descrito a seguir. Existem outros métodos que podem ser usados, mas, se o engenheiro entender e estiver familiarizado com o racional de um método, os outros serão mais fáceis de compreender. Pensamento crítico requer que um esquema de avaliação também seja desenvolvido. Depois que as metas de projeto tenham sido identificadas e pesadas, podem ser usadas no esquema de avaliação para avaliar as alternativas.

Pesar as metas significa associar números a elas que indiquem suas importâncias relativas. Se as metas serão diferentes quanto à importância para o sucesso do projeto, os pesos associados a elas devem indicar suas importâncias relativas. Metas de segurança e saúde são de grande importância, e espera-se que tenham um peso maior. Metas de desempenho também devem ter grande peso. Outras categorias de metas podem ter importância menor ou igual, dependendo da circunstância. A importância relativa das metas deve refletir o que o cliente, entidade financiadora, entidade aprovadora e grupos de usuários finais e de não usuários entendem como requisitos para um projeto aceitável, junto a indicações do quão importantes são metas diferentes em relação à aprovação ou reprovação do projeto. Cada um desses grupos pode dar pesos diferentes às mesmas metas, o que torna a avaliação de alternativas mais complexa. Se for esse o caso, alternativas podem ser avaliadas de acordo com a perspectiva de cada grupo importante. Métodos para realizar isso fogem do escopo desta obra.

Um método lógico e conciso deve ser utilizado para minimizar a chance de desequilibrar os pesos para o lado de apenas um grupo. O método a seguir se aplica ao peso dado a metas por engenheiros de projeto dentro de um projeto. Se grupos diferentes além dos engenheiros de projeto forem chamados para associar os pesos, é esperada uma variação de acordo com os interesses do grupo. O papel dos pesos se tornará aparente quando a metodologia de avaliação for discutida no Capítulo 8.

Um método psicométrico válido para ranquear as metas é comparar uma com a outra e julgar qual das duas tem maior importância. Quando isso é feito para todos os pares possíveis de uma meta, um ranking ordenado pode ser desenvolvido usando tabelas e técnicas matemáticas. Pode-se fazer uma analogia para ranquear de forma ordenada um conjunto de metas com base na quantidade de características apresentadas. Como exemplo, suponha que sejam apresentadas a você oito garrafas de diferentes tamanhos, contendo diferentes volumes de líquidos de diferentes densidades, e, a você, pede-se que os ordene do mais pesado para o mais leve. Porque as formas das garrafas e a densidade dos líquidos variam, uma simples inspeção visual não será suficiente para produzir um ranking ordenado. O meio mais eficiente seria segurar uma garrafa em cada mão e determinar qual das duas é mais pesada. Uma vez que todos os pares de garrafas tenham sido segurados, essa informação poderia ser usada para estabelecer o ranking dos pesos. Se existem oito garrafas, existiriam $(8 \times 7)/2 = 28$ pares para comparar. Primeiro, as garrafas precisariam ser numeradas de 1 a 8. Os resultados da pesagem poderiam ser comparados em uma tabela 8 por 8 na qual o número em cada linha e em cada coluna corresponda ao número da garrafa. Se a garrafa na linha i for mais pesada que a garrafa na coluna j, coloca-se 1 na célula ij. Se a garrafa na linha i estiver mais leve que a garrafa na coluna j, coloca-se 0 na célula ij. Se ambas parecem ter o mesmo peso, coloca-se ½ na célula ij. As células na diagonal da tabela devem estar vazias, uma vez que representam a comparação da garrafa com ela mesma. As células abaixo da diagonal da tabela obedecerão às seguintes regras: se a célula ij for 1, então a célula ji será 0(se a garrafa i for mais pesada que a garrafa j, então a garrafa j será mais

152 Introdução à Engenharia Civil

leve que a garrafa i); se a célula ij for 0, então a célula ji será 1, e se a célula ij for ½, então a célula ji será ½. Segue um exemplo da tabela para oito garrafas, obtida quando um engenheiro comparou o peso de cada par delas e registrou qual garrafa do par parecia mais pesada. Note que as células na diagonal estão vazias, e as regras sobre as células ij e células ji foram atendidas.

Garrafa	1	2	3	4	5	6	7	8
1		1	0	1	0	1	1	1
2	0		0	0	0	0	0	0
3	1	1		1	0	1	1	1
4	0	1	0		0	1	1/2	1
5	1	1	1	1		1	1	1
6	0	1	0	0	0		0	1
7	0	1	0	1/2	0	1		1
8	0	1	0	0	0	0	0	

O próximo passo é somar os valores de cada linha das colunas, como mostrado a seguir:

Garrafa	1	2	3	4	5	6	7	8	Soma
1		1	0	1	0	1	1	1	5
2	0		0	0	0	0	0	0	0
3	1	1		1	0	1	1	1	6
4	0	1	0		0	1	1/2	1	3 1/2
5	1	1	1	1		1	1	1	7
6	0	1	0	0	0		0	1	2
7	0	1	0	1/2	0	1		1	3 1/2
8	0	1	0	0	0	0	0		1

Quanto maior a soma de uma linha, mais vezes a garrafa foi considerada a mais pesada, então ela deve ser a mais pesada. Ao examinar as somas, é possível estabelecer a ordem do ranking de peso das garrafas; as garrafas são ranqueadas pela magnitude da soma na última coluna. Nesse exemplo, o ranking da mais pesada para a mais leve seria: 5, 3, 1, 4 e 7 (empate), 6, 8 e 2.

A mesma técnica pode ser usada para ranquear as metas de projeto em ordem de importância. Uma tabela deve ser montada com uma linha e coluna para cada meta. Cada uma é, então, comparada à outra, e, se a meta identificada na linha for mais importante que a da coluna, o valor 1 será inserido na célula. Se for menos importante, o valor 0 será inserido, e, se for igualmente importante, o valor ½ será inserido. Os valores das células em cada linha são somados, e a magnitude da soma estabelece a ordem do ranking de metas no que diz respeito à importância. Um exemplo é mostrado no box a seguir.

EXEMPLO – RANKING DE QUATRO METAS PARA ELABORAÇÃO DE UM PROJETO DE RODOVIA

Considere que as quatro metas de um projeto de rodovia sejam:

- Meta 1. Baixo custo de capital.
- Meta 2. Grande capacidade de veículos atendidos.
- Meta 3. Baixo número de batidas entre os veículos.
- Meta 4. Aceitação das residências adjacentes.

Um engenheiro civil recebe a tarefa de ranquear essas metas em ordem de importância; então, inicia e completa a tabela a seguir:

Meta	1	2	3	4	Soma
1		0	0	1	1
2	1		0	1	2
3	1	1		1	3
4	0	0	0		0

Com base na magnitude das somas das linhas, a ordem do ranking de importância das metas seria da mais importante para a menos importante:

- Meta 3. Baixo número de acidentes.
- Meta 2. Grande quantidade de veículos atendidos.
- Meta 1. Baixo custo de capital.
- Meta 4. Aceitação das residências adjacentes.

Se várias pessoas estiverem elaborando o ranking, cada uma poderá completar a tabela, e a ordem do ranking poderá ser determinada pela média dos resultados entre todas as pessoas.

O ranking é apenas um passo intermediário para ajudar a elucidar a posição relativa das metas no que diz respeito à sua importância; os rankings, por si só, não indicam a importância das metas. O passo final é associar pesos que reflitam a importância das metas. Na metodologia de avaliação a ser usada nesta obra, os pesos associados às metas serão identificados pelo símbolo PM (peso da meta).

Primeiro, uma escala verbal como representações para os pesos deve ser estabelecida. Por exemplo, pode-se decidir que as categorias verbais a seguir devem corresponder aos pesos mostrados.

Se a meta for	Associe um peso à meta (PM) entre
Criticamente importante	71-100
Importante	31-70
Não é importante	1-30

Dado o ranking das metas, pesos podem ser associados a cada uma. O ranking das metas deve permanecer consistente com os pesos, isso é, a meta com uma posição alta no ranking também deve ter um peso de meta alto, PM, e metas que empatem devem ter pesos iguais. No box a seguir, são associados pesos às metas. Não há empates.

EXEMPLO – ASSOCIANDO PESOS ÀS METAS

Continuando o exemplo, o engenheiro pode atribuir os seguintes pesos às quatro metas ranqueadas anteriormente.

Meta	Importância	PM
Meta 3. Baixo número de batidas entre veículos	Criticamente importante	95
Meta 2. Grande capacidade de veículos atendidos	Criticamente importante	80
Meta 1. Baixo custo de capital	Importante	60
Meta 4. Aceitação das residências adjacentes	Importante	50

Com os pesos associados às metas, as alternativas podem ser avaliadas e ranqueadas. Esse é o tema do Capítulo 8. Se existir uma grande quantidade de metas, haverá procedimentos que podem ser utilizados para tornar mais fácil a associação de pesos. Essas regras são apresentadas a seguir.

EXEMPLO – PROCEDIMENTOS DE AUXÍLIO NA ASSOCIAÇÃO DE PESO ÀS METAS

- Use valores escalonados para os pesos que variam de 1 a 100.
- Use palavras para descrever os pontos nessa escala (por exemplo, "Criticamente importante", "Importante", "Opcional"). Isso possibilita estabelecer significado qualitativo aos pesos.
- Associe um peso à meta mais importante primeiro, seguido pela menos importante, então, trate das que ficaram no meio (seguindo a ordem da mais importante antes da menos importante, a segunda mais importante seguida pela segunda menos importante e assim por diante). Isso cria os pontos finais na escala de pesos logo no primeiro momento e facilita a associação de pesos às metas intermediárias.
- Se os pesos estão sendo associados por um grupo, utilize valores consensuais.

Definição das Metas de Projeto – Relatório 2 **155**

1. Considere que o ranking do exemplo anterior seja o mostrado a seguir, da mais importante a menos importante:
   - Meta 3. Baixo número de batidas entre veículos.
   - Meta 2. Grande capacidade de veículos atendidos.
   - Meta 1. Baixo custo de capital.
   - Meta 4. Aceitação das residências adjacentes.

2. Crie as escalas verbais e associe os valores correspondentes para os pesos.

Se a meta for	Associe um peso à meta (PM) entre
Criticamente importante	71-100
Importante	31-70
Não é importante	1-30

3. Associe os pesos, começando com a meta mais bem posicionada no ranking, 3, seguida por aquela com a pior posição, 4, então prossiga para a segunda mais bem posicionada, 2, seguida pela com a segunda pior posição no ranking, 1, e assim por diante, até que pesos tenham sido associados a todas as metas.
   - Meta 3. Baixo número de acidentes; **criticamente importante**; peso associado = 95.
   - Meta 4. Aceitação das residências adjacentes; **importante**; peso associado = 50.
   - Meta 2. Grande quantidade de veículos atendidos; **criticamente importante**; peso associado = 80.
   - Meta 1. Baixo custo de capital; **importante**; peso associado = 60.

EXEMPLO – OBJETIVOS EMPATADOS

Se as metas estiverem empatadas no ranking, significa que possuem igual importância. Por causa disso, devem ter o mesmo peso associado. Segue o exemplo anterior da tabela de ranking para as quatro metas, mas, agora, as Metas 1 e 4 estão empatadas. Note que, quando a Meta 1 foi comparada à Meta 4, nenhuma ficou acima da outra, e um valor de ½ foi inserido nas células 1,4 e 4,1 da tabela. A soma das linhas para as Metas 1 e 4 é igual.

Meta	1	2	3	4	Soma
1		0	0	½	½
2	1		0	1	2
3	1	1		1	3
4	½	0	0		½

O ranking das metas ficou assim:

- Meta 3. Baixo número de acidentes.
- Meta 2. Grande quantidade de veículos atendidos.
- Meta 1. Baixo custo de capital (empatado com a Meta 4).
- Meta 4. Aceitação das residências adjacentes (empatado com a Meta 1).

Quando os pesos são associados, as Metas 1 e 4 devem ter os mesmos pesos.

- Meta 3. Baixo número de acidentes; **criticamente importante**; peso associado = 95.
- Meta 4. Aceitação das residências adjacentes; **importante**; peso associado = 55.
- Meta 2. Grande quantidade de veículos atendidos; **criticamente importante**; peso associado = 80.
- Meta 1. Baixo custo de capital; **importante**; peso associado = 55.

A definição de metas e seus pesos torna possível o uso de métodos quantitativos quando da aplicação do pensamento crítico ao projeto.

CATEGORIAS GERAIS COM PESO *VERSUS* METAS INDIVIDUAIS ESPECÍFICAS DE PROJETO

Surge uma questão sobre se as metas individuais devem ser ranqueadas, ou se é suficiente ranquear apenas as seis categorias gerais. Respostas para essa questão podem ser encontradas pensando nas implicações do impacto do método de associação de peso na avaliação. A primeira abordagem presume que todas as metas específicas de projeto em uma categoria possuem o mesmo peso que a categoria. O engano potencial nessa abordagem é que a avaliação será tendenciosa quando existirem quantidades diferentes de metas específicas de projeto em cada categoria. Por exemplo, se a categoria "desempenho" contiver três metas, e o peso dessa categoria for 95, então o peso potencial de todas as metas de desempenho será 3 × 95 = 285. Se a categoria "segurança" também tiver peso de 95, mas possuir apenas duas metas, então o peso potencial da categoria segurança será 2 × 95 = 190. Portanto, a avaliação será tendenciosa em favor das metas de desempenho. A segunda abordagem é dividir o peso da categoria pelo número de metas específicas na categoria. Usando o exemplo anterior, cada uma das três metas de desempenho possuiria um peso de $95/3 = 31,7$, e cada uma das metas de segurança teria um peso de $95/2 = 47,5$. Dessa forma, quando a avaliação de alternativas fosse realizada, o total do peso potencial das metas de desempenho seria 95, e o total do peso potencial das metas de segurança seria 95. Isso evita o favorecimento resultante da primeira abordagem, mas gera o questionamento sobre se todas as metas de desempenho merecem o mesmo peso, e se todas as metas de segurança merecem o mesmo peso. Obviamente, é preferível comparar cada uma das metas específicas de projeto a cada meta específica de projeto quando da formulação do ranking e associação de pesos, em vez de apenas ranquear as categorias.

Uma terceira abordagem, a qual os estudantes podem achar mais fácil, é ranquear e pesar apenas seis categorias, mas avaliar uma alternativa apenas em relação ao que o projeto cumpre no que diz respeito à categoria geral. Podem-se comparar alternativas em relação às metas específicas de projeto, mas isso é realizado de forma subjetiva e deve, de algum jeito, produzir uma pontuação geral para a categoria. Isso não resultará no aspecto tendencioso resultante da primeira abordagem e não requer que a equipe se atraque com a importância relativa das metas específicas de projeto dentro de uma categoria. Contudo, falta-lhe precisão e deixa muitos aspectos da avaliação dependentes de fatores subjetivos. Note que o exemplo anterior ranqueia e associa pesos a metas específicas de projeto e não às metas gerais de categorias.

RESUMO

Boas declarações de metas são necessárias para um bom projeto, mas podem ser difíceis, de se desenvolver. Para infraestruturas de engenharia civil, as seis metas importantes são desempenho, segurança, saúde, sustentabilidade e proteção ambiental, eficiência econômica e aceitação pública. Para facilitar a comparação de alternativas em relação a essas seis metas, é importante que o cumprimento delas seja mensurado ou quantificável de algum jeito. Métodos existem para que isso seja realizado. Métodos para quantificar eficiência econômica são particularmente bem desenvolvidos. Todavia, qualquer método, incluindo os modelos utilizados para medir eficiência econômica sempre podem ser melhorados.

158 Introdução à Engenharia Civil

PALAVRAS-CHAVE

aceitação pública
análise de
   custo-benefício
análise de
   custo-efetividade
análise de valor
   presente líquido
aquecimento,
   ventilação e ar-
   condicionado
   (AVAC)
arcabouço de avaliação
audiências públicas
avaliação ambiental
benefícios
certificado de ocupação
chorume
conservação de energia
conservar
criticamente
   importante
defeitos de construção
desempenho
eficiência econômica
especificações
especificações de
   projeto
estudos periciais

evento
fator do valor presente
fatores de segurança
generalidade
impacto
importante
independentes
leis de saúde pública
limitante
mau uso durante a
   ocupação
metas de conservação
metas de eficiência
   econômica
metas de segurança
metas de
   sustentabilidade e
   proteção ambiental
metas específicas de
   projeto
metas gerais
metas hierárquicas
metas sanitárias
métodos probabilísticos
   de projeto
não limitantes
normas de projeto
operacionalização

perigos inerentes ao
   projeto
pontos de desempenho
portarias de
   zoneamento
probabilidade
projeto à prova de
   falha
relatório de impacto
   ambiental
restrições
   orçamentárias
risco
riscos de saúde
saúde
segurança
sistemas de backup
sistemas redundantes
subdivisões territoriais
subsídios
sustentabilidade e
   proteção ambiental
tarifas
tarifas de serviços
   públicos
taxa de retorno
valor presente

EXERCÍCIOS PARA DESENVOLVER HABILIDADES DE PROJETO

1. Usando a matriz desenvolvida para o Problema 1 do Capítulo 5, sobre projetos de automóveis, crie uma declaração de meta que reflita suas preferências pessoais por cada uma das características de sistema mostradas na coluna da esquerda da matriz. Ranqueie as metas usando o método descrito neste capítulo e associe pesos a elas. Se as características não forem importantes para você, dê a elas zero.

2. Algo está errado com as seguintes declarações se elas tiverem de ser usadas na avaliação e comparação de alternativas. O que está errado? Qual declaração de metas é melhor para ser usada e por quê?
    a. Reduzir o número de batidas traseiras na esquina da Fairway Road com Bluebell Parkway.

Definição das Metas de Projeto – Relatório 2 **159**

    b. Remover as câmeras usadas para identificar motoristas que avançam o sinal vermelho na esquina da Fairway Road com Bluebell Parkway para reduzir o número de batidas traseiras.

    a. Tratar o suprimento de água com cloro.

    b. Matar agentes patogênicos na água com métodos de tratamento eficientes.

    a. Usar rotatórias em todos os cruzamentos.

    b. Usar projetos de cruzamentos com baixas taxas de acidentes.

3. Algo está errado com cada uma das seguintes declarações de metas, se usadas na etapa preliminar de um projeto de loteamento. O que está errado e como a declaração de metas poderia ser melhorada?

    a. Usar projetos artísticos.

    b. Projetar ruas seguras.

    c. Projetar o sistema com menor custo.

    d. Maximizar o desempenho e minimizar os custos.

    e. Usar bombas centrífugas com impulsores forjados.

4. Ordene as seguintes declarações de metas hierarquicamente, da mais geral para a mais específica. Em qual nível na hierarquia a oportunidade para explorar soluções alternativas ficou substancialmente restrita? Isso é desejável ou indesejável?

    a. Ter espaços livres de 30 metros entre as paredes ou colunas.

    b. Utilizar projetos com tecnologia "tensairity".

    c. Criar uma área coberta grande o suficiente para abrigar várias quadras de vôlei.

    d. Usar um sistema de telhado alternativo.

5. Por que as cargas de pico normais são metas de projeto importantes para serem cumpridas? O que representaria a carga de pico para um sistema de transporte urbano? E para um sistema de tratamento de água? E para um sistema de gerenciamento de águas pluviais? Quais tipos de sistemas seriam projetados para suportar condições extremas com pouca possibilidade de ocorrer?

6. Listados a seguir estão vários itens que aparecem frequentemente no noticiário ou são comuns do dia a dia. Indique qual das seis metas de projeto mencionadas neste capítulo parece ter a maior influência sobre (1) criação do conceito de projeto e (2) estruturação do projeto físico de um item.

    a. Drone Predador

    b. Vacina contra HPV

    c. Celular

    d. Air bag

    e. Lâmpada de LED

    f. Avião comercial grande

    g. Zíper

    h. Logotipo para um produto comercial

160 Introdução à Engenharia Civil

7. Projetos de sistemas de transporte envolvem cada uma das seis metas. Como envolve metas de saúde? E as metas de aceitação pública? E as de sustentabilidade?

8. De que forma ou sob que condições um arranha-céu de 100 andares poderia atender às metas de eficiência econômica melhor que um de 80 andares ou de 150 no mesmo local?

9. Quais podem ser as metas de desempenho importantes de um sistema de iluminação noturna ao longo de uma via expressa?

10. Um canal urbano usado para rotear resíduos líquidos tratados deixa a água livre de agentes patogênicos, mas ela possui um odor forte e se tornou área de reprodução para mosquitos. Os mosquitos não transmitem doenças. Em qual das seis categorias de metas de projeto esse problema se encaixa?

11. O solo na colina que sustenta casas e estradas começou a desmoronar após uma forte chuva. Qual das seis categorias de metas de projeto esse problema envolve?

CAPÍTULO

7

Síntese e Geração de Alternativas – Relatório 3

Objetivos

Após a leitura deste capítulo, você deverá ser capaz de:

- Fazer a distinção entre os conceitos de síntese, análise e criatividade.
- Explicar a necessidade de dividir um problema complexo em conjuntos de problemas menos abrangentes em um projeto.
- Apresentar várias técnicas para estimular a criatividade e desenvolver soluções.
- Discutir a necessidade de prover evidências de que as metas de um projeto estão sendo cumpridas.

INTRODUÇÃO

O Relatório 3 requer a geração de alternativas e a indicação de evidências que possam ser fornecidas para demonstrar que as metas de um projeto estão sendo cumpridas.

Síntese é o processo pelo qual as partes são montadas para gerar o todo. A criação de alternativas durante o projeto exige que engenheiros utilizem suas habilidades de síntese. Componentes ou processos individuais devem ser inseridos em sistemas nos quais todas as partes se encaixem e funcionem em conjunto. Tomado como um todo, esses componentes e processos devem atender às metas de projeto do empreendimento. Em contrapartida, a **análise** é o processo pelo qual o todo é separado em partes, e elas são analisadas. Habilidades de análise podem ser ensinadas. Habilidade de síntese não podem ser ensinadas. Exercícios e ambientes podem ser preparados para encorajar sínteses, e os estudantes podem ter contato com situações que estimulem o desenvolvimento de habilidades de síntese e podem ser avaliados pela extensão da utilização dessas habilidades; contudo, as habilidades em si não podem ser divididas em partes menores formadas por padrões de pensamento lógico que possam ser ensinados. **Criatividade** é o ato de trazer para a realidade ou produzir. Normalmente, envolve a imaginação e dá a base para a síntese, mas não é o mesmo que síntese. Criatividade é um traço ou característica da pessoa e, assim como a síntese, exercícios e ambientes podem ser preparados para estimular o surgimento e fortalecer qualidades criativas. Pode-se encontrar uma analogia no modo como restaurantes desenvolvem e divulgam seus produtos: síntese é encontrada nos cardápios, mas a criatividade reside no chef, que desenvolve o cardápio e as combinações de entradas. A descrição dos diferentes pratos em um cardápio facilita a análise. No que diz respeito a projetos de engenharia, engenheiros possuem a criatividade, e os projetos são o fruto da síntese. Os projetos podem ser analisados para determinar se estão cumprindo as metas. A análise de alternativas é chamada de avaliação e é o assunto deste capítulo. Antes de discutir métodos para estimular a criatividade e gerar evidências do cumprimento de metas, apresentaremos os benefícios de se dividir problemas do projeto em uma série de componentes menores, mais gerenciáveis, ou subproblemas.

DIVIDINDO O PROBLEMA DE PROJETO EM COMPONENTES OU SUBPROBLEMAS

É útil dividir um problema de projeto em componentes menores, mais gerenciáveis, ou subproblemas. Os exemplos subsequentes do Diagrama de Ideias e da Tabela Morfológica mostrados nos quadros têm base na premissa de que sistemas são constituídos por componentes. Na prática da engenharia civil, o projeto de um grande sistema de engenharia formado por diferentes componentes pode ser elaborado por entidades diferentes, com cada entidade se especializando pela elaboração do projeto de apenas alguns componentes. Estações de tratamento de resíduos podem ser projetadas por uma empresa de consultoria em engenharia com experiência na área, enquanto o sistema de coleta de resíduos líquidos pode ser projetado por uma companhia diferente, com experiência na escavação e projetos de redes subterrâneas de esgoto. Pontes em vias expressas podem ser projetadas por empresas de engenharia estrutural que não elaborem projetos de sistemas de controle de tráfego para os locais onde a ponte se ligue às vias arteriais cruzando sobre a via expressa. Os sistemas elétricos e mecânicos nas construções são projetados por engenheiros mecânicos e elétricos, empregados por companhias especializadas nesses sistemas, e não por engenheiros estruturais. As fundações para uma construção podem ser projetadas por uma empresa, e os componentes estruturais, por outra. Os engenheiros em cada uma das empresas não trabalham isoladamente, mas devem se encontrar e trocar informações para garantir que as compatibilidades existam quando os componentes forem implementados em um único sistema. Engenheiros geotécnicos devem saber onde os pilares principais estarão localizadas, e suas cargas, para projetarem as fundações; além disso, as condições do solo podem influenciar a localização dos pilares e as cargas máximas que podem suportar. Entretanto, antes que a elaboração dos componentes possa ser atribuída a pessoas ou empresas com as habilidades necessárias, o sistema como um todo e os problemas de projeto devem, primeiro, ser divididos em componentes de projeto gerenciáveis.

Para ilustrar o conceito de divisão de um problema de projeto em componentes ou subproblemas, a sinalização de tráfego mostrada no quadro a seguir pode ser utilizada. Esta sinalização em particular possui um sensor sob o pavimento, usado para detectar a presença de veículos. O sensor cria um campo magnético que se altera quando um grande objeto de metal fica sobre ele. Dados sobre a mudança no campo magnético são enviados ao controlador, que seleciona e executa os padrões ou **fases** dos sinais vermelho, verde e amarelo para indicar aos motoristas e pedestres quais ações lhes são permitidas. O intervalo das mudanças de sinal depende da detecção de veículos pelo sensor, ou se os pedestres apertaram o botão para atravessar a rua.

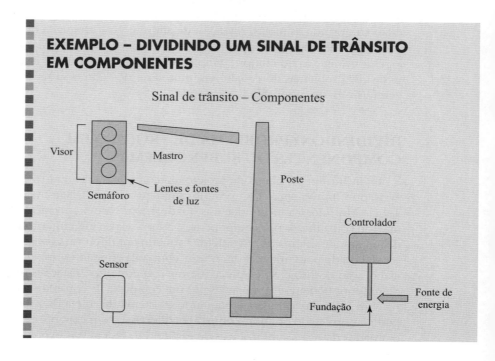

EXEMPLO – DIVIDINDO UM SINAL DE TRÂNSITO EM COMPONENTES

Os componentes consistem do semáforo, que contém o visor, e o visor é formado pelas lentes e fontes de luz; o mastro, por poste e fundação; e o sensor, por controlador e fonte de energia. O visor indica as diferentes ações que os veículos diante do sinal podem realizar, como parar, seguir e quando virar à esquerda é permitido. As lentes e fontes de luz determinam o tamanho e largura do visor. A fonte de luz deve ser confiável, e as lentes iluminadas devem poder ser identificadas por pessoas daltônicas. O mastro precisará suportar o semáforo sobre a rua, e o poste precisará suportar o mastro. Ventos fortes criarão cargas em ambos, o mastro e o poste, além da possibilidade de um veículo bater no poste. O poste deve ser projetado para se partir e cair quando batidas ocorrerem, dessa forma reduzindo o risco de ferimentos aos ocupantes do veículo. Por muito tempo, engenheiros acreditavam que o poste deveria ser rígido o suficiente para não quebrar em uma batida; contudo, isso normalmente resultava em ferimentos ou morte dos ocupantes do veículo. A fundação deve ser projetada para suportar o peso do poste, mastro e semáforo sob as piores condições de carga e sob quaisquer momentos refletores que tenderão a tombar o conjunto. A fundação não deve recalcar apreciavelmente, e o solo deve se manter drenado. O controlador possui circuitos elétricos e componentes que controlam as mudanças de sinalização no visor; esses circuitos devem ser confiáveis e deve ser possível ajustar o tempo da sinalização. O sensor deve ser preciso e sensível o suficiente para detectar veículos pequenos. De preferência, o sensor deve ser sensível o suficiente para detectar motos, mas isso pode aumentar os custos. A fonte de energia deve ser confiável. Além disso tudo, os custos de capital e operação devem ser mantidos os mais baixos possíveis. A tabela a seguir indica características importantes de cada componente. Essas características podem ser usadas para identificar os objetivos de projeto para cada componente.

Componente	Características específicas dos componentes às quais as metas de projeto devem se referir
Semáforo	Peso
	Quantidade de espaços para lentes
Lentes	Tamanho
	Representação de cores
Fonte de luz	Brilho
	Confiabilidade/vida útil
	Manutenção
	Consumo de energia
	Sustentabilidade

Componente	Características específicas dos componentes às quais as metas de projeto devem se referir
Mastro	Peso
	Resistência
	Comprimento
	Durabilidade
Poste	Resistência
	Altura
	Circunferência
	Estética
	Segurança (projetado para ceder?)
Fundação	Resistência
	Recalque do solo
	Drenagem
Controlador	Capacidades lógicas (fases)
	Confiabilidade
	Durabilidade/vida útil
	Manutenção
Sensor	Sensibilidade
	Confiabilidade
	Facilidade de instalação
	Durabilidade/vida útil
	Manutenção
	Consumo de energia
Fonte de energia	Confiabilidade/disponibilidade
	Sustentabilidade
	Voltagem e amperagem disponível
	Custo

A equipe de alunos deve tentar subdividir os problemas gerais de projeto em subproblemas que poderiam ser examinados com maior detalhe à medida que o projeto progride da etapa preliminar à detalhada. Uma das maneiras mais fáceis de se fazer isso é identificar os componentes individuais que constituem o sistema e então identificar as metas específicas de projeto que se refiram a cada componente.

TÉCNICAS PARA AUXILIAR A GERAÇÃO DE ALTERNATIVAS

A geração de soluções em projetos de engenharia civil exige tanto criatividade quanto síntese. Uma vez que tenham sido realizados esforços para definir o problema e identificar as metas principais do projeto, a elaboração do projeto pode proceder para a etapa na qual as alternativas são criadas. Todo conhecimento adquirido durante as etapas anteriores ajudará no refino e compreensão dos requisitos do projeto e pode sugerir soluções específicas. É importante que o engenheiro trate essa tarefa com apreço pelo papel e importância da criatividade. Três técnicas podem ajudar no estímulo à criatividade quando da criação de alternativas para projetos de engenharia civil: **brainstorming, diagramas de ideias** e a **tabela morfológica.** O Brainstorming é um método bem comum para estimular ideias criativas e será discutido a seguir. Os Diagramas de Ideias e as Tabelas Morfológicas são, de certa forma, mais desafiadores de se usar e serão apresentados em quadros.

Brainstorming é muito popular e pode ser usado facilmente em variadas situações nas quais alternativas precisam ser desenvolvidas e a criatividade é um fator importante. Ele é realizado usando pequenos grupos de pessoas por um período limitado. Grupos de 20 pessoas e períodos que variem entre 1 e 2 horas, no máximo, são padrões rígidos para os limites logísticos de um brainstorming. Ele funciona muito bem com grupos de até 10 pessoas e períodos de 30 a 45 minutos. Um moderador ou facilitador é necessário para garantir que as regras do brainstorming sejam seguidas, e as respostas, registradas. O moderador não possui papel de participante e, portanto, não contribui com ideias. O moderador pode fazer perguntas breves para ajudar na formulação correta das respostas, porém, deve realizar um esforço planejado para não influenciar os tipos de ideias criadas. As etapas são:

1. O moderador define as questões e descreve rapidamente como a sessão será conduzida. Isso inclui indicações de como as respostas serão registradas (normalmente, em um cavalete ou quadro em que todos possam vê-las), o que será feito com elas quando a sessão terminar e a ordem das ideias propostas por cada participante.

2. É solicitada uma ideia de cada um. As pessoas revezam na elaboração das ideias e todos têm sua vez para contribuir. As ideias devem ser expostas rapidamente sem grandes explicações ou discussões. Se uma pessoa não tem ideias para expor, ela passa a vez para o próximo. Uma vez que todos no grupo tenham usado a oportunidade para fornecer uma ideia, o moderador volta à primeira pessoa, depois, à segunda e assim por diante. Esse processo pode continuar por vários turnos.

3. O moderador anota cada ideia no quadro e, ao final da exposição de ideias, as exibe.

4. Não é permitido a ninguém criticar ou discutir qualquer ideia. Isso é muito importante. Se críticas fossem permitidas, muitas ideias não seriam expostas

168 Introdução à Engenharia Civil

por medo de serem criticadas. Além disso, a crítica pode ser contradita pela pessoa que expôs a ideia; assim, o processo seria polarizado entre os participantes e enredaria em um debate de facções.

5. A exposição de ideias termina quando ninguém mais tem sugestões ou quando o tempo limite de exposição de ideias for atingido.

6. Depois que todas as ideias estiverem escritas no quadro e forem exibidas, será pedido que cada pessoa explique rapidamente sua ideia. Neste ponto, os participantes podem criticar ou defender uma ideia, e dá-se início à discussão. Talvez seja preciso estabelecer um limite de tempo, porque é importante que cada ideia tenha chance de ser defendida e discutida.

7. Sugestões podem ser agrupadas e organizadas com base em suas similaridades, usando o quadro.

8. Após o término da discussão e depois de as ideias terem sido organizadas, pode-se pedir que os participantes selecionem as três ou cinco melhores ideias. O moderador conduz a votação e calcula o resultado. As ideias com mais votos são anunciadas e podem ser trabalhadas individualmente ou por equipes, ou talvez uma segunda votação possa ser realizada para selecionar a melhor ideia para implementação.

DIAGRAMAS DE IDEIAS

Diagramas de Ideias são similares aos Diagramas Duncker, porém mais simples, pois o primeiro nível não requer a definição de um conjunto de alternativas mutuamente excludentes. Em vez disso, eles se assemelham a apenas um lado do Diagrama de Duncker e são utilizados na organização de conceitos gerais do projeto em partes menores que possuem um maior nível de detalhamento. Um exemplo na área de transporte é mostrado no Exemplo 7.1 e indica como o Diagrama de Ideias organiza conjuntos de soluções em uma hierarquia decrescente de abstração.

Diagramas de Ideias são organizações lógicas de ideias e devem ser pensados com cuidado para exibir as relações hierárquicas. Eles podem ser usados para resumir os resultados de uma sessão de brainstorming. Certos tipos de sistemas, incluindo transportes e de uso do solo, encaixam perfeitamente em Diagramas de Ideias. O Exemplo 7.2 indica uma organização hierárquica dos diferentes tipos de utilização de solo que podem ser encontrados em uma área grande a ser desenvolvida. O Exemplo 7.3 descreve as utilizações alternativas de solo para Áreas a Serem Conservadas.

Síntese e Geração de Alternativas – Relatório 3

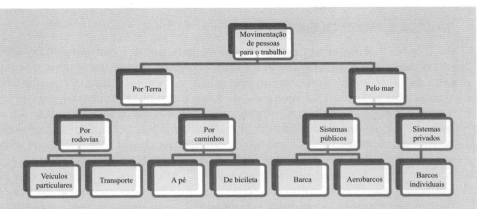

Exemplo 7.1 Diagrama de ideias para alternativas de transporte

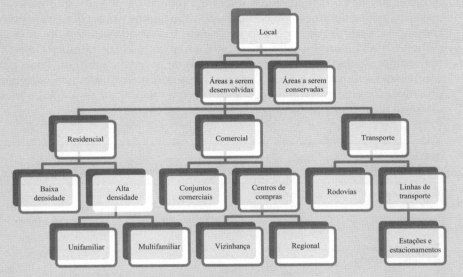

Exemplo 7.2 Diagrama de ideias para a utilização de terreno

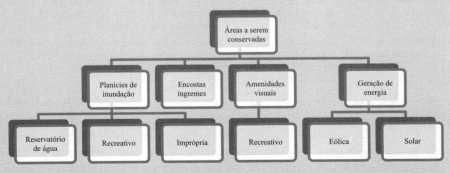

Exemplo 7.3 Diagrama de ideias para utilização do terreno mostrando as áreas a serem conservadas

TABELAS MORFOLÓGICAS

As Tabelas morfológicas podem ser usadas para montar conjuntos de componentes em sistemas alternativos quando há uma variedade de maneiras para atender a cada uma das necessidades do projeto. Eles consistem em uma matriz cujas linhas descrevem as necessidades do projeto, e as colunas definem as diferentes alternativas de se atender tais necessidades. Conjuntos são desenvolvidos ao selecionar um ou mais métodos alternativos para atender a cada necessidade. Conjuntos diferentes podem refletir metaestratégias ou filosofias de projeto diferentes. Por exemplo, pode existir um conjunto de alternativas com ênfase na sustentabilidade, um conjunto que priorize um custo de capital menor e um conjunto que dê maior importância à aceitação pública. As necessidades representadas nas linhas podem identificar tanto as diferentes funções específicas de um projeto quanto suas diferentes metas específicas. Se o sistema consistir de componentes facilmente identificáveis, a função de cada componente pode ser correlacionada a uma necessidade de projeto, que pode ser identificada por exame da função do componente. Em alguns casos, é possível obter melhores resultados se as metas específicas de projeto forem listadas na coluna; nesse caso, as colunas devem identificar diferentes maneiras possíveis de cumprir a meta. A seguir, temos uma tabela morfológica para sistemas de gerenciamento de águas pluviais, que controlam o escoamento da água das chuvas. As linhas representam os diferentes componentes do sistema de gerenciamento de água da chuva, com células identificando diferentes soluções possíveis.

Necessidade do projeto	Métodos alternativos para atender à necessidade			
Coleta de água escoada do terreno	Sarjetas, meios-fios e galerias pluviais	Canais de drenagem ao longo dos acostamentos em rodovias	Direcionamento da água para o fundo do terreno e para canais de drenagem	Nenhum
Transferência da água escoada	Rede de grandes galerias pluviais subterrâneas	Rede de novos canais abertos e melhoria dos canais naturais	Canais naturais de drenagem sem melhorias	
Armazenagem da água escoada	Equipamentos de retenção próximos dos pontos de entrada	Grandes reservatórios subterrâneos de retenção em túneis	Reservatórios para diversos propósitos	Nenhum
Tratamento da água escoada	Lagoas com tratamento mínimo da água escoada; as lagoas podem servir para fins recreativos	Tratamento intensivo da água escoada, sem lagoas	Nenhum tratamento e despejo direto em lago ou rio	

Uma ou mais alternativas dos possíveis métodos mostrados para cada necessidade do projeto podem ser selecionadas para uma alternativa, como mostrado pelos itens em negrito a seguir. Esse conjunto de soluções teria um alto custo de capital associado, mas poderia cumprir bem outras metas de projeto.

Alternativa com alto custo de capital

Necessidade do projeto	Métodos alternativos para atender à necessidade			
Coleta de água escoada do terreno	**Sarjetas, meios-fios e galerias pluviais**	Canais de drenagem ao longo dos acostamentos em rodovias	Direcionamento da água para o fundo do terreno e para canais de drenagem	Nenhum
Transferência da água escoada	**Rede de grandes galerias pluviais subterrâneas**	Rede de novos canais abertos e melhoria dos canais naturais	Canais naturais de drenagem sem melhorias	
Armazenagem da água escoada	Equipamentos de retenção próximos dos pontos de entrada	**Grandes reservatórios subterrâneos de retenção em túneis**	Reservatórios para diversos propósitos	Nenhum
Tratamento da água escoada	Lagoas com tratamento mínimo da água escoada; as lagoas podem servir para fins recreativos	**Tratamento intensivo da água escoada, sem lagoas**	Nenhum tratamento e despejo direto em lago ou rio	

A tabela morfológica a seguir identifica um conjunto diferente de soluções que podem ser menos dispendiosas, mas podem não atender a outras necessidades de projeto tão bem quanto o conjunto de soluções mostrado anteriormente.

Alternativa com minúsculas

Necessidade do projeto	Métodos alternativos para atender à necessidade			
Coleta de água escoada do terreno	Sarjetas, meios-fios e galerias pluviais	**Canais de drenagem ao longo dos acostamentos em rodovias**	Direcionamento da água para o fundo do terreno e para canais de drenagem	Nenhum
Transferência da água escoada	Rede de grandes galerias pluviais subterrâneas	**Rede de novos canais abertos e melhoria dos canais naturais**	Canais naturais de drenagem sem melhorias	
Armazenagem da água escoada	Equipamentos de retenção próximos dos pontos de entrada	Grandes reservatórios subterrâneos de retenção em túneis	Reservatórios para diversos propósitos	**Nenhum**
Tratamento da água escoada	**Lagoas com tratamento mínimo da água escoada; as lagoas podem servir para fins recreativos**	Tratamento intensivo da água escoada, sem lagoas	Nenhum tratamento e despejo direto em lago ou rio	

O próximo exemplo é uma tabela morfológica de um projeto de um sistema rodoviário que utiliza metas específicas de projeto, em vez de componentes, para organizar as soluções alternativas.

172 Introdução à Engenharia Civil

Meta específica de projeto	Métodos alternativos para o cumprimento da meta			
Minimizar o congestionamento na hora do rush	Projetar três faixas em cada direção, mas sem faixas exclusivas para veículos com alta ocupação, incluindo ônibus	Projetar quatro faixas em cada direção, incluindo uma faixa exclusiva para veículos com alta ocupação	Criar uma faixa para veículos com alta ocupação no acostamento de uma rodovia com duas faixas	Limitar acesso usando medidores em rampas de acesso
Dar acesso a áreas residenciais e locais geradores de tráfego	Colocar interconexões a cada 400 m	Colocar interconexões a cada 800 m	Criar estradas de acesso	
Tornar o trânsito atrativo	Projetar a faixa divisória para ser corredor de ônibus	Definir pontos de ônibus nas interconexões mais importantes	Projetar estacionamentos de intercâmbio	
Minimizar impactos sonoros	Condenar casas e comércios onde os níveis de barulho externo excedem os padrões saudáveis	Melhorar as funcionalidades de supressão de barulho em casas e comércios, mas não os condenar	Construir barreiras acústicas	Reduzir o limite de velocidade

A seguir, destacado em negrito, está o que pode ser uma alternativa com custo elevado, seguida pelo que pode ser uma com custo menor. Note que várias funcionalidades podem ser incluídas na mesma linha. Outros conjuntos ainda poderiam ser montados, como opção com foco no trânsito ou em veículos grandes.

Alternativa com Alto Custo de Capital

Meta específica de projeto	Métodos alternativos para o cumprimento do objetivo			
Minimizar o congestionamento na hora do rush	Projetar três faixas em cada direção, mas sem faixas exclusivas para veículos com alta ocupação, incluindo ônibus	**Projetar quatro faixas em cada direção, incluindo uma faixa exclusiva para veículos com alta ocupação**	Criar uma faixa exclusiva para veículos com alta ocupação no acostamento de uma rodovia com duas faixas	Limitar acesso usando medidores em rampas de acesso
Dar acesso a áreas residenciais e locais geradores de tráfego	**Colocar interconexões a cada 400 m**	Colocar interconexões a cada 800 m	**Criar estradas de acesso**	
Tornar o trânsito atrativo	**Projetar a faixa divisória para ser corredor de ônibus**	**Definir pontos de ônibus nas interconexões mais importantes**	Projetar estacionamentos de intercâmbio	
Minimizar impactos sonoros	**Condenar casas e comércios onde os níveis de barulho externo excedem os padrões saudáveis**	Melhorar as funcionalidades de supressão de barulho em casas e comércios, mas não os condenar	Construir barreiras acústicas	Reduzir o limite de velocidade

Alternativa com Baixo Custo de Capital

Meta específica de projeto	Métodos alternativos para o cumprimento do objetivo			
Minimizar o congestionamento na hora do rush	Projetar três faixas em cada direção, mas sem faixas exclusivas para veículos com alta ocupação, incluindo ônibus	Projetar quatro faixas em cada direção, incluindo uma faixa exclusiva para veículos com alta ocupação	**Criar uma faixa exclusiva para veículos com alta ocupação no acostamento de uma rodovia com duas faixas**	**Limitar acesso usando medidores em rampas de acesso**
Dar acesso a áreas residenciais e locais geradores de tráfego	Colocar interconexões a cada 400 m	**Colocar interconexões a cada 800 m**	Criar estradas de acesso	
Tornar o trânsito atrativo	Projetar a faixa divisória para ser corredor de ônibus	Definir pontos de ônibus nas interconexões mais importantes	**Projetar estacionamentos de intercâmbio**	
Minimizar impactos sonoros	Condenar casas e comércios onde os níveis de barulho externo excedem os padrões saudáveis	Melhorar as funcionalidades de supressão de barulho em casas e comércios, mas não os condenar	**Construir barreiras acústicas**	Reduzir o limite de velocidade

Em resumo, a geração de soluções pode envolver dois passos. O primeiro sugere a divisão do sistema como um todo em componentes ou dividir o problema em subproblemas. Isso ajuda na organização do problema e no reconhecimento de interdependências entre as unidades menores. Ajuda o engenheiro a identificar melhor aqueles elementos do projeto que podem requerer compatibilidade e coordenação no projeto. Isso pode ajudar no desenvolvimento das metas do projeto. Espera-se que metas específicas de projeto variem entre os componentes. O segundo passo é criar alternativas, o que requer criatividade e síntese. Três métodos que podem ajudar a estimular o pensamento crítico foram apresentados.

GERANDO EVIDÊNCIAS DO CUMPRIMENTO DAS METAS DE PROJETO

Durante a geração de alternativas, o estudante deve procurar cumprir as metas do projeto. A Seção B.3 do Relatório 3 indica as informações que devem estar presentes nas alternativas. A maioria dos itens mencionados na Seção B.3 deve estar relacionada com, pelo menos, uma das metas de projeto. Um dos métodos para ajudar a determinar se um objetivo está sendo cumprido ou não é completar a matriz mostrada na Tabela 7.1. Na primeira coluna da matriz, cada uma das metas importantes de projeto deve ser listada. Até o máximo de três metas mais importantes do projeto devem ser identificadas. Na segunda coluna, a evidência que poderia ser usada para verificar o cumprimento da meta deve ser apresentada. Exemplos de evidência são os conceitos e equações que pertencem ao sistema de infraestrutura específico, as leis que o projeto deve obedecer, as normas de projeto utilizadas ou as características físicas do projeto. A matriz preenchida deve ser incluída no Relatório 3 em "Geração de Alternativas, Avaliação e Recomendações". A matriz se encontra no final do modelo para o Relatório 3 e é exigida na Seção C.1.

Uma vez que uma esquematização dos objetivos tenha sido elaborada, e as alternativas, criadas, o terceiro passo é avaliar as alternativas, assunto do próximo capítulo.

Tabela 7.1 Matriz de Evidências

	Evidência que Pode Ser Usada para Demonstrar o Cumprimento da Meta na Alternativa
Metas primárias de desempenho (até 3)	
1.	
2.	
3.	
Metas de segurança (até 3)	
1.	
2.	
3.	
Metas de saúde (até 3)	
1.	
2.	
3	
Metas de sustentabilidade e proteção ambiental (até 3)	
1.	
2.	
3.	
Metas de eficiência econômica (até 3)	
1.	
2.	
Metas de aceitação (até 3)	
1.	
2.	
3.	

RESUMO

Alternativas sempre devem ser geradas, e as características do projeto para as alternativas devem refletir as metas de projeto para o sistema. A conceptualização e a organização das alternativas em termos de metas básicas, como eficiência econômica e desempenho técnico, podem ser de grande ajuda. Geralmente, é desejável dividir os problemas de projeto em componentes gerenciáveis, normalmente subconjuntos dos problemas gerais do projeto. Esses componentes podem ser projetados individualmente, uma vez que seu papel no cumprimento das metas seja compreendido. As exigências de projeto para um componente específico podem ser influenciadas por outros componentes. Uma matriz pode ser utilizada para ajudar no estímulo e organização do pensamento sobre as potenciais ligações entre as necessidades a serem atendidas e funcionalidades importantes do projeto. Métodos como Brainstorming, Diagramas de Ideias e Tabelas Morfológicas podem estimular a criatividade.

PALAVRAS-CHAVE

análise
brainstorming
criatividade
diagramas de ideias

fases
tabela morfológica
síntese

EXERCÍCIOS PARA DESENVOLVER HABILIDADES DE PROJETO

1. Usando as opções de Formas ou SmartArt no Word, crie um gráfico que mostre todas as etapas envolvidas no tratamento de água ou de gerenciamento de resíduos sólidos na sua comunidade.

2. Usando as opções de Formas ou SmartArt no Word, crie um gráfico que mostre os elementos básicos de projeto da rua em frente à sua residência ou outro componente da infraestrutura de transporte. Quais podem ser as metas de transporte para cada elemento?

3. Prepare um quadro morfológico que mostre os métodos alternativos para projetar um modo de os pedestres atravessarem uma estrada movimentada que não envolva túneis ou pontes. Então, identifique as combinações de elementos de baixo custo e de alto custo.

4. Conduza uma sessão de brainstorming com vários colegas de classe para identificar (a) um problema local de infraestrutura de engenharia civil que precise ser corrigido, (b) as metas de projeto úteis para avaliar soluções alternativas e (c) várias soluções possíveis.

CAPÍTULO

8

Avaliação de Soluções Alternativas – Relatório 3

Objetivos

Após a leitura deste capítulo, você deverá ser capaz de:

- Descrever como o cumprimento de metas de uma alternativa pode ser mensurado e pontuado.

- Apresentar um método para comparar quantitativamente as alternativas mediante a multiplicação da pontuação do cumprimento das metas pela importância da meta e soma dos produtos de todas as metas.

INTRODUÇÃO

Há várias maneiras de se realizar uma avaliação e comparação de alternativas. Neste livro, apenas um método é apresentado, o qual é compatível com qualquer procedimento que produza pesos numéricos para as metas de projeto. A intenção é ilustrar o conceito de análise formal do cumprimento de metas usando métodos quantitativos. A partir desta análise, os prós e contras de cada alternativa podem ser determinados. A análise de alternativas é um importante elemento do pensamento crítico, e uma abordagem quantitativa é um modo rigoroso de se realizar comparações. Na prática profissional, esquemas de avaliação podem ser criados e ter uma forma diferente da apresentada. Contudo, existem elementos comuns a todos os esquemas de avaliação. Primeiro, devem existir modos de estabelecer a atratividade relativa das alternativas. Segundo, deve haver modos de determinar por que essa atratividade varia entre as alternativas. Quanto mais métodos quantitativos de avaliação, mais científica a abordagem pode ser e com mais rigor o pensamento e as hipóteses que formam a sua base podem ser examinados.

MATRIZ DE METAS

O capítulo anterior forneceu uma matriz que pode ser utilizada para estabelecer as ligações entre as metas de projeto e as características físicas das alternativas do projeto em si. A matriz está repetida na Tabela 8.1 e é exigida na Seção C.1 do Terceiro Relatório. Reiterando, deve ser possível demonstrar ou explicar como o projeto tentará cumprir cada meta, o que pode ser explicado usando a matriz. A criação desta matriz força a equipe a pensar com cuidado sobre o papel desempenhado pelas estimativas de demanda, elementos de projeto e suas capacidades e dimensões, relações entre as variáveis de projeto, possíveis compensações, procedimentos de projeto e códigos e leis de projeto.

Na abordagem apresentada neste livro, a avaliação envolve estabelecer a atratividade relativa das metas usando metas com pesos associados. O Capítulo 5 explica como as metas de projeto podem ser pesadas. As metas pesadas compõem metade de um esquema de avaliação, com a outra metade formada pelo procedimento de avaliação em si. O esquema de avaliação apresentado neste capítulo exige que cada alternativa seja avaliada considerando quanto ela atende a cada meta do projeto. À cada alternativa é dada uma nota com base no quanto ela cumpre determinada meta. A nota é afetada pelo peso ou importância da meta, PM, e calcula-se a soma de todas as notas multiplicadas pelo peso da meta correspondente, produzindo uma **Pontuação de decisão** (**PD**) para a alternativa. As alternativas podem ser ranqueadas em relação ao cumprimento geral das metas, medido pela Pontuação de Decisão para determinar sua atratividade relativa.

Tabela 8.1 Matriz de evidência

	Evidência que pode ser usada para demonstrar o cumprimento da meta na alternativa
Metas Primárias de Desempenho (até 3)	
1.	
2.	
3.	
Metas de Segurança (até 3)	
1.	
2.	
3.	
Metas de Saúde (até 3)	
1.	
2.	
3.	
Metas de Sustentabilidade e Proteção Ambiental (até 3)	
1.	
2.	
3.	
Metas de Eficiência Econômica (até 3)	
1.	
2.	
3.	
Metas de Aceitação Pública (até 3)	
1.	
2.	
3.	

A seguir, as razões pelas quais o ranking ficou de determinada maneira devem ser analisadas usando a **análise de trade-off**. Análises de trade-off ajudam a determinar falhas e indicam quais metas podem estar competindo entre si dadas as exigências as quais o projeto deve atender, e se o cumprimento de qualquer meta pode ser realizado apenas pelo não cumprimento de outra. Elas também podem indicar quais metas podem ter seu cumprimento melhorado por aprimoramentos criativos de projeto. Uma análise de trade-off não fornece apenas uma explicação para os rankings, mas também pode responder à questão sobre onde esforço adicional pode ser alocado de forma a produzir lucro.

Quando números são usados para comparar alternativas e realizar avaliações, as ferramentas da lógica podem ser aplicadas, e a avaliação possui uma base científica maior.

CALCULANDO PONTUAÇÕES DE DECISÕES

Presume-se que metas específicas de projeto tenham sido geradas, e os pesos, associados, PM, e que alternativas foram criadas. O método para associar pesos às metas foi explicado no Capítulo 5, e a criação de alternativas foi discutida no Capítulo 6. A próxima etapa é determinar até que ponto cada alternativa cumpre cada meta. Idealmente, isso seria alcançado usando dados quantitativos sobre cada alternativa que indicasse quanto seria seu desempenho em relação às metas específicas de projeto. Por exemplo, o conceito de Nível de Serviço fornece dados que podem ser usados para relacionar a quantidade total de viagens com a facilidade de deslocamento gerada por uma via arterial. O projeto de estações de gerenciamento de águas pluviais depende da escolha do projeto de precipitação e das equações que relacionam o volume e o fluxo de água na área da seção transversal de um canal e a velocidade desse fluxo. Muitas das equações ou relações podem ser usadas para determinar se uma alternativa cumpre uma meta de projeto. A extensão do cumprimento da meta deve ser determinada e mapeada em uma escala cuja base seja "não cumprimento" em uma ponta, e "excelente cumprimento" ou equivalente, na outra. O número resultante é chamado de **Pontuação de cumprimento** (**PC**). Uma pontuação de cumprimento deve existir para cada meta e cada alternativa. Se houver três alternativas e cinco tipos de metas específicas de projeto, deverão existir $3 \times 5 = 15$ pontuações de cumprimento, com cinco pontuações para cada uma das três alternativas. Escalas de 1 a 10 podem ser usadas para as pontuações de cumprimento, com o número 10 indicando excelente cumprimento, e 0 indicando o não cumprimento.

Embora possa parecer subjetivo, pode-se estabelecer faixas indicativas do nível de cumprimento da meta necessária para receber determinada pontuação na escala. Por exemplo, pode-se definir um critério que diga que, para um sistema de via arterial merecer uma pontuação de cumprimento 10, ela deve funcionar em um nível de serviço em que haja um fluxo estável, quase livre, durante os horários de pico. Para ela receber uma pontuação 8, deve funcionar em um nível de serviço abaixo do anterior, com fluxo quase instável. Se funcionar em um nível de serviço em que haja um fluxo forçado e interrompido, ela terá uma pontuação 1 (ver em https://en.wikipedia.org/wiki/Level_of_service as classificações de níveis de serviço). Nem sempre é possível desenvolver uma métrica e associá-la a uma escala destinada a calcular um número de mérito em relação ao grau de cumprimento de uma meta específica de projeto, possivelmente porque a extensão de cumprimento da meta não pode ser prevista, mas depende do julgamento subjetivo realizado pelo engenheiro de projeto. Nesses casos, a associação de uma pontuação ao cumprimento da meta se torna subjetiva. Normalmente, esse será o caso para equipes de projeto em um curso introdutório, porque estudantes ainda não realizaram trabalhos mais avançados que cobrissem as técnicas de análise ou simulação necessárias para produzir estimativas quantificáveis do cumprimento de metas. Custos, em particular, podem envolver "melhores palpites". Mas, independentemente do volume de

182 Introdução à Engenharia Civil

quantificações, é preciso desenvolver um método para avaliar e comparar alternativas. O método deve valer para explicação, avaliação e debate. Deve demonstrar a aplicação do raciocínio crítico.

A equação utilizada para gerar a pontuação de decisão para cada alternativa i, PD_i, é:

$$PD_i = \sum PC_{ij} * PM_j \text{ (soma sobre todas as metas)}$$

Em que i representa a alternativa i, e j representa a meta j.

PC_{ij} – Pontuação de Cumprimento da alternativa i em relação à meta j.

PM_j – Peso da meta para o objetivo j.

EXEMPLO – CÁLCULO DA PONTUAÇÃO DE DECISÃO

Utilizando dados do exemplo apresentado no Capítulo 5, considere que duas alternativas de projeto de uma rodovia estão sob consideração (Alternativa 1 e Alternativa 2). Considere que as metas e seus respectivos pesos são os seguintes (note que as Metas 1 e 4 receberam pesos equivalentes):

Meta	Peso da meta (PM)
Meta 3 – segurança	95
Meta 2 – capacidade (desempenho)	80
Meta 1 – custo	60
Meta 4 – aceitação pública	60

Considere que uma das duas alternativas foi avaliada, e suas pontuações de cumprimento, PC, foram estabelecidas em relação a cada meta da forma mostrada a seguir (as metas estão listadas na ordem do ranking dos seus pesos):

Pontuação de cumprimento, PC_{ij}

Meta especial do projeto j	Alternativa 1	Alternativa 2
Meta 3. Alto nível de segurança	9	7
Meta 2. Grande volume de veículos atendidos	8	9
Meta 1. Baixo custo de capital	5	8
Meta 4. Aceitação por parte das residências adjacentes	7	4

> A **matriz de decisão** a seguir ilustra como as pontuações de decisão são calculadas. As pontuações de cumprimento (PC) são mostradas acima da linha diagonal, e os produtos da pontuação de cumprimento e peso da meta (PC × PM) são mostrados abaixo da diagonal. As somas dos cumprimentos das metas com os pesos associados são calculadas por meio da adição dos números abaixo da diagonal e estão localizadas na quinta coluna. A posição da alternativa no ranking geral está na sexta coluna.
>
> | | Metas e pesos das metas (PM_i) | | | | SOMA (PD_i) | Ranking |
> |---|---|---|---|---|---|---|
> | Alternativa i | 3.(95) | 2.(80) | 1.(60) | 4.(60) | $\sum PC_{ij} * PM_i$ | |
> | **Alternativa 1** | 9/855 | 8/640 | 5/300 | 7/420 | 2215 | Primeiro |
> | **Alternativa 2** | 7/665 | 9/720 | 8/480 | 4/240 | 2105 | Segundo |
>
> A soma dos cumprimentos das metas com pesos associados coloca a Alternativa 1 à frente da Alternativa 2 porque 2.215 é maior que 2.105. Uma análise de trade-off examinaria o porquê de o ranking ser assim.

ANÁLISE DE TRADE-OFF

A análise de trade-off procura determinar que:

1. Alguma meta específica deve ser comprometida para se atingir outras metas?
2. Existem áreas específicas para possíveis melhorias no projeto que podem resultar em pontuações melhores de cumprimento de metas?

Em relação à primeira questão, a pontuação de cumprimento para cada meta deve ser comparada entre as alternativas para determinar se podem existir compensações. No exemplo anterior, pode-se observar que a Alternativa 1 possui uma pontuação maior no cumprimento das metas de segurança e impacto nas residências adjacentes, enquanto a Alternativa 2 possui maiores pontuações na capacidade de veículos atendidos e baixo custo de capital. Isso levanta a questão de que, dada a natureza do problema de projeto e alternativas criadas, as funcionalidades de segurança e o tratamento para residências adjacentes que a Alternativa 1 oferece estão competindo contra a maior capacidade de veículos atendidos e o baixo custo de capital da Alternativa 2. Pode uma maior capacidade de veículos atendidos ser alcançada apenas com o sacrifício de funcionalidades de segurança e impactos mais graves nas residências adjacentes?

Um exame dos detalhes das soluções de projeto e da lógica por trás das pontuações de cumprimento das metas precisaria ser realizado para ambas as alternativas para determinar a razão pela qual uma alternativa possui um ranking melhor que a outra e se os rankings refletem a necessidade de sacrificar a segurança e o tratamento para residências adjacentes para manter os custos baixos e a capacidade de atendimento alta. Caso tais compensações existam e não possam ser evitadas, é importante indicar esse fato quando da discussão dos resultados da avaliação. Por outro lado, o reconhecimento de uma compensação pode gerar um incentivo para o projetista procurar outras maneiras de melhorar a segurança e impactar o desempenho da Alternativa 2 sem aumentar os custos ou diminuir a capacidade.

No que diz respeito à segunda questão, a Alternativa 2 oferece um cumprimento superior das metas de custo e capacidade, mas perde para a Alternativa 1 em segurança e tratamento das residências adjacentes. Como mencionado anteriormente, isso levanta a questão de se a reelaboração do projeto da Alternativa 2 poderia melhorar a segurança e o tratamento das residências adjacentes sem aumentar o custo ao patamar da Alternativa 1. Em outras palavras, podem ser identificados quaisquer aperfeiçoamentos no projeto que melhorariam as pontuações de cumprimento de metas da Alternativa 2, de forma que elas se igualariam ou superariam as da Alternativa 1? A questão simetricamente oposta é se a reelaboração da Alternativa 1 poderia melhorar suas pontuações em capacidade (pode ser necessário apenas uma pequena melhoria para aumentar a pontuação em 1), ou em relação ao custo de capital. Uma redução de custo considerável pode ser necessária devido a restrições orçamentárias, e, se existirem compensações entre custo e metas de segurança, a redução dos custos pode prejudicar a segurança.

Uma boa análise de trade-off requer conhecimento e familiaridade com o processo de projeto de um sistema, mas pode indicar quais aprimoramentos de projeto podem oferecer o maior retorno. Engenheiros de projeto precisam estar cientes das compensações que podem influenciar o projeto e devem ser capazes de identificar áreas nas quais melhorias no projeto podem ser benéficas.

Clientes do setor privado e órgãos públicos que empregam engenheiros civis normalmente querem saber se as soluções propostas podem ser melhoradas com nenhum ou pouco aumento nos custos, ou se as funcionalidades desejáveis podem ser mantidas se os custos forem reduzidos. É importante saber como as metas de projeto seriam afetadas caso o orçamento fosse revisto para baixo. Também é importante que o engenheiro do projeto esteja ciente da possibilidade da ocorrência de falhas ou de um processo de avaliação tendencioso, além de se certificar de que, se certos números forem suspeitos, as pessoas que receberão a avaliação e tomarão as decisões serão notificadas. Por último, deve-se lembrar que o projeto com a maior pontuação em uma avaliação formal pode não ser o escolhido para implementação pelo cliente privado ou órgão público. Procedimentos formais de avaliação não conseguem abordar todas as questões que podem influenciar os tomadores de decisão, e a pessoa ou grupo responsável pela decisão de financiamento ou implementação pode levar fatores adicionais em conta. Note que a seção do Terceiro Relatório, que fala sobre a avaliação, tem a matriz apresentada no Capítulo 7 e na Tabela 8.1.

RESUMO

Uma vez que as alternativas tenham sido criadas, elas precisam ser avaliadas e ranqueadas de alguma forma. A avaliação deve ser realizada usando metas quantificáveis sempre que possível. Um método de se alcançar isso é associar pesos às metas, refletindo suas importâncias relativas para então "medir" até que ponto cada alternativa cumpre cada meta. O cumprimento de meta de cada alternativa pode ser calculado e somado por todas as metas e o número resultante comparado entre as alternativas. Uma averiguação das compensações permite que o engenheiro civil determine as razões pelas quais determinada alternativa recebe determinada pontuação, e isso pode estimular novos pensamentos sobre como melhorar os projetos criados e ranqueados.

PALAVRAS-CHAVE

análise de trade-off
matriz de decisão

pontuação de
cumprimento (PC)

pontuação de decisão
(PD)

EXERCÍCIOS PARA DESENVOLVER HABILIDADES DE PROJETO

1. Visite um cruzamento próximo sinalizado e observe seu funcionamento por cerca de 15 min durante o período de pico. Quais características do projeto demonstram o cumprimento das metas de segurança e de capacidade? Existem trade-offs aparentes entre essas duas metas?

2. Usando a matriz desenvolvida no Exercício 1 do Capítulo 5 e o Exercício 1 do Capítulo 6, selecione cinco automóveis com designs diferentes (sedans, pick-ups, esportivo etc.) e os compare usando a matriz de decisão. Como os cinco designs diferentes são ranqueados? Há trade-offs entre os designs?

3. Considere que você seja um engenheiro civil, e adutoras de água instaladas há mais de 50 anos estão quebrando na média de uma por semana. Crie uma matriz de decisão que lhe ajude a resolver se deve substituir ou reparar cada uma das adutoras quando quebrarem. Indique as metas de projeto para esse problema.

4. Aviões de voos comerciais têm evoluído em direção a modelos que podem transportar mais passageiros. Considere que você é o engenheiro civil responsável de um grande aeroporto. Quais elementos de projeto do terminal do aeroporto você examinaria quando decidisse se um terminal poderia acomodar novos e maiores aviões? Crie uma matriz de decisão que o ajude a resolver se o terminal poderia acomodar novas aeronaves carregando um

número específico de passageiros que desembarcam por portas em locais específicos da fuselagem. Cada nova aeronave também terá um comprimento e envergaduras de asa particulares. Identifique as metas de projeto e modificações alternativas ao projeto do terminal que podem ser necessárias.

5. Quais metas possíveis de projeto e trade-offs você examinaria se fosse comparar o uso de concreto com o uso de asfalto para uma nova pavimentação na estrada? E para a substituição de um pavimento existente, quando necessário?

6. Quais objetivos possíveis de projeto e trade-offs você examinaria se fosse comparar o uso de uma estrutura de madeira *versus* o uso de uma estrutura em aço *versus* um projeto totalmente em alvenaria para um prédio de dois andares?

CAPÍTULO

9

Desenvolvimento de Mapas do Terreno e Bases de Dados

Por Jeffery Jensen

Objetivos

Após a leitura deste capítulo, você deverá ser capaz de:

- Obter os dados brutos de altitude por meio dos quais serão geradas as curvas de nível.
- Criar as curvas de nível.
- Usar estilos/símbolos e visualizar as curvas de nível no Google Earth.

INTRODUÇÃO

Curvas de nível são linhas 2D que representam altitudes iguais em um mapa. Dessa forma, andar sobre uma curva de nível é similar a andar na praia; será em uma altitude constante, sem alterações na elevação, sem movimentação para baixo ou para cima. Neste caso, a linha da costa é uma curva de altitude zero. O espaço entre as curvas de nível é chamado de intervalo da curva de nível. Curvas de nível nunca devem se cruzar, mas há exceções, como penhascos ou outros tipos de declives abruptos. Curvas com formato em "V" são provavelmente drenos naturais, como córregos ou charcos. A parte de baixo do "V" aponta no sentido oposto à correnteza ou de subida. Quanto mais próximas as curvas de nível, maior a inclinação da superfície. Esse seria o caso de áreas montanhosas do estado de Nevada nos Estados Unidos. Em oposição, quanto mais espaçadas as curvas de nível, mais plana a superfície. Este seria o caso das planícies e campos dos estados da Flórida e Lousiana, nos Estados Unidos. Para grandes áreas (maiores que 160 mil m^2), as curvas de nível são normalmente geradas por **Modelos Digitais de Elevação** (**MDE**). Para áreas menores (menos de 160 mil m^2), pontos 3D são medidos no campo pelo agrimensor. Esses pontos são então transferidos para um programa de computador como o Autodesk Civil 3D e usados para criar um modelo digital de elevação/superfície conhecido como **Rede Triangular Irregular** (**RTI**). Este capítulo focará apenas a criação de curvas de nível a partir de MDEs.

A seguir, encontra-se um procedimento detalhado sobre como gerar as curvas de nível a partir de dados disponíveis na USGS – *United States Geological Survey*, e como mostrar essas curvas no **Google Earth**. As curvas de nível auxiliam o engenheiro civil na avaliação de muitas características do terreno, incluindo determinar o caminho existente formado pelo escoamento da água da chuva. Uma vez que os dados do MDE são fotografias instantâneas, qualquer alteração recente gerada por cortes ou aterros no terreno pode não estar refletida nas elevações. Os aplicativos de software necessários para este exercício são: (1) **ESRI ArcMap**, (2) **ESRI Spatial Analyst Extension** e (3) **Google Earth**. É necessária uma licença para os softwares ESRI. A forma para obter essa licença é mostrada no final do capítulo.

Os passos a serem seguidos incluem:

1. Fazer o download dos MDE da USGS para o Mapa-Base.
2. Importar MDEs para o ESRI ArcMap (licença necessária).
3. Criar mosaicos dos MDEs utilizando a extensão ESRI Spatial Analyst (licença necessária).
4. Fazer o recorte dos MDEs para mostrar as Fronteiras do Projeto.
5. Suavizar a Imagem Raster.
6. Criar curvas de nível usando a extensão ESRI Spatial Analyst.
7. Selecionar Estilos/Sinalizações para as curvas de nível maiores e menores.
8. Colocar rótulos nas curvas de nível.
9. Exportar as curvas de nível para o KML.
10. Visualizar as curvas de nível no Google Earth.

PASSO 1 – REALIZANDO O DOWNLOAD DOS USGS DEM PARA O MAPA-BASE

Antes de começar, os **valores de latitude e longitude** do terreno devem ser reconhecidos com precisão de segundos. Primeiro, os dados da USGS devem ser acessados em http://gisdata.usgs.gov. O endereço completo do site é mostrado na Figura 9.1. Use o USGS NED 1 arco de segundo e NED 1/3 arco de segundo. Faça o download da ferramenta *NED 1/3 arco de segundo (10 m)* para definir a área desejada. O exemplo mostrado neste capítulo é o Condado de Clark, em Nevada, nos Estados Unidos, onde está localizada a cidade de Las Vegas.

Faça o download do formato ArcGrid da **National Elevation Dataset** (1/3 arco de segundo). O tamanho do arquivo para o exemplo é de aproximadamente 350 MB para cada MDE e leva 11 minutos para ser baixado, dependendo da sua velocidade de conexão. O Condado de Clark, em Nevada, é composto por quatro MDEs, então, o tamanho total é de 1,3 GB quando comprimido. A tela mostrada na Figura 9.2 irá surgir, confirmando os valores de longitude e atitude selecionados.

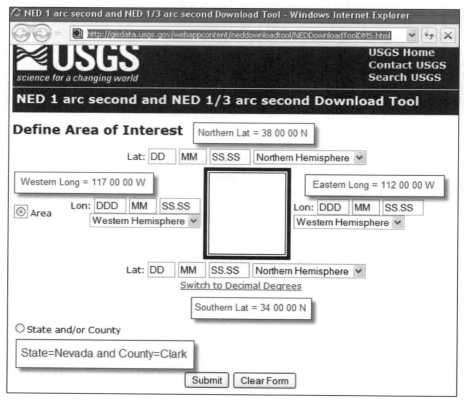

Figura 9.1 Acessando o site da USGS contendo os dados para o mapa-base.
Fonte: The USGS NED Download Tool (J. Jensen).

Extraia/descompacte os quatro arquivos que representam a área desejada. Para a área de exemplo, Condado de Clark, em Nevada, uma pasta com o nome de n37w116 e um arquivo ESRI ArcGrid nomeado grdn37w116_13, como mostrado na Figura 9.3, serão criados (os outros três arquivos terão localizações diferentes no nome dos arquivos, como n36w115, como mostrado nas Figuras 9.2 e 9.3). A convenção dos nomes é: grd = formato ESRI ArcGrid, n37 = latitude ao norte do equador, w116 = longitude a oeste do Meridiano de Greenwich e 13 = um terço de arco de segundo, aproximadamente uma célula raster de 10 m (veja "Metadata" em 1/3-Arc Second National Elevation Dataset, http://extract.cr.usgs.gov/distmeta/servlet/gov.usgs.edc.MetaBuilder? TYPE= HTML& DATASET= NED13). Visualize os dados com o Windows Explorer para verificar se foram descompactados.

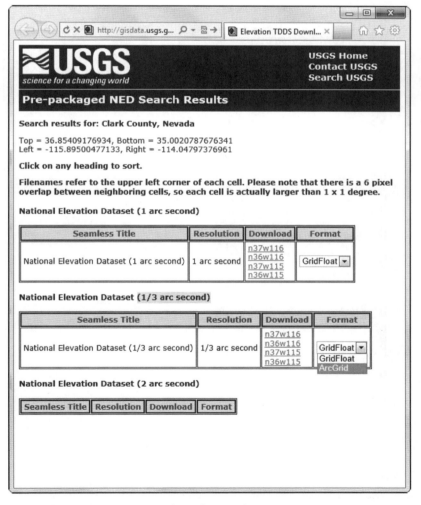

Figura 9.2   Tela confirmando as coordenadas selecionadas.
Fonte: The USGS NED Download Tool (J. Jensen).

192 Introdução à Engenharia Civil

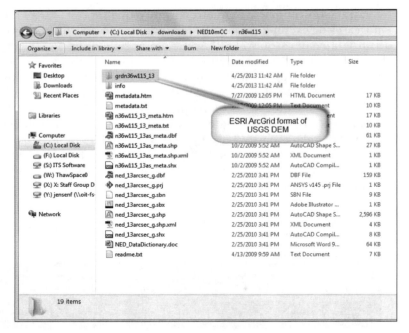

Figura 9.3 Visualização dos MDEs no Windows Explorer.
Pode-se observar a presença do arquivo grdn36w115_13
Fonte: The USGS NED Download Tool (J. Jensen).

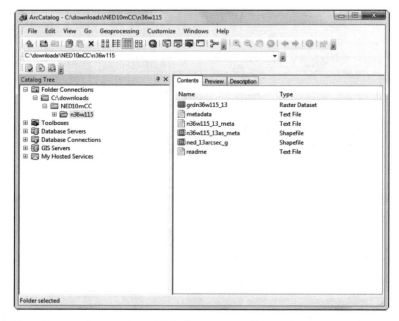

Figura 9.4 Visualização dos arquivos MDE descompactados no ESRI ArcCatalog.
Note que esse é o conteúdo descompactado do arquivo em destaque na figura anterior
Fonte: The USGS NED Download Tool (J. Jensen).

PASSO 2 – IMPORTANDO OS DEM PARA OS ESRI ARCMAP

Abra o **ESRI ArcMap** e importe os dados dos MDEs. Quando adicionar o MDE, o ESRI ArcMap abrirá uma caixa de diálogo perguntando se você quer criar pirâmides para melhorar a velocidade no ArcMap quando o zoom for acionado (veja Figura 9.5). NÃO é recomendado usar a opção "criar pirâmides em MDE individuais", já que leva cerca de 30 minutos para completar e, quando criar um mosaico dos MDEs, um raster piramidal será criado em conjunto. Pirâmides são geradas automaticamente, uma vez que o **mosaico** dos MDEs é criado usando a ferramenta **Mosaic To New Raster** no ArcToolBox. A Figura 9.6 mostra um único MDE na tela com um gradiente da cor preta (elevações menores) à branca (elevações maiores). Dentro do ESRI ArcMap, a ferramenta Identify pode ser usada para investigar o MDE com um clique do mouse, visualizando assim as elevações da célula selecionada. Quando a inserção dos quatro MDEs ao ArcMap acabar, a visualização do mapa deverá ser igual à mostrada na Figura 9.7.

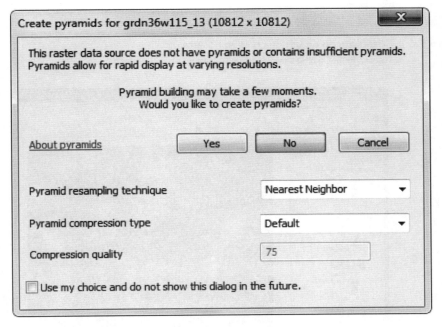

Figura 9.5 Caixa de diálogo para criar pirâmides do ArcMap.

Isso aparece no ArcMap para perguntar se pirâmides devem ser criadas, o que melhora a velocidade da ferramenta de zoom do ArcMap. Isso não é recomendado devido ao tempo exigido.

Fonte: The USGS NED Download Tool (J. Jensen).

194 Introdução à Engenharia Civil

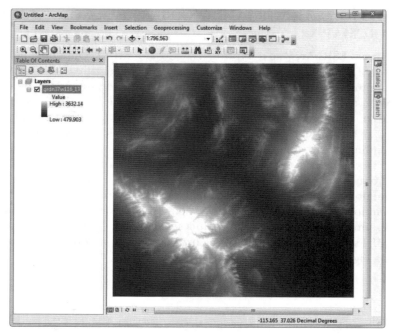

Figura 9.6 Visualização de um único MDE no ArcMap.
Fonte: The USGS NED Download Tool (J. Jensen).

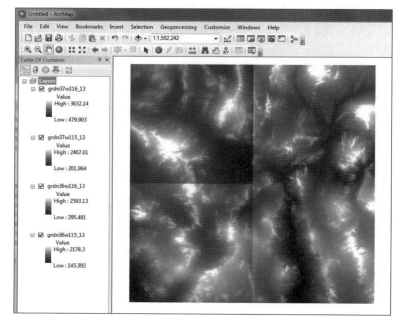

Figura 9.7 Visualização dos quatro MDEs, mostrando os recortes.
Os recortes devem ser removidos no Passo 3.
Fonte: The USGS NED Download Tool (J. Jensen).

PASSO 3 – CRIANDO UM MOSAICO DE DEM USANDO A EXTENSÃO DE ANÁLISE ESPACIAL DO ESRI

Se o local do projeto cabe nas fronteiras de apenas um **MDE,** então essa etapa pode ser pulada. Geralmente, o terreno do projeto se expandirá por dois ou mais MDEs. O procedimento para juntar/fundir MDEs adjacentes é conhecido como Mosaico. Lembre-se de que o objetivo é criar um único modelo de elevação; de outra forma, se existirem modelos de elevação separados (MDEs), as curvas de nível não se encaixarão nas fronteiras. No caso do exemplo do Condado de Clark, os quatro MDEs serão agrupados em um único MDE usando a ferramenta **Mosaic To New Raster** da extensão ESRI Spatial Analyst (Figura 9.8). Essa ferramenta é encontrada ao se realizar uma busca dentro do ArcMap, digitando Mosaic To New Raster. A ferramenta utiliza os quatro MDEs individuais que representam o Condado de Clark como base. Insira o local da pasta para o arquivo resultante; neste caso, C:\downloads\NED10mCC. Crie um nome para o mosaico que será a representação sem recortes do Condado de Clark. Nesse caso, o nome do ArcGrid será NEDDEM10mCC. A referência espacial para o sistema de referência geográfica raster (Longitude-x e Latitude-y) baseada nos dados horizontais é conhecida como North American Datum of 1983 (NAD83). A Figura 9.9 mostra os valores pertinentes. De forma complementar, a Figura 9.9 é um excerto dos metadados MDE, incluído no download dos MDEs.

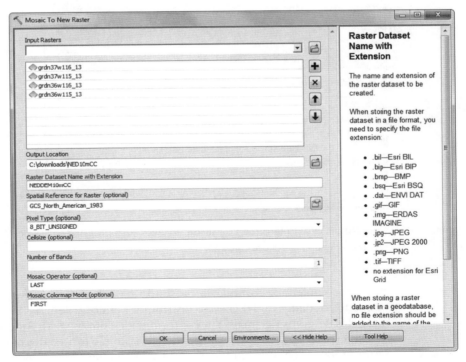

Figura 9.8 Captura de Tela da ferramenta Mosaic To New Raster do ArcMap Data Management.
Fonte: The USGS NED Download Tool (J. Jensen).

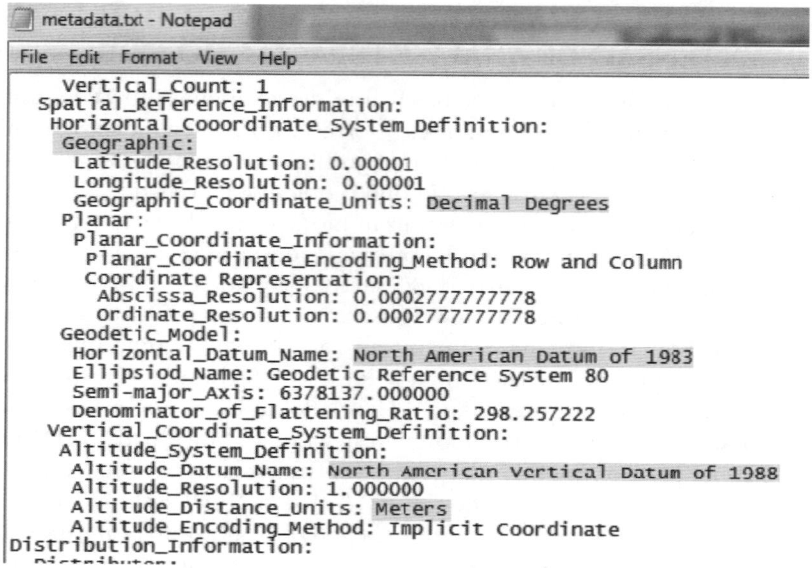

metadata.txt - Notepad
File Edit Format View Help
Vertical_Count: 1
Spatial_Reference_Information:
Horizontal_Cooordinate_System_Definition:
Geographic:
Latitude_Resolution: 0.00001
Longitude_Resolution: 0.00001
Geographic_Coordinate_Units: Decimal Degrees
Planar:
Planar_Coordinate_Information:
Planar_Coordinate_Encoding_Method: Row and Column
Coordinate Representation:
Abscissa_Resolution: 0.0002777777778
Ordinate_Resolution: 0.0002777777778
Geodetic_Model:
Horizontal_Datum_Name: North American Datum of 1983
Ellipsiod_Name: Geodetic Reference System 80
Semi-major_Axis: 6378137.000000
Denominator_of_Flattening_Ratio: 298.257222
Vertical_Coordinate_System_Definition:
Altitude_System_Definition:
Altitude_Datum_Name: North American Vertical Datum of 1988
Altitude_Resolution: 1.000000
Altitude_Distance_Units: Meters
Altitude_Encoding_Method: Implicit Coordinate
Distribution_Information:

Figura 9.9 Amostra dos metadados da USGS.

Mosaic To New Raster
Copy Raster ...
Cancel
59%
<< Details
Close this dialog when completed successfully
1980',6378137.0,298.257222101]],PRIMEM
['Greenwich',0.0],UNIT
['Degree',0.0174532925199433]] 8
_BIT_UNSIGNED # 1 LAST FIRST
Start Time: Thu Apr 25 13:00:26 2013

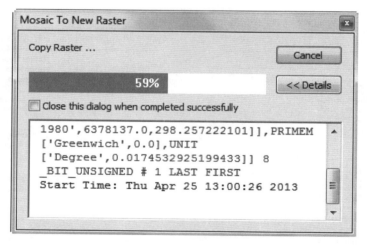

Figura 9.10 Captura de Tela da ferramenta Mosaic To New Raster do ArcMap Data Management. Isso aparece durante o processamento.

Para completar o formulário mostrado na Figura 9.8, é importante saber que todos os dados do NED estão distribuídos em coordenadas geográficas em unidades de graus decimais, em conformidade com o North American Datum de 1983 (NAD 83). Todos os valores de elevação são fornecidos em metros e referenciados pela North American Vertical Datum de 1988 (NAVD 88) por todo os Estados Unidos. (O arquivo metadata.txt incluído no download do USGS DEM contém esses dados.)

Uma vez que os MDEs são imagens de uma banda que têm valores em pixels representando elevações, insira 1 no campo "number of bands". Recomenda-se que o geoprocessamento seja desligado no ArcMap.(Isso pode ser feito em "Geoprocessing Options" dentro do menu de "Geoprocessing".)

Depois que o Ok for clicado na caixa de diálogo mostrada na Figura 9.8, levará cerca de 10 minutos para completar o processo e gerar um único MDE sem recortes para o Condado de Clark. A Figura 9.10 mostra o progresso na ação.

PASSO 4 – FAZENDO O CLIPPING DO DEM PARA A DESCRIÇÃO DE LIMITE DO PROJETO

O Passo 4 recorta as beiradas do mosaico para que apenas o local específico seja mostrado, Figura 9.11. Se não existirem dados de fronteiras, pule o Passo 4. Para melhorar o desempenho e garantir a análise para criar as curvas de nível usando o ArcMap, recomenda-se excluir as áreas que não tenham impacto sobre o local do projeto. Normalmente, em engenharia civil, quando o projeto está sendo elaborado em um terreno, uma distância de até 100 m além da área do projeto é mostrada nas plantas de melhoria. Dessa forma, gerar curvas de nível além dessa marca de 100 m tem um valor muito limitado na planta final do projeto. No entanto, na determinação do impacto que a água da chuva terá sobre o terreno, curvas de nível além do limite de 100 m podem ser necessárias. Neste caso, a área da montante é crítica para a análise do impacto das águas pluviais. Assim, determinar as fronteiras do projeto requer capacidade crítica em engenharia. Se, quando da análise de uma bacia hidrográfica, considerando o escoamento da água rio acima, a partir do local do projeto, for observado que a bacia além das fronteiras estabelecidas está contribuindo com um grande volume de água escoada, então as fronteiras do projeto precisarão ser expandidas para incluir a área relevante. Se a área for muito grande e necessitar da geração de mais curvas e nível bem além da bacia da montante, o desempenho do processador do computador poderá diminuir. O Google Earth é limitado no que diz respeito ao número de vetores (curvas de nível) que pode mostrar. Então, se o conjunto de dados for muito pesado, pode não ser possível a visualização no Google Earth. Normalmente, é melhor ter dados demais que dados insuficientes, mas essa limitação deve ser considerada quando da determinação das fronteiras do projeto. Como exemplo, as fronteiras do terreno nesse estudo estão no arquivo cee110bndy.zip.

Utilize o comando ESRI ArcMap Add Data para visualizar as fronteiras do projeto. Se existir um arquivo de fronteiras, ele deverá ser similar ao mostrado na Figura 9.12 quando observado, onde a visualização do mapa está aproximada na extensão/limite das fronteiras do projeto dentro do ArcMap. Este mapa pode ser aproximado até seus limites por meio da utilização do comando Zoom no ArcMap. Esse arquivo de fronteira é utilizado para aparar o raster, de forma que só o terreno seja mostrado.

Dentro do painel Table of Contents do ArcMap, mostrado à esquerda da Figura 9.12, clique com o botão direito no layer raster NEDDEM10mCC DEM e selecione Data → Export Data. Uma nova caixa de diálogo surgirá com o título de Export Raster Data. Clique no **botão de seleção Data Frame (Current)** para usar o mapa atual mostrado no ArcMap como a fronteira de corte dos MDEs agrupados no mosaico.

Você notará, no lado direito da Figura 9.13, que o tamanho da célula do MDE é de aproximadamente 10 m (9,259 m, para ser mais preciso).

Recomenda-se que o mapa do terreno em mosaico e recortado seja exportado em formato TIFF por questões de compatibilidade com o Google Earth e outros aplicativos. Isso é feito clicando no menu dropbox mostrado do lado direito na Figura 9.13, na parte de baixo. O arquivo TIFF deve ser nomeado, por exemplo, como "ProjBndyDEM.tif". Quando terminar de inserir o nome do arquivo, apenas clique no botão Save para criar o MDE recortado ProjBndyDEM.tiff.

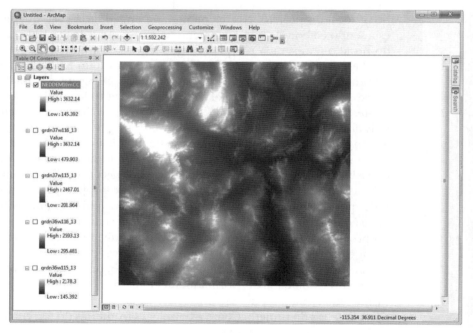

Figura 9.11 Visualização no ArcMap de todos os MDEs do Condado de Clark.
Após a transformação em mosaico dos MDEs, o mapa não mostra os recortes.
Fonte: The USGS NED Download Tool (J. Jensen).

Desenvolvimento de Mapas do Terreno e Bases de Dados **199**

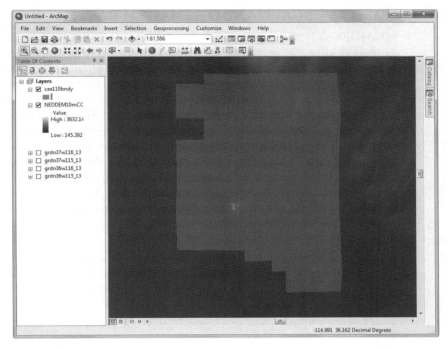

Figura 9.12 Captura de tela mostrando as fronteiras do projeto no ArcMap e os MDEs da USGS.
Fonte: The USGS NED Download Tool (J. Jensen).

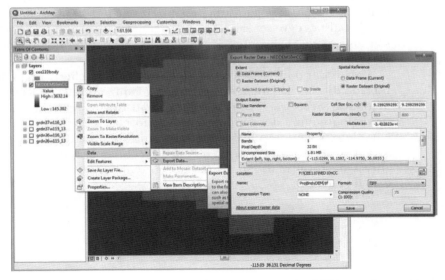

Figura 9.13 Captura de tela do ArcMap mostrando a exportação dos MDEs com base na extensão atual do mapa.
Fonte: Criado por J. Jensen.

PASSO 5 – SUAVIZANDO A IMAGEM RASTER

Os MDEs da USGS possuem valores de elevação captados a cada 10 m, aproximadamente. Se as curvas de níveis forem criadas diretamente a partir desses dados, as linhas podem ficar com reentrâncias. Constantemente, as curvas de nível precisam ser suavizadas para refletir o aspecto natural do terreno. Sugere-se que a **imagem raster** do MDE seja suavizada primeiro. Dessa forma, as curvas de nível resultantes não aparecerão com reentrâncias. Será aplicado um filtro à superfície de elevação do MDE, substituindo cada valor de célula pelo valor médio/mediano das células ao redor. Em outras palavras, uma matriz 3×3 será criada, e a elevação média desses 9 números será associada à célula central. Isso é feito por todo o MDE e resulta na perda dos detalhes de elevação, mas produz curvas de nível com melhor resolução. Segue uma citação retirada do Centro de Ajuda do ESRI sobre como o Contorno Funciona:

"O modo mais fácil de contorno seria pré-processar o raster inserido com a ferramenta Focal Statistics, usando a Mean statistic" (ArcGIS Resource Center – Desktop 10 – How Contouring Works).

O procedimento para suavizar o MDE é o seguinte:

Dentro do ArcMap, ative a extensão Spatial Analyst (se não o tiver feito) clicando em Extensions, debaixo do menu Customize. Então, marque o checkbox do Spatial Analyst para ativá-lo.

Antes de rodar a ferramenta Focal Statistics, tenha certeza de que você tem uma boa geodatabase para armazenar os resultados. O produto da ferramenta Focal Statistics deve ser salvo em uma geodatabase existente. Se você não possuir uma, pode facilmente criá-la utilizando o caminho ArcCatalog → New → Personal Geodatabase.

Para rodar o filtro de média no ESRI ArcMap, clique no painel Search, no lado direito da janela do aplicativo. Clique no link Tools e digite **Focal Statistics** (Search → Tools → Focal Statistics). Preencha a caixa/janela de diálogo de modo similar ao mostrado na Figura 9.14. Quando estiver completo, você terá um MDE modificado no qual os valores de elevação foram ajustados com base na média das células ao redor. Isso irá produzir curvas de nível mais suaves para, eventualmente, serem visualizadas no Google Earth.

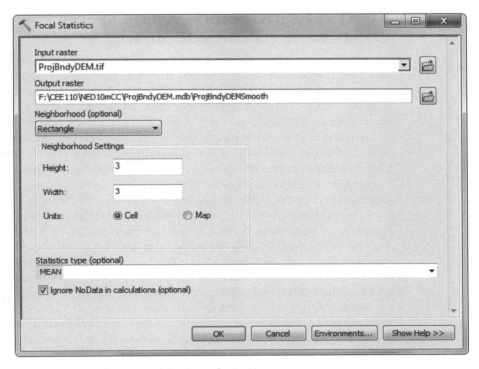

Figura 9.14 Utilizando a Média no Focal Statistics do ArcMap.
Fonte: Criado por J. Jensen.

PASSO 6 – CRIANDO CONTORNOS USANDO A EXTENSÃO DE ANÁLISE ESPACIAL DO ESRI

Até este ponto, não existem curvas de nível no mapa. Essa etapa as adicionará. Antes de rodar o programa de curvas de nível, crie uma **geodatabase** usando o ArcCatalog e a nomeie, por exemplo, ProjBndyDEM.mdb. Acesse a função Countour fazendo uma busca na ferramenta Spatial Analyst. Complete a caixa de diálogo Countour (preenchendo apenas o campo "Z factor (optimal)", se quiser alterar os valores de metro para pés). A imagem raster inserida deve ser a imagem recortada mostrando as fronteiras do projeto e que também teve seus valores de elevação suavizados na etapa anterior (ProjBndyDEMSmooth). As curvas de nível resultantes devem ser salvas dentro de uma geodatabase, porque a opção de salvá-las como um arquivo shapefile não está disponível na versão 10 do ArcMap. Nomeie a imagem poligonal resultante como featurescontours 10m, o que implica curvas de nível com intervalos de 10 m. Use o intervalo de 10 m, mantendo o valor de base como 0. Clique em OK para criar as curvas de nível. Lembre-se de que a imagem poligonal resultante será de curvas de nível vetoriais com intervalos de 10 m.

PASSO 7 – ESCOLHENDO ESTILOS/SIMBOLISMOS PARA CONTORNOS MAIORES OU MENORES

Para melhorar a leitura de um mapa topográfico, as curvas de nível maiores devem usar estilos/cores diferentes das curvas menores que estiverem dentro das maiores; por exemplo, curvas maiores a cada 40 m devem ter uma aparência diferente das menores que aparecem a cada 10 m. Para determinar se o valor de uma curva de nível entra no nível maior, ele deve ser divisível por 40, com resto 0. Esse cálculo pode ser realizado facilmente usando o operador Modulus (também conhecido como Remainder). Quando os cálculos estiverem finalizados, é fácil destacar as curvas de nível no ArcMap associando uma linha mais grossa e cores mais escuras às curvas de nível maiores, e linhas mais finas e com cores mais claras às menores. A seguir, discute-se como associar símbolos às curvas de nível.

Crie um novo campo de atributo com nome de **minor** na classe de características da imagem poligonal, como mostrado na Figura 9.15. Utilize dados booleanos ou inteiros para armazenar valores de 1 (verdadeiro) ou 0 (falso). No campo menor, um valor de 1 implica "sim, essa curva é menor que 10 m", e o valor 0 significa "não, essa não é uma curva menor, mas sim uma maior, com valor no intervalo de 40 m". Veja o balão na Figura 9.15.

No ArcMap, abra a tabela de atributos da classe de características da imagem poligonal. Clique com o botão direito no campo Minor recém-criado e selecione o comando Field Calculator. Selecione Show Codeblock e então digite o seguinte código:

```
x = [Contour] Mod 100
if x = 0 then
y= 0
else
y = 1
end if
```

Então, em Minor, coloque a variável y. O Field Calculator percorrerá todos os registros/funcionalidades na classe de características da imagem poligonal. Se o valor da curva de nível for divisível por 40 com resto 0, o código associará o valor de 0 à variável y, tornando-o uma curva de nível menor falsa. Portanto, se a curva de nível for divisível por 40, então será uma curva de nível de intervalo maior. Se for o contrário, o código associará um valor de 1 à variável y, fazendo dela uma curva de nível menor. Veja a Figura 9.15.

Finalmente, para sinalizar as curvas de nível como maiores ou menores, no ArcMap, clique com o botão direito na classe de características e selecione Properties para abrir a caixa de diálogo/janela Layer Properties. Clique na aba Symbology e, abaixo da lista dropdown Value Field, selecione o campo de atributo Minor. Clique no botão Add All Values. Você deverá ver uma lista com 0 e 1. Mude o símbolo 0 para uma linha preta em negrito, e o símbolo 1, para uma linha cinza-claro. Clique em OK e você deverá ver as curvas de nível maiores e menores no ArcMap. Crie curvas maiores a 40 m em preto, e curvas menores, a cada 10 m em cinza. A Figura 9.16 mostra a associação de cores. **Nota**: Quando essas curvas de nível forem eventualmente exportadas para o KML na próxima etapa, a sinalização realizada nessa etapa permanecerá.

Desenvolvimento de Mapas do Terreno e Bases de Dados 203

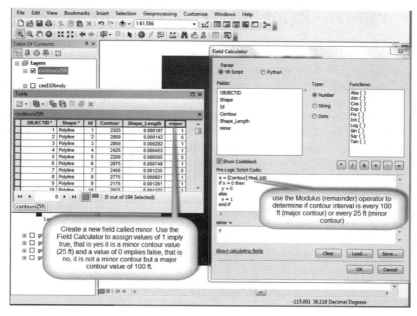

Figura 9.15 Tabela de atributos do ArcMAp – Field Calculator.
Usando o operador Modulus (Remainder) do Field Calculator do ESRI ArcMap para definir as curvas de nível maiores e menores
Fonte: Criado por J. Jesen.

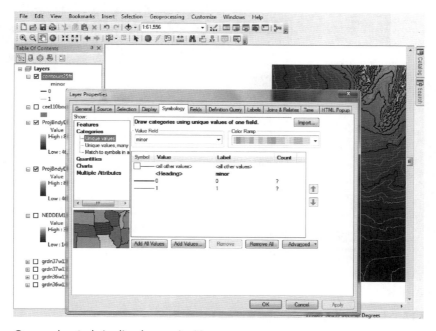

Figura 9.16 Curvas de nível sinalizadas no ArcMap.
Fonte: Criado por J. Jensen.

PASSO 8 – ATRIBUINDO RÓTULOS AOS CONTORNOS

Os rótulos das curvas de nível não aparecerão no Google Earth, que suporta apenas rótulos pontuais e não rotula linhas ou polígonos. O ArcMap deve ser usado. Uma vez que as curvas de nível tenham sido criadas, para determinar seus valores individuais, use a ferramenta Identify e associe um valor de elevação à curva ou rotule as curvas de nível. O próximo parágrafo explica como rotular as curvas. **Nota**: O procedimento para criar rótulos para as curvas de nível NÃO será mantido/mostrado no Google Earth (que suporta apenas rótulos pontuais e não permite rotular linhas ou polígonos). Dessa forma, essa etapa pode ser pulada se você só estiver interessado em curvas de nível que possam ser visualizadas no Google Earth. Caso contrário, este procedimento mostra como rotular as curvas de nível usando o ArcMap.

Dentro do ArcMap, clique com o botão direito do mouse na classe de características da imagem poligonal countours100m e selecione Properties para abrir a caixa de diálogo/janela Layer Properties. Clique na aba Labels e mude o campo Text String Label para Contour. Além disso, no canto superior esquerdo, deixe Label features in this Layer selecionado. Por fim, clique no botão Placement Properties para inserir os valores de curva na linha (Figura 9-17).

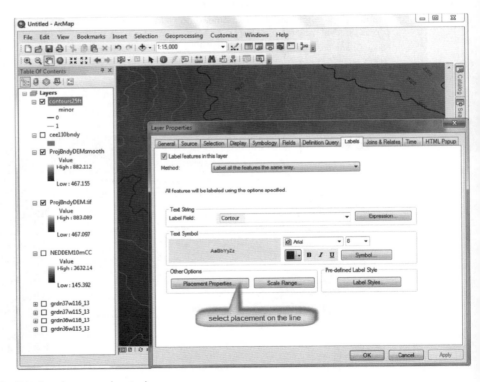

Figura 9.17 Rótulos de curva de nível.
Fonte: Criado por J. Jensen.

Rótulos estão associados às curvas de nível. O programa permite aplicar uma camada por trás do rótulo da curva de nível que bloqueará a curva de nível. Um problema de se fazer isso é que a camada também bloqueará a visualização do MDE ou imagem de foto aérea e colocar muito foco no valor/rótulo da curva. Pode-se aprender mais sobre isso na ESRI Knowledge Base (Base de Conhecimento do ESRI) no seguinte tópico: HowTo: Mask line features by their labels in ArcMap. O resultado final deverá ser similar à Figura 9.18.

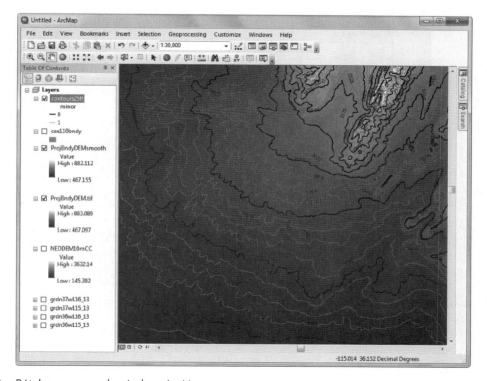

Figura 9.18 Rótulos e curvas de nível no ArcMap.
Visualização dos rótulos resultantes do comando descrito no texto.
Fonte: Criado por J. Jensen.

PASSO 9 – EXPORTANDO CONTORNOS PARA KML

A última etapa no ArcMap é exportar a polyline feature class contours100m para o formato original do Google Earth, KML/KMZ. É importante esclarecer que a visualização gráfica do Google Earth não é tão robusta quanto a do ArcMap; portanto, se o conjunto de dados for muito grande, poderá ser fácil visualizá-lo no ArcMap, mas não no Google Earth. Para exportar as curvas de nível para o formato KML, os seguintes passos devem ser seguidos:

Dentro do ArcMap, use a ferramenta Layer to KML (System Toolboxes – Conversion Tools → To KML → Layer to KML) para converter as curvas de nível em um formato que possa ser lido pelo Google Earth. A camada é a polyline feature class contours100m, e o arquivo resultante será contours100m.kmz (a extensão .KMZ é só uma versão compactada do arquivo KML). Finalmente, na Layer Outpu Scale, insira o valor 1 para garantir que as curvas de nível possam ser visualizadas no Google Earth em qualquer escala. Veja a Figura 9.19. **Nota**: Layer to KML só produz uma projeção 2D das coordenadas geográficas de latitude e longitude.

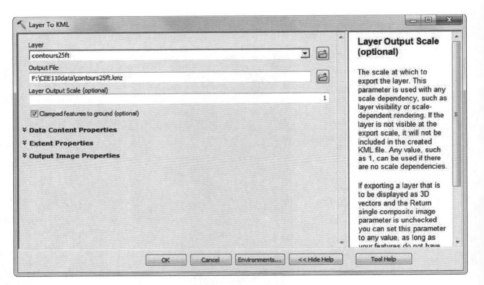

Figura 9.19 Captura de tela da caixa de diálogo Layer to KML no ESRI ArcMap.
Copyright 2014 ESRI. Todos os Direitos Reservados.

PASSO 10 – VISUALIZANDO CONTORNOS NO GOOGLE EARTH

Para visualizar um arquivo KML/KMZ no Google Earth, arraste e solte o arquivo na janela do aplicativo do Google Earth ou, dentro do Google Earth, vá em Arquivo → Abrir e garanta que a extensão do arquivo seja .KML/KMZ. Veja a Figura 9.20. O resultado deve ser similar à Figura 9.21.

O Google Earth só consegue rotular pontos. Para determinar qual a elevação de uma curva de nível, a linha da curva tem de ser selecionada, e os atributos serão mostrados em uma caixa de descrição. Isso é mostrado na Figura 9.21. Se os dados forem 3D e possuírem valores de elevação em pés, eles podem parecer flutuar acima do solo, porque o Google Earth utiliza valores em m.

Desenvolvimento de Mapas do Terreno e Bases de Dados **207**

Figura 9.20 Importando arquivo da etapa anterior.
(Google Earth Pro screenshot).
Fonte: Criado por J. Jensen usando Google Earth Pro software.

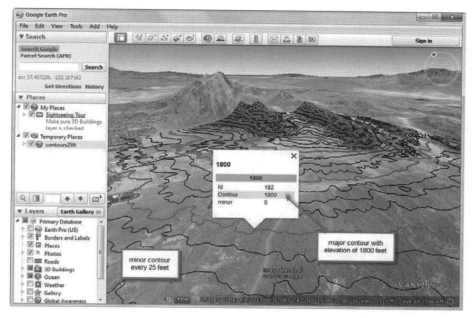

Figura 9.21 Visualização do Google Earth, nível de curvas criado por ESRI ArMap.
Fonte: Criado por J. Jensen usando Google Earth display and ESRI ArMap.

RESUMO DOS PASSOS

O procedimento discutido nesse exemplo é usado para criar curvas de nível para o terreno do projeto no Condado de Clark, em Las Vegas, Nevada, nos Estados Unidos. Para adaptar ao seu próprio projeto, apenas faça o download dos MDEs apropriados. Opcionalmente, se você tiver de recortar MDEs por causa de fronteiras de projeto, siga o Passo 4. Os 10 passos mostrados anteriormente criam um valioso mapa cartográfico que pode ser usado para delinear bacias de escoamentos de água pluvial que impactam o terreno.

LICENÇAS DE SOFTWARE

Para obter a licença para o ArcInfo, entre em contato com a ESRI para instruções, visitando o site ArcGIS for Desktop and Extensions Student Trial Software (http://www.esri.com/industries/apps/education/offers/promo/index.cfm).
Para acesso ao Google Earth, visite http://earth.google.com. E, para conseguir a licença do Google Earth Pro, acesse: https://support.google.com/earth/answer/2675033

CONCLUSÃO

É uma prática comum em engenharia contratar um agrimensor para mapear as fronteiras do terreno do projeto e áreas ao redor. Para áreas fora do terreno mapeado, utilize os dados do MDE da USGS para visualizar as bacias hidrográficas que podem ter impacto sobre o terreno. O procedimento discutido nesse exemplo foi usado para criar curvas de nível para um projeto de aula completo, utilizando um terreno no Condado de Clark, em Las Vegas, Nevada, Estados Unidos, junto dos dados dos MDE da USGS. Para adaptar o método para um terreno de projeto diferente, os MDEs da USGS e as fronteiras de projeto (se disponíveis) apropriados devem ser adquiridos, e os passos, seguidos.

RESUMO

Uma representação gráfica do terreno é essencial quando da elaboração do projeto, mesmo em sua fase de viabilidade. Mapas cartográficos são desejáveis e podem ser desenvolvidos com ferramentas fornecidas pelo Google Earth e dados da USGS. Várias etapas fazem parte do procedimento, e a tecnologia para gerar bons mapas cartográficos está evoluindo. Na fase de maior detalhamento do projeto, o engenheiro civil pode precisar de grandes mapas, mostrando detalhes do terreno que não podem ser obtidos na base de dados da USGS.

PALAVRAS-CHAVE

botão de seleção data frame (Current)
curvas de nível
ESRI ArcMap
ESRI Spatial Analyst Extension
focal statistics

geodatabase
Google Earth
imagem raster
minor
modelos digitais de elevação (MDE)
mosaico

National Elevation Dataset
Rede Triangular Irregular (RTI)
valores de latitude e longitude

EXERCÍCIOS PARA DESENVOLVER AS HABILIDADES DE PROJETO

Crie o mapa do terreno utilizando os métodos deste capítulo ou outros métodos que seu professor lhe tenha apresentado.

1. Descreva o terreno mostrado no mapa usando termos gerais como "montanhoso", "inclinações tênues", "plano", "formato irregular" e "retangular".

2. Qual a escala do mapa?

3. Qual o intervalo das curvas de nível no mapa?

4. Qual a área aproximada representada no mapa, arredondada para metros ou dezenas de metros, dependendo da escala?

5. Existem corpos de água ou cursos de água/rios no terreno?

CAPÍTULO

10

Avaliação de Terreno e Uso de Linhas de Contorno

Metas

Após a leitura deste capítulo, você deverá ser capaz de:

- Identificar informações básicas sobre o terreno que devem ser examinadas antes da elaboração do projeto, incluindo locais e fronteiras, utilizações anteriores do terreno e das áreas adjacentes, topografia, drenagem, padrões, recursos geotécnicos, recursos ambientais, construções existentes e características históricas e culturais.

INTRODUÇÃO

A apreciação das informações básicas sobre o terreno deve ser realizada antes da elaboração do projeto; isso ajudará na definição das metas de projeto e restrições dos sistemas específicos projetados, além de ser um importante componente da avaliação de necessidades. A grande maioria dos empreendimentos de engenharia envolve a construção ou modificação de infraestrutura localizada dentro do escopo geológico do planeta. Apenas uma quantidade infinitesimal de empreendimentos de engenharia envolve estruturas ou hábitats projetados para vida em órbita, em viagens espaciais ou subaquática.

Todos os sistemas de engenharia na Terra são ancorados ao planeta de determinada maneira, e uma grande porcentagem está localizada na superfície terrestre e consiste em infraestruturas que ocupam um terreno com fronteiras definidas. As características do terreno têm grande influência sobre onde um sistema de infraestrutura estará localizado e algumas das funcionalidades do projeto. Algumas modificações no terreno são normalmente necessárias, as quais podem incluir nivelamento e consequente alteração dos padrões de drenagem, a remoção da vegetação e hábitats de vida selvagem, a fixação, modificação ou substituição do solo, e alterações das características estéticas do terreno. Pode-se pedir aos engenheiros civis que encontrem terrenos apropriados para a construção de tipos específicos de infraestrutura (por exemplo, rotas de rodovias e locais para estações de tratamento de resíduos líquidos) ou pode ser dado um terreno e pedir que se elaborem projetos que funcionarão dentro das limitações e oportunidades que determinado terreno oferece.

CARACTERÍSTICAS IMPORTANTES DO TERRENO

As características importantes sobre as quais se deve buscar informação e que devem ser avaliadas incluem as seguintes:

1. Localização e limites
   - Descrição das fronteiras do terreno.
   - Área e formato.
   - A existência de pontos de controle para o levantamento topográfico dentro ou próximo do terreno.

2. Usos da terra ao redor do terreno
   - Os tipos de atividades que ocorrem ou que se espera que ocorram nas áreas adjacentes.
   - Os proprietários das áreas vizinhas e qualquer poder ou autoridade que eles tenham, capazes de influenciar o projeto do sistema.

3. Usos passados e atuais do terreno.
   - Condições perigosas ou indesejáveis devido a usos passados ou atuais.
   - Impactos que usos passados ou atuais tenham causado às terras adjacentes ao terreno.

214 Introdução à Engenharia Civil

4. Topografia e morfologia do terreno
   - Pontos com maior e menor elevação.
   - Presença de vales, montanhas, ravinas ou massas de água.
   - Inclinações das encostas.
   - Características geotécnicas gerais da superfície (solo *ou* rochas expostas).

5. Padrões de drenagem e planícies de inundação
   - Evidências de como a água da chuva é coletada e direcionada por meio da topografia.
   - Presença de planícies de inundação e evidências de inundações.
   - Evidências de erosão.

6. Características geotécnicas
   - Evidências da contaminação de solos que podem precisar de tratamento ou remoção.
   - Evidências dos tipos de solo que podem causar problemas de engenharia (por exemplo, solos expansivos).
   - Estabilidade de áreas de encostas ou com grande potencial para deslizamentos ou desmoronamentos.

7. Recursos ambientais
   - Vegetação e vida selvagem presentes.
   - Presença de espécies ameaçadas.
   - Presença de manguezais.
   - Presença de água no subsolo – qualidade e quantidade.
   - Oportunidades para geração de energia renovável (eólica, solar, geotérmica, hidroelétrica).
   - Qualidade estética e áreas que possam merecer atenção especial durante a elaboração do projeto.

8. Utilidades existentes
   - Acesso de veículos de construção e dos usuários finais ao terreno.
   - Sistemas de tratamento e abastecimento de água, geração de energia, gerenciamento de resíduos e serviços próximos, e suas capacidades de atender à demanda adicional criada pelo empreendimento.

9. Características históricas e culturais
   - Presença de locais com importância histórica ou cultural registrada.
   - Potencial de descobrimento de locais importantes durante a construção.

Alguns desses itens podem exigir a realização de estudos especiais como parte da investigação do terreno, antes do início do projeto. Contudo, pode-se aprender muito por meio da consulta de fontes públicas existentes. Para projetos de sala de aula, recomenda-se que a equipe conduza, inicialmente, pesquisas on-line de mapas e bases de dados e, se nada for encontrado, as equipes devem considerar entrar em contato com os órgãos governamentais locais que, provavelmente, detêm esses dados.

Muitas características do terreno oferecem oportunidades para o desenvolvimento de projetos sustentáveis, especialmente topografia, padrões de drenagem, recursos ambientais e características geotécnicas. A disponibilidade de construções existentes pode reduzir a pegada de carbono e o custo associado a novas construções ou à modificação das já existentes. A preservação de locais históricos ou culturais às vezes pode ser controversa, já que as pessoas com fortes ligações com a preservação podem não achar aceitável qualquer desenvolvimento proposto para o terreno. Pode não existir nenhuma ou pouca possibilidade de alteração do local e suas fronteiras, dos usos das terras adjacentes ao terreno ou de sua importância histórica ou cultural; entretanto, se for decidido que essas questões tornam o terreno impróprio para o desenvolvimento proposto, a discussão sobre as possibilidades de alteração do local e dos usos da terra nas áreas adjacentes merece ser aprofundada.

LOCALIZAÇÃO E LIMITES

Se o terreno já foi avaliado por topógrafos, e essa avaliação, registrada em cartório ou arquivada no órgão responsável pela área onde o terreno se encontra, deve existir um registro público que descreva a localização das fronteiras do terreno. A descrição pode ter sido plotada em um mapa da área para indicar as fronteiras da propriedade. Em vários lugares, a **demarcação territorial**, que possui peso legal em disputas de fronteiras, pode ser realizada apenas por topógrafos profissionais. Uma vez que as fronteiras tenham sido demarcadas, o tamanho e formato do terreno devem ser examinados para determinar se são adequados para o empreendimento proposto. Terrenos com fronteiras irregulares ou complexas são uma preocupação, pois podem dificultar a ligação de partes do terreno a redes de encanamento ou rodovias. Também são preocupantes terrenos que contenham ravinas profundas, barrancos ou outras características que tendem a dividir o terreno, dificultando o uso total do terreno sem custos. Inspeções visuais do terreno por terra ou ar são desejáveis.

Pontos de controle consistem em pinos ancorados ao solo, para os quais a latitude e longitude tenham sido determinadas com precisão. Conhecer a localização exata desses pinos permite aos topógrafos de limites localizar e demarcar no solo as fronteiras da propriedade ou localizar uma linha de comprimento e direção específicas. Pode ser necessário conhecer as localizações horizontais e verticais dos limites da propriedade. Também pode ser necessário associar pontos-chave de controle nos limites a um sistema referencial de coordenadas maior, que leve em consideração o efeito da curvatura da Terra. O **State Plane Coordinate System** (**SPCS**) é normalmente usado e está substituindo os sistemas de coordenadas locais mais antigos. Pontos de controle também permitem aos engenheiros delinear no solo as posições de características-chave do sistema projetado e determinar quão próximas elas podem ficar dos limites da propriedade. O arquivo geral municipal deve ser consultado para determinar se pontos de controle já existem no terreno.

USOS DE TERRAS AO REDOR DO TERRENO

Os tipos de uso realizados nas áreas adjacentes ao terreno possuem potencial de impactar tanto a construção quanto o eventual uso do terreno. Atividades adjacentes que requerem um minucioso exame incluem as militares (aeronaves passarão por cima ou a terra adjacente será utilizada como um campo de tiro?), as que produzem ruídos ou poeira, que emitem poluentes no ar ou na água ou que liberam substâncias tóxicas que possam contaminar o ambiente ou o solo, atividades que consumirão a água do lençol freático, necessária para os ocupantes do terreno, atividades que alteram os valores estéticos ou recreativos dos terrenos adjacentes e quaisquer atividades que podem gerar ansiedade aos usuários ou ocupantes do terreno, por exemplo, uma prisão ou campos de treinamento ou complexos destinados a grupos que possam ter confrontos com agentes da lei. Os órgãos de planejamento do governo local podem ser boas fontes de informação sobre o uso das terras adjacentes.

USOS PASSADOS E ATUAIS

Os usos atuais ou passados de um terreno influenciam o custo da preparação do terreno, assim como a viabilidade do projeto. Características que podem ter grande influência sobre o desenvolvimento do terreno incluem contaminação do solo e assentamentos, ou o potencial para assentamentos. Terrenos usados previamente como aterros sanitários podem ser muito perigosos para serem ocupados, e terrenos onde foram despejadas ou armazenadas substâncias nocivas podem exigir uma descontaminação do solo. Terrenos com estações de armazenagem de petróleo ou agentes químicos são arriscados se ocorrer um vazamento. Outros usos preocupantes da terra são campos de tiro, que podem conter artefatos não detonados; e cemitérios, que podem ter significação religiosa ou problemas de posse. Construções anteriores podem estar com algumas partes ou a fundação ainda sob o solo e talvez precisem ser removidas.

TOPOGRAFIA E MORFOLOGIA DO TERRENO

A topografia consiste na geração de mapas e modelos úteis na identificação e exame de características-chave morfológicas e de drenagem. Esses mapas devem estar em **escala** e mostrar as **curvas de nível** para a área em que está localizado o terreno, corpos de água, incluindo lagos, lagoas, rios e córregos, e características importantes, como estradas, ferrovias, prédios e linhas de força; basicamente, os principais itens que alguém observaria se sobrevoasse o terreno. A escala pode ser usada para determinar a distância horizontal entre dois pontos no mapa. As curvas de nível podem ser usadas para determinar a distância vertical entre dois pontos no mapa. Conhecendo tanto as distâncias verticais quanto as horizontais entre dois pontos, o declive de uma linha que os conecte pode ser calculado. Os declives são um fator importante para o projeto de vários sistemas de engenharia civil, especialmente aqueles que envolvem o deslocamento de veículos (rodovias e ferrovias) e o fluxo de substâncias por tubulações ou esteiras transportadoras. A Figura 10.1 indica os conceitos básicos de geometria projetiva para definição de curvas de nível;

elas são linhas que conectam todos os pontos de mesma elevação no terreno, além de serem todas espaçadas por um número consistente de metros na direção vertical. As elevações nas curvas de nível acima do nível do mar podem ser incluídas no mapa.

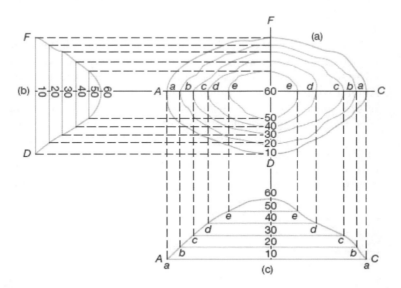

Figura 10.1 Conceito de geometria projetiva para o desenvolvimento de curvas de nível e mapas.

(O intervalo da curva, as elevações das curvas de nível acima do nível do mar e a escala não são mostrados). (a) Visualização do plano das curvas de nível; (b) e (c) Visualização lateral.

Fonte: Ghilani, Charles D.; Wolf, Paulr., Elementary Surveying: Na Introduction to Geomatics, 13ª Edição, © 2012, p. 472. Reimpresso e reproduzido eletronicamente com permissão de Pearson Education, Inc., Upper Saddle River, Nova Jersey.

Alguns princípios gerais sobre curvas de nível e seu uso são mencionados a seguir:

- Todos os pontos de igual elevação devem estar agrupados – curvas de nível são contínuas.
- O intervalo da curva pode variar de acordo com a escala do mapa: 0,5 m, 1 m, 5 m, 10 m e 20 m.
- Ao ler os números na curva de nível que indicam a elevação, determine a direção de subida (pode ser na parte de cima do número).
- A água escorre para baixo, perpendicularmente à curva de nível.
- A regra dos Vs – a existência de Vs com ângulo agudo no mapa indica a existência de cursos de água; a ponta do V é onde se localiza a origem da corrente.
- A regra dos Os – círculos fechados normalmente indicam subidas na parte interna e descidas na externa, e o círculo mais no centro é a área de maior altitude.

- Se um círculo, em vez disso, representar uma depressão, alguns mapas demonstram isso utilizando hachuras na parte interior do círculo. A região hachurada não foi levantada topograficamente.
- Espaçamento das curvas de nível – curvas próximas indicam uma encosta íngreme; curvas distantes, um declive suave. Duas ou mais curvas que se cruzam indicam um penhasco.

A Figura 10.2 destaca alguns desses princípios. Ela também indica as elevações de locais específicos no mapa. Observe as ravinas. A água fluirá pelos córregos nessa ravina durante uma chuva, como indicado pelas linhas finas. A água se moverá perpendicularmente às curvas de nível, conforme avança morro abaixo. Os "Xs" indicam **marcos de referência**, o que significa que um pino permanente com elevação conhecida está inserido no solo; essa elevação pode ser usada para estabelecer a elevação dos pontos de agrimensura no solo. O pino ainda pode estar lá, ou ter sido removido em algum momento depois de o mapa ter sido elaborado. Note também que o mapa indica a localização de rodovias e construções. Desde que o mapa foi desenhado, novos prédios

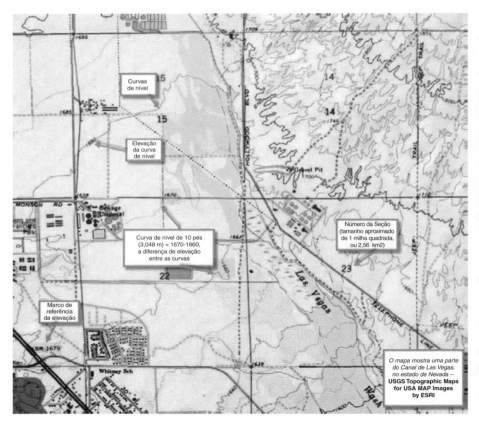

Figura 10.2 Curvas de nível. Criadas por Jeff Jensen.
Copyright 2014 ESRI. Todos os direitos reservados.

podem ter surgido, e alguns, derrubados; recursos culturais descritos podem não ser atuais. Mapas com curva de nível desse tipo são preparados pelo IBGE (Instituto Brasileiro de Geografia e Estatística) e existem por todo o país em escalas diferentes. Em algumas regiões, eles podem estar disponíveis nos arquivos municipais ou outro órgão responsável.

A Figura 10.3 ilustra como as curvas de nível podem ser usadas para desenvolver o **perfil** do terreno. Primeiro, uma linha é traçada no mapa entre os dois pontos para os quais o perfil é desejado. Os pontos que se cruzam na linha pelas curvas de nível são marcados. Depois, o comprimento horizontal da linha é colocado no eixo horizontal de uma folha de papel quadriculado, e os pontos em que as curvas de nível se cruzam são marcados. Então, a elevação vertical desses pontos é determinada a partir das curvas de nível e plotadas no eixo vertical. Por último, os pontos são conectados, gerando um desenho que mostra o declive do terreno.

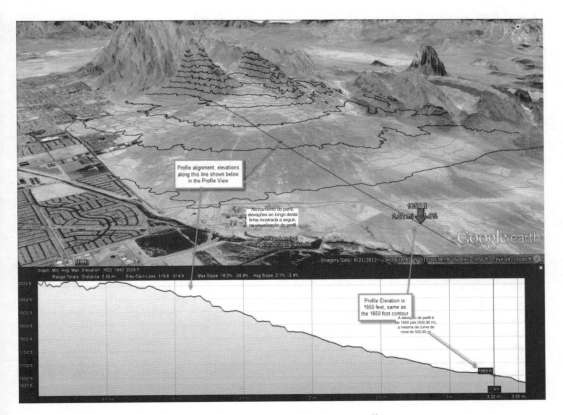

Figura 10.3 Desenvolvendo um perfil de elevação. Criado por Jeff Jensen.
Reimpresso com permissão do Google, Google Earth.

A Figura 10.4 mostra um mapa em relevo sombreado do terreno, usado como exemplo no Capítulo 9.

220 Introdução à Engenharia Civil

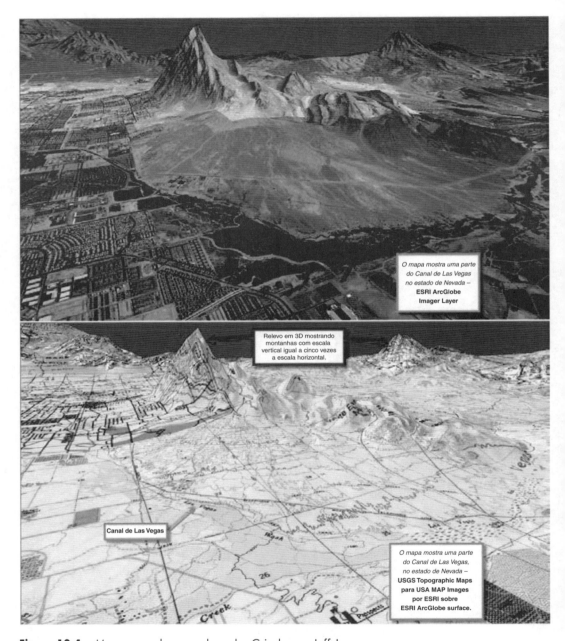

Figura 10.4 Mapa em relevo sombreado. Criado por Jeff Jensen.
Fonte: USGS Topographic Maps for USA. Imagens da ESRI e organizadas por ESRI ArcGlobe surface. Copyright 2014 Esri. Todos os direitos reservados.

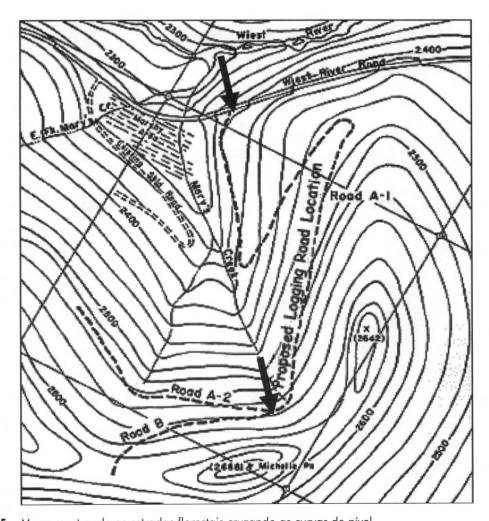

Figura 10.5 Mapa mostrando as estradas florestais cruzando as curvas de nível.
Fonte: "Road Planning and Location", USDA Forest Service
Northeastern Area, disponível em http://www.na.fs.fed.us/spfo/pubs/stewardship/accessroads/location.htm

A Figura 10.5 mostra a utilização das curvas de nível para determinar o declive médio de uma estrada florestal. Existem três segmentos de estrada, A-1, A-2 e B. As setas escuras mostram onde A-1 começa e onde termina. As Estradas A-2 e B começam na seta mais abaixo. Ao examinar como as estradas cruzam as curvas de nível, as direções de subida e descida podem ser determinadas. As estradas A-1 e B sobem a partir de suas origens, e A-2 desce. A tabela a seguir mostra a **gradação** média (declives) das estradas em porcentagem (a gradação aumenta em 1% a cada 30 cm para cada 30 m).

Informação da estrada	A-1	A-2	B
Elevação no início (m)	720	785	785
Elevação no final (m)	785	771	802
Subida (m)	64	−13	17
Comprimento (m)	3200	1402	1006
Gradação (porcentagem)	2	−1	1,7

Cálculo das gradações das estradas florestais mostradas na Figura 10.5.

PADRÕES DE DRENAGEM E PLANÍCIES DE INUNDAÇÃO

A drenagem seguirá as características topográficas, com o escoamento da água da chuva seguindo dos pontos de maior elevação para os de menor elevação. Os caminhos seguidos podem ser determinados a partir de mapas topográficos, e pode-se esperar que vales canalizem o escoamento por meio deles a partir dos seus pontos mais baixos. A terra próxima de tais características pode estar sujeita a enchentes durante chuvas pesadas, com enchentes-relâmpago ocorrendo no que, de outra maneira, seriam canais secos. Áreas relativamente planas, próximas de rios, podem estar sujeitas a inundações, dependendo da intensidade e duração da tempestade. Se as áreas tiverem um histórico de inundações ou se as análises da topografia indicarem que a probabilidade de inundação é alta dada uma tempestade de intensidade e duração específicas, as áreas serão classificadas como **planícies de inundação**. Tempestades serão caracterizadas pela intensidade e duração, relacionadas com a probabilidade de ocorrência baseada nos anos entre suas ocorrências. Comumente referidos como **períodos de retorno**, as tempestades com intervalos de 50, 100, 250 e 500 anos são normalmente usadas como metas de projeto para sistemas que acomodam a água escoada. Deve-se notar que o termo "tempestade de 100 anos" significa que a probabilidade de uma tempestade dessa magnitude ou maior ocorrer durante um ano é de 1 em 100. Isso não significa que a tempestade ocorrerá apenas uma vez a cada 100 anos; ela pode acontecer mais frequentemente. A frequência de tempestades é calculada a partir de dados referentes ao clima local e, se o tempo coberto pelos dados for curto, haverá erros na magnitude das tempestades, o que aumentará à medida que a probabilidade da tempestade diminuir. Em outras palavras, haverá maior possibilidade de erro nas estimativas de magnitude e duração para uma tempestade de 500 anos que para uma de 50 anos.

A elevação de muitos rios muda com afluxos da água da chuva escoada a partir das **bacias hidrográficas** que os alimentam. O solo rico de muitas áreas de agricultura próximas de rios normalmente é resultado das inundações que depositam solo superficial; portanto, sob a perspectiva geológica do tempo, inundações podem ser úteis (as inundações anuais ao longo do Nilo resultaram em depósitos de solo que ajudaram a agricultura e contribuíram para os excedentes que levaram ao nascimento da civilização egípcia). Todavia, qualquer tipo de construção nessas planícies pode ser arriscado devido à possibilidade de ocorrerem inundações que danifiquem as estruturas. Contratar um seguro para cobrir os custos de inundações pode ser muito alto ou sequer ser cogitado. Além disso, companhias de seguro podem não querer pagar pelos danos causados pela inundação. Centros urbanos localizados próximos a rios em elevações também são passíveis de inundações. Qualquer desenvolvimento localizado em uma elevação abaixo de um corpo de água adjacente deve ser protegido por diques, represas ou muros de contenção, e somente estará seguro de inundações enquanto essas estruturas não falharem ou o nível da água não exceder suas alturas.

A Figura 10.6 ilustra um mapa de uma planície de inundação para uma tempestade de 100 anos, que tem 1% de chance de ocorrer em qualquer ano. Note a aparência do padrão de drenagem; pequenos córregos se juntam e formam cursos de água maiores, criando uma rede que lembra as ramificações de uma árvore.

Figura 10.6 Mapa da planície de inundação no Condado de Bexar, no Texas.

Fonte: Reproduzido com permissão da San Antonio River Authority. Reimpresso com permissão. (Imagem encontrada também em Elevation Data for Floodplain Planning, National Academies Press, 2007 p. 17. http://www.nap.edu/openbook.php?record_id=11829&page=17)

A Figura 10.7 indica as etapas envolvidas na identificação das áreas suscetíveis a inundações e o desenvolvimento de mapas de planície de inundação. O exemplo apresentado constitui uma área urbana. Três tipos de dados foram combinados: imagens aéreas, curvas de níveis (sobrepostas na imagem) e um mapa que mostra as áreas com probabilidade de inundações. Equipes de projeto devem entrar em contato com o órgão local de planejamento para determinar se a área a ser ocupada pelo projeto já foi mapeada para inundações, e se o terreno do projeto está situado em uma planície de inundação. Projetos sustentáveis buscam minimizar as perdas que podem ocorrer devido a inundações.

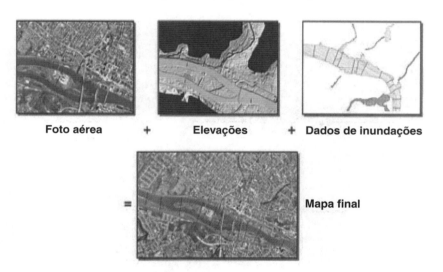

Figura 10.7 Identificação das áreas suscetíveis a inundações.

Fonte: Reproduzido com permissão da American Society for Photogrammetry and Remote Sensing, Bethesda, MD www.asprs.org

A eliminação do solo superficial rico em nutrientes representa uma perda de milhares ou milhões de anos de evolução geológica, nos quais montanhas foram deterioradas, e o solo enriquecido por diversas gerações de vegetação, cuja decomposição forneceu os nutrientes necessários para novos crescimentos. Países que perdem muito do seu solo superficial pela erosão enfrentam a possibilidade da escassez de alimentos; a prevenção da erosão do solo é um importante elemento de sustentabilidade. Evidências de erosão do solo podem ser obtidas por meio de fotos aéreas ou inspeções no local. Erosões ocorrem quando a velocidade e a quantidade de água escoada que passa por uma área são grandes o suficiente para erodir as camadas superficiais do solo e levá-las embora. Quanto mais íngreme o declive, mais rápido a água fluirá e mais energia gerará, à medida que se move pela superfície do terreno. A erosão causada pela passagem da água por grandes porções de terra que retiram o solo superficial é chamada de **erosão laminar**. O deserto no sudoeste dos Estados Unidos está coberto por arroios secos e desfiladeiros com declives relativamente acentuados, que podem ficar cheios devido a torrentes furiosas durante tempestades. As planícies de outwash abaixo deles, chamadas de **leques aluviais** (Figura 10.8), estão repletas de pedras e detritos – evidências da força do curso de água e indicação de que essas áreas podem não ser seguras para construção.

Áreas que tiveram sua vegetação retirada e não substituída por algum tipo de cobertura do solo são suscetíveis à erosão. Portanto, solos em áreas que passaram por queimadas podem sofrer com erosão, deslizamentos e desmoronamentos até que o solo possa ser recomposto. Além disso, a terra na borda de cortes e em declives acentuados pode ficar saturada de umidade e desmoronar, eventualmente sendo carregada por rios e córregos. Essas áreas podem ser detectadas por fotografias aéreas. O surgimento de rios e lagos com aspecto terroso após uma tempestade também constitui uma evidência de erosão do solo. Em algumas regiões, isso pode ser um fenômeno natural, mas, em outras pode refletir alterações feitas por humanos na superfície da terra sem a implementação de medidas de controle de erosão. Em áreas de agricultura, métodos de aragem podem influenciar a erosão. Em regiões suscetíveis à erosão, devem ser feitos sulcos ao longo das curvas de nível como forma de minimizar os declives pelos quais o escoamento da água da chuva irá ocorrer.

Figura 10.8 Leque aluvial.

Um vasto leque aluvial surge na paisagem devastada entre as cadeias de montanha Kunlun e Altun que formam a fronteira mais ao sul do deserto de Taklamakan em Xinjiang. O lado esquerdo mostra a área ativa do leque.

Fonte: NASA/GSFC/METI/Japan Space Systems, and U.S./Japan ASTER Science Team – http://asterweb.jpl.nasa.gov/gallery-etail.asp?name=fan

O órgão local ou alguma secretaria de agricultura ou meio ambiente do governo poderá fornecer à equipe de projeto informações sobre problemas locais de erosão. Projetos sustentáveis minimizam ou eliminam a erosão do solo que excede à que normalmente ocorreria se nada fosse construído, além de evitar construções em áreas em que chuvas fortes seriam uma ameaça a propriedades e vidas devido à instabilidade do solo. Contudo, se a construção em solos potencialmente instáveis for necessária, será preciso trabalhar para a estabilização do solo, removendo dele o máximo de água, o mais rápido possível, ou prevenir a entrada da água pela ancoragem do solo com muros de contenção ou outras estruturas que previnam o movimento.

CARACTERÍSTICAS GEOTÉCNICAS

Muitas características geotécnicas podem ser determinadas apenas pela realização de estudos que envolvam **amostras do solo** ou uso de **sensoriamento remoto** e tecnologia **geofísica**. Historicamente, as duas principais razões para realizar análises de amostras do solo têm sido construção e agricultura. Construção e necessidades de engenharia civil levaram ao desenvolvimento de sistemas de classificação de engenharia com base nas propriedades de engenharia do solo (por exemplo, gradação com base no tamanho de partículas, taxas de percolação, umidade contida no solo, taxa de consolidação), enquanto o sistema de classificação agrícola descreve características importantes para o crescimento dos cultivos (drenagem e composição mineral). As análises do solo em engenharia são necessárias para o projeto de várias estruturas; contudo, a classificação agrícola pode ser suficiente para o projeto de estruturas pequenas em regiões rurais, casas e celeiros em particular. Questões-chave para o projeto incluem a quantidade de argila no solo e suas características de drenagem, o que determina a adequabilidade de campos de tanques sépticos. Um exemplo de mapa de classificação agrícola do solo é mostrado na Figura 10.9. Mapas similares estão disponíveis para muitas regiões rurais, e a informação por eles fornecida pode ser útil para identificar possíveis problemas de engenharia.

Abaixo do solo está o **leito rochoso**, o qual pode desempenhar importante papel no projeto de estruturas grandes e pesadas; as construções podem necessitar de uma fundação sobre rocha para prevenir assentamentos do solo. Além disso, a terra poderá precisar ser escavada até uma profundidade que permita o despejo de concreto para fundações ou **formas para cortinas** precisarão ser baixadas e preenchidas com massa de concreto, ou **pilares** inseridos no leito rochoso. Se isso não for econômico (possivelmente por causa da profundidade do leito rochoso), pilares precisarão ser inseridos no solo até uma profundidade em que o atrito gerado entre os pilares e o solo seja suficiente para suportar a construção. Projetos de fundações em engenharia só podem ser realizados depois que estudos de engenharia apropriados do solo tenham sido realizados.

No que diz respeito ao estudo de viabilidade, uma preocupação importante é a presença de solos com características que tornarão a construção demorada e dispendiosa. Isso inclui solos contaminados por substâncias tóxicas de usos passados da terra, solos com propriedades que dificultem o controle de elevações de pavimentos e estruturas, porque eles se expandem ou contraem com o tempo, além de solos com probabilidade de desmoronamento, à medida que se tornam saturados com umidade após uma chuva ou porque o lençol freático se movimenta abaixo deles e não suporta a carga adicional das estruturas.

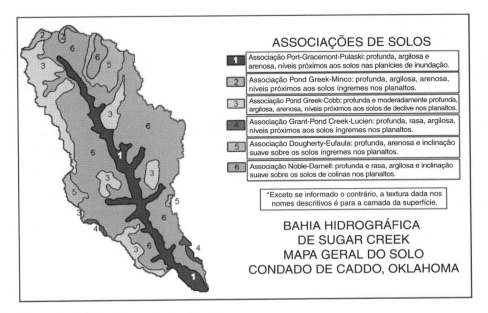

Figura 10.9 Mapa de classificação agrícola do solo.
Fonte: US Dept of Agriculture Natural Resources Conservation Service. Sugar Creek Watershed Characteristics –SOILS. http://www.nrcs.usda.gov/wps/portal/nrcs/detail/national/home/?&cid=nrcs143_015022

Solos podem se tornar contaminados intencionalmente ou não. Resíduos normalmente são propositalmente enterrados no descarte e, se substâncias tóxicas penetrarem na água de lençóis freáticos ou se espalharem pelo ar e solo adjacentes ao local, eles podem gerar problemas de saúde. Tanques de armazenamento e reservatórios de tratamento podem acidentalmente vazar substâncias tóxicas para o solo. À medida que os tanques de armazenamento envelhecem, eles tendem a vazar. Tanques de gasolina antigos em terrenos nos quais previamente tenha funcionado um posto de gasolina podem contaminar o solo. O engenheiro de projeto deve identificar os usos passados do terreno e estar alerta para um histórico de atividades que tenham utilizado substâncias tóxicas, além de checar se as entidades que utilizaram tais substâncias não estão mais ativas e se existem ou não registros sobre as condições do solo. Se o solo estiver contaminado, pode ser necessário remover os poluentes antes que a construção seja iniciada. Isso é chamado de **remediação** e significa a remoção dos poluentes ou contaminantes de um ambiente (incluindo lençóis freáticos, fontes de água e sedimentos). Remediação *ex situ* envolve remoção e substituição, enquanto remediação *in situ* se refere ao tratamento do dolo no local. Terrenos com solos contaminados cuja remediação é viável e estão localizados em áreas em que haja necessidade de remodelação são chamados de **terrenos brownfield**. Esses terrenos podem receber financiamento para remediação do solo e oferecerem incentivos para reutilização para cobrir os custos da remediação. A reutilização desses terrenos pode estar ligada a planos de **renovação urbana**.

A segunda categoria de preocupações envolve solos que possuem propriedades que os tornam custosos. Um dos solos mais notórios nesse sentido é o **pergelissolo (permafrost em inglês)**. Ele fica congelado no outono, inverno e primavera e fornece uma base sólida para construções, mas descongela quando o clima fica mais quente e se torna pastoso. Construções em pergelissolos exigem técnicas especiais de projeto se for desejável utilizar as estruturas quando o degelo ocorrer. Algumas estradas construídas sobre pergelissolos são utilizáveis apenas quando o congelamento ocorre. Pergelissolos são encontrados nas latitudes mais ao norte, próximas ao Círculo Ártico, e os engenheiros devem estar cientes de sua presença. Os tipos de desenvolvimento mais comuns encontrados em regiões de pergelissolos são estradas de acesso a minas, aeroportos, oleodutos e as estruturas associadas às atividades de mineração e escavação.

Solos expansivos, tipicamente encontrados no Sudoeste dos Estados Unidos, expandem-se quando úmidos e encolhem quando secos. Isso pode levar a rachaduras nas paredes e fundações, e a solução para essa situação pode ser substituir ou tratar o solo. O problema pode ser especialmente severo para projetos de residências, e parte das soluções envolve manter a umidade longe das fundações. Danos causados por solos expansivos são estimados em bilhões de dólares, colocando-os no mesmo patamar de tornados e inundações. A Figura 10.10 mostra as áreas com solos expansivos na região de Phoenix.

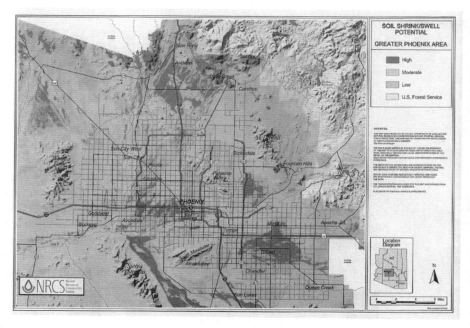

Figura 10.10 Locais com solos expansivos na área de Phoenix.
Fonte: National Resources Conservation Service, US Department of Agriculture.

RECURSOS AMBIENTAIS

Informações sobre vegetação e espécies de vida selvagem, bem como de espécies ameaçadas, podem ser fornecidas por biólogos pesquisadores da vida selvagem ou ecologia. Relações de ecossistemas podem ser complexas, e a estimativa dos impactos exige conhecimento especializado sobre como as espécies presentes no local se alimentam, reproduzem e migram. Se existem espécies ameaçadas de extinção na região, isso deve ser de conhecimento geral, e os órgãos oficiais devem estar cientes. Se os impactos ecológicos associados ao empreendimento são de grande preocupação para grupos de ambientalistas, essa questão irá surgir no início da fase preliminar do projeto, e estudos especiais deverão ser conduzidos pelas equipes com as competências necessárias. Equipes de projeto devem perguntar às seções locais dos órgãos responsáveis pela região se há algum problema em potencial envolvendo a vida selvagem ou a vegetação e onde podem conseguir mais informações a respeito. A Figura 10.11 dá um exemplo de onde estão localizadas as espécies ameaçadas no estado da West Virginia, nos Estados Unidos. Esse mapa foi desenvolvido pelo US Fish and Wildlife Service, e os estudantes podem querer entrar em contato com essa agência ou a seção estadual em relação a uma área específica.

Pontos críticos de biodiversidade são regiões em que o número de espécies de plantas é, ao mesmo tempo, rico e ameaçado por invasões. Uma biodiversidade rica é considerada importante para a saúde ambiental geral. Ela provê uma diversidade genética da qual espécies resistentes a doenças podem surgir por meio do processo evolucionário. Muitos medicamentos importantes no combate contra doenças têm sido descobertos em áreas ricas em biodiversidade, notavelmente em florestas tropicais próximas à linha do equador. A biodiversidade é sensível à mudança climática. Pontos críticos são definidos como áreas que contêm, no mínimo, 0,5% das espécies de plantas conhecidas (ou 1.500 espécies de plantas vasculares) como endêmicas, mas perderam 70% da sua vegetação. Contudo, o conceito de pontos críticos é controverso, uma vez que existe uma pequena ligação entre biodiversidade com reformulações necessárias no uso da terra e destruição de hábitats; isso não ajuda a identificar como as verbas devem ser gastas para preservar os hábitats. A Figura 10.12 mostra áreas que podem incluir pontos críticos de biodiversidade identificados pelo Nature Conservancy (Organização Ambiental Internacional).

Zonas úmidas incluem pântanos, charcos, manguezais e áreas similares protegidas por lei. As funções naturais de zonas úmidas incluem purificar e armazenar a água da chuva escoada, dessa forma, melhorando a qualidade da água de córregos e rios e reduzindo o impacto de inundações, mantendo a água da superfície fluindo durante períodos de seca e criando um hábitat para peixes e vida selvagem. As zonas úmidas são ligações importantes no ciclo ecológico da vida marinha; sem elas, a cadeia alimentar necessária para sustentar muitos tipos de pesca comercial desapareceria. Em áreas costeiras, as zonas úmidas fornecem proteção contra furacões e tempestades tropicais, servindo de amortecedor contra ondas e afluxos. Ao longo de rios, córregos e lagos, elas protegem as margens e reduzem a erosão. A Figura 10.13 explica como funcionam. A

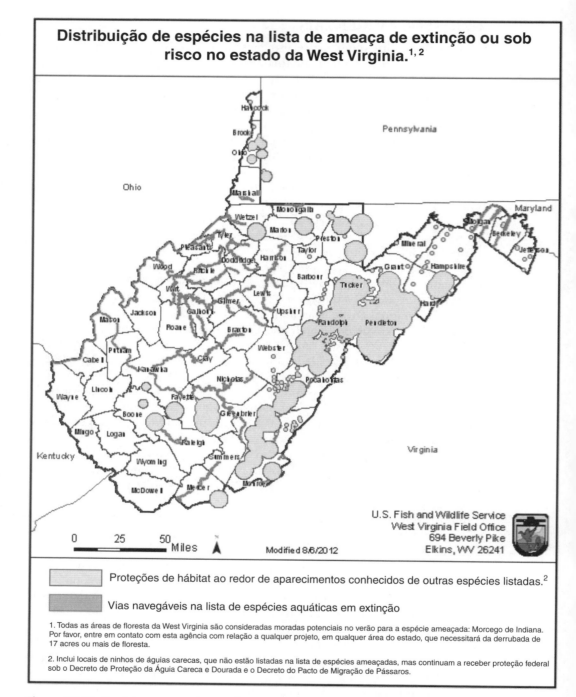

Figura 10.11 Espécies ameaçadas e sob risco no estado da West Virginia, 2012.

Fonte: www.fws.gov/westvirginiafieldoffice/speciesinfo.html

Figura 10.14 constitui um mapa que exibe como a localização de zonas úmidas pode ser descrita. Equipes de projeto devem verificar se existe alguma zona úmida no local e tentar identificar de que modo o desenvolvimento poderá impactá-las.

A quantidade e qualidade dos recursos hídricos de lençóis freáticos podem ser determinadas apenas a partir de estudos especiais que envolvam a escavação de poços de testes para medir o nível da água e o ritmo do fluxo da água sob a superfície. Órgãos governamentais podem ter dados disponíveis ou pode haver dados sobre locais próximos que já passaram por esses testes. Se for esperado que poços artesanais façam parte do sistema a ser construído, estudos de lençóis freáticos precisarão ser conduzidos como parte da investigação do terreno. Se existirem dados disponíveis de estudos prévios conduzidos nas proximidades, eles poderão ser úteis para avaliações preliminares. As agências do governo responsáveis pelos recursos hídricos podem ser contatadas para verificar se existem dados disponíveis.

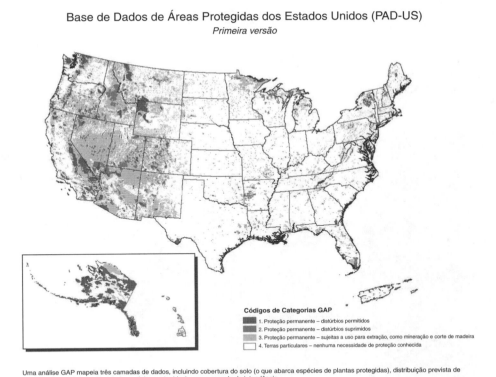

Figura 10.12 Áreas protegidas dos Estados Unidos com base na biodiversidade e outros fatores – Análise GAP.
Fonte: USGS. http://gapanalysis.usgs.gov/gallery/

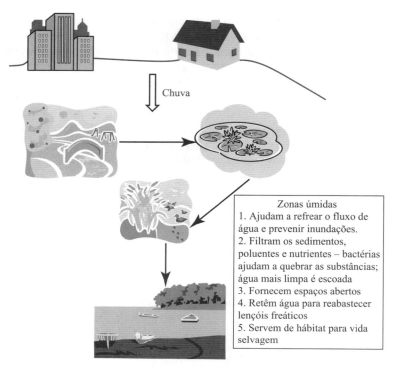

Figura 10.13 Como as zonas úmidas funcionam.

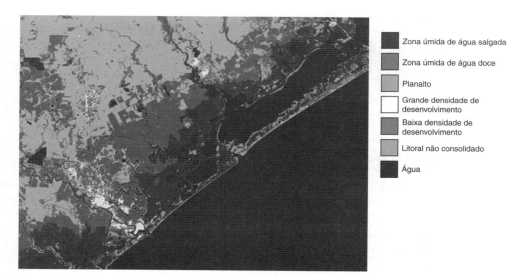

Figura 10.14 Mapa mostrando zonas úmidas.
Fonte: NOAA Coastal Services Center. Digital Coast. http://www.csc.noaa.gov/digitalcoast/wetlands/identify

Oportunidades para energias renováveis incluem luz solar, ventos, energia geotérmica e hidroelétrica. Tecnologias para armazenagem de energia solar estão evoluindo e atendem a muitas exigências de aceitação pública. Exigências técnicas incluem a quantidade de radiação solar recebida. Isso pode ser calculado a partir de registros climáticos. No deserto do Sudoeste dos Estados Unidos, há, normalmente, grande quantidade de luz solar. Ventos podem variar de local para local dentro de uma área relativamente pequena, e dados sobre a velocidade do vento devem ser coletados no local proposto para as turbinas. A topografia influencia o vento; áreas em que se utiliza a força do vento em larga escala incluem zonas costeiras, desfiladeiros e partes da planície central dos Estados Unidos. Existem áreas em que venta constantemente e com velocidade suficiente para produzir energia. A identificação de recursos geotérmicos também pode requerer estudos especiais sobre o terreno. Mapas que mostrem as regiões com potencial geotérmico têm sido desenvolvidos, e muitos estão disponíveis em agências ou órgãos púbicos, mas podem não estar em escala pequena o suficiente para que seja possível identificar o local exato em que os recursos podem ser aproveitados. Hidroelétricas precisam do represamento de cursos de água e envolvem muitas complicações ecológicas. Estudos especiais são necessários para determinar se as reservas de água para hidroelétricas são adequadas para atender a potenciais preocupações ambientais; o procedimento necessário para obter todas as licenças e permissões precisaria ser identificado.

Qualidades estéticas, usualmente referidas como características visuais da paisagem, evocam uma gama de emoções relacionadas com a crença sobre quanto o homem pode influenciar o ambiente não humano. Essas crenças variam dependendo de como o uso da terra por humanos é visto ao beneficiar pessoas, grupos sociais, culturas e a humanidade em geral. O que uma pessoa encara como uma característica visual de alta qualidade do ambiente pode não ser o que outra pessoa vê. Aquilo que os olhos notam e ao que se prendem depende dos valores individuais. Alguém na indústria de perfuração de poços de petróleo pode não ligar para guindastes na paisagem, e pessoas que defendem com afinco a utilização de fontes alternativas de energia podem achá-los condenáveis.

Um caso especial diz respeito aos locais históricos, que podem exibir muitas manifestações de atividade humana, mas possuem características visuais suscetíveis a mudanças se terrenos próximos passarem por alguma modificação. Locais de batalha na Guerra Civil Americana são um bom exemplo. Em áreas mais populosas, os valores estéticos de um local são normalmente correlacionados com seu valor econômico, o que indica parcialmente quanto as pessoas estão dispostas a pagar por qualidades estéticas. Vistas para paisagens urbanas a partir de uma colina são geralmente procuradas, sobretudo as paisagens noturnas das luzes a distância. Áreas litorâneas, à margem de lagos ou rios, também aumentam o valor do terreno em áreas urbanas. A necessidade de ter uma vista ou área verde em áreas urbanas populosas é normalmente aceita e indiscutível em todo o mundo. O paisagismo não apenas fornece uma trégua estética a vastidões de concreto e asfalto, mas também desempenha um papel funcional, fornecendo sombra e proteção contra o vento, além de reduzir as temperaturas.

A medição de qualidades estéticas e seus impactos pode ser controversa, e é mais bem abordada por consultores com as competências necessárias. Equipes de projeto devem examinar o terreno para determinar se ele oferece paisagens, vistas para corpos de água, visuais únicos ou áreas de vegetação singulares de alguma maneira. Informações sobre se o recurso visual é realmente incomparável e se sua preservação provavelmente será uma preocupação importante no projeto devem estar prontamente disponíveis, a partir de um planejamento local, para os órgãos competentes. Mesmo que não existam grandes preocupações, o layout do terreno deve tentar tirar proveito das oportunidades estéticas, uma vez que elas podem aumentar o valor econômico do empreendimento. A Figura 10.15 fornece um exemplo de avaliações das qualidades visuais de uma paisagem. Ela retrata um registro das características morfológicas presentes.

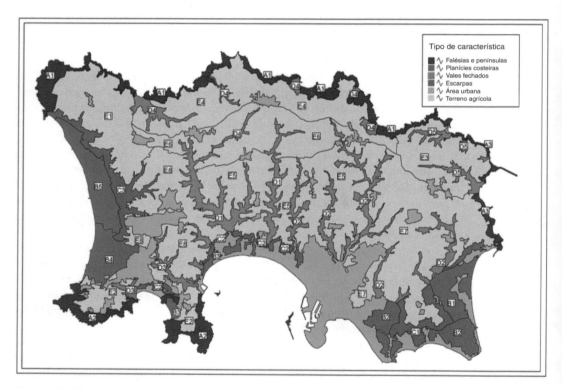

Figura 10.15 Exemplo de avaliação das características visuais de uma paisagem.
Nenhum valor subjetivo foi associado às características.
Fonte: States of Jersey Consultation Panel

UTILIDADES EXISTENTES

A disponibilidade de estradas de acesso e outras utilidades adequadas para atender às necessidades do projeto durante e após sua construção podem reduzir os custos de desenvolvimento e, em alguns casos, fazer a diferença na viabilidade econômica do projeto. Uma das necessidades mais dispendiosas pode ser a de **acesso**, já que equipamentos de construção pesados podem precisar entrar no terreno. Se não existirem estradas públicas ou acessos ao terreno, será necessário obter permissão dos proprietários das áreas adjacentes para construir estradas que cruzem suas terras, e compensações seriam necessárias. O custo de criar estradas de acesso ao terreno talvez precise ser adicionado aos custos de construção sobre o terreno. Se existirem estradas adjacentes, a superfície das rodovias e as pontes precisarão ser resistentes o suficiente para suportar a carga dos equipamentos e materiais de construção, além dos veículos que viajarão até o terreno após a construção. As informações necessárias poderão ser obtidas em órgãos ou agências públicas. Mesmo as estradas públicas devem ser analisadas para questões de acesso, já que podem existir limites de carga ou tráfego. A presença de uma ferrovia próxima ao local pode ser um bônus, se puder ser utilizada para entregar materiais de construção ou para atrair ocupantes que precisem de acesso a ferrovias.

Serviços de tratamento de água e resíduos também são muito importantes, uma vez que podem ser muito caros se não estiverem disponíveis próximo ao terreno. Normalmente, existem **economias de escala** associadas ao projeto de sistemas (a produção custa menos por unidade produzida à medida que o sistema cresce – até certo ponto); dessa forma, se sistemas disponíveis possuírem capacidade para atender ao crescimento da demanda, gerado pelo novo desenvolvimento, a demanda adicional poderá ajudar a reduzir o custo médio do serviço para todos os usuários. Se a capacidade total necessária para o novo desenvolvimento exceder a capacidade disponível do sistema, poderá ser mais eficiente expandir o sistema atual que construir um novo. De forma similar, a fonte mais próxima de energia elétrica deve ser identificada. Se houver utilização de gás natural no local, a localização da fonte mais próxima também deverá ser identificada. Essas informações podem ser obtidas nas respectivas companhias responsáveis.

CARACTERÍSTICAS HISTÓRICAS E CULTURAIS

Nas partes mais antigas dos centros urbanos, **bairros históricos** podem ter sido tombados para preservar a beleza arquitetônica de prédios e ruas antigas. Permissões de órgãos locais para modificações estruturais nos edifícios ou alterações no ambiente visual são necessárias. A Figura 10.16 mostra um exemplo de um bairro histórico em Bellingham, no estado de Washington, nos Estados Unidos. Em alguns distritos históricos, propostas de alterações estruturais devem ser levadas para um comitê ou órgão público, enquanto outras alterações podem ser aprovadas administrativamente.

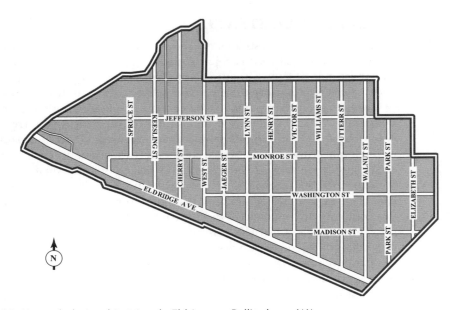

Figura 10.16 Mapa do bairro histórico de Eldrige em Bellingham, WA.
Fonte: Baseado no mapa do bairro histórico de Eldridge, Cidade de Bellingham, Washington.

RESUMO

A avaliação do terreno envolve um exame do local e limites do terreno, usos passados e atuais e dos terrenos adjacentes, topografia, padrões de drenagem, recursos geotécnicos, recursos ambientais, construções existentes e características históricas e culturais e curvas de nível. Ela deve ser realizada antes da elaboração do projeto, incluindo a etapa de estudos de viabilidade, uma vez que as características do terreno determinarão o que é viável de ser feito no terreno, assim como quais serão as restrições enfrentadas durante o projeto. As características do terreno terão um enorme impacto sobre os custos de desenvolvimento.

PALAVRAS-CHAVE

acesso
amostras do solo
bacias hidrográficas
bairros históricos
curvas de nível
demarcação territorial
economias de escala
erosão laminar
escala
ex situ
formas para cortinas

geofísica
gradação
in situ
leito rochoso
leques aluviais
marcos de referência
perfil
pergelissolo
períodos de retorno
pilares
planícies de inundação

pontos críticos de biodiversidade
pontos de controle
remediação
renovação urbana
sensoriamento remoto
solos expansivos
State Plane Coordinate System (SPCS)
zonas úmidas
terrenos brownfield

Avaliação de Terreno e Uso de Linhas de Contorno **237**

EXERCÍCIOS PARA DESENVOLVER HABILIDADES DE PROJETO

Usando o mapa do terreno desenvolvido no Capítulo 9, responda às questões a seguir:

1. Qual o intervalo das curvas de nível do mapa? Qual a escala horizontal do mapa?

2. Identifique e conecte quaisquer pontos a pelo menos 500 m de distância e não separados por corpos de água ou declives acentuados. Classifique esses pontos como Ponto A e Ponto B.
   a. Quais as elevações de cada um dos pontos?
   b. Qual a elevação máxima de qualquer ponto na linha reta que conecte os Pontos A e B?
   c. Qual a distância horizontal da linha reta que conecta os Pontos A e B?
   d. Se uma estrada fosse construída ao longo dessa linha reta que conecta os dois pontos, qual seria o gradiente médio? Considere que a superfície da estrada seja lisa.
   e. Poderia um veículo subir essa inclinação? Poderia um carro de passeio subir essa inclinação?
   f. Prepare um perfil da superfície do terreno entre os Pontos A e B. Depois, adicione o perfil da estrada reta que os conecta (item *d* anterior).

3. Existem áreas no mapa inclinadas demais para o desenvolvimento residencial sustentável? Identifique as áreas e seus tamanhos horizontais com precisão.

4. Existem áreas no mapa que podem ser indesejadas para desenvolvimento com base em fatores como:
   a. Presença de zonas úmidas?
   b. Leques aluviais ou grande volume de água da chuva?
   c. Problemas no solo?
   d. Áreas de qualidade estética singular ou outra característica ambiental?
   e. Pontos de interesse biológico?
   f. Outras razões relativas ao terreno?

5. Quais áreas do mapa parecem adequadas para desenvolvimento residencial, e quais seus tamanhos horizontais precisos?

CAPÍTULO

11

Abstração e Modelagem

Objetivos

Após a leitura deste capítulo, você deverá ser capaz de:

- Compreender os tipos de modelos que podem ser usados em projetos de infraestrutura.
- Definir modelos simbólicos e probabilísticos.
- Definir simulações.
- Contrastar o papel desempenhado por modelos teóricos, empíricos e matemáticos.

INTRODUÇÃO

Modelos são abstrações da realidade. Como abstrações, são representações mentais criadas para auxiliar no projeto. Os modelos podem ser classificados por ordem de complexidade e sofisticação, da seguinte forma:

* Icônicos
* Analógicos
* Simbólicos
* Simulações

MODELOS ICÔNICOS

Modelos icônicos são representações visuais que detalham características-chave do sistema a ser projetado. Como exemplos, temos mapas, desenhos técnicos, plantas, modelos não funcionais em escala, gráficos, cronogramas e representações gráficas de redes. Eles são importantes, pois os seres humanos são extremamente dependentes de informações visuais. Sistemas de engenharia civil não poderiam ser construídos na ausência de plantas de construção, e estas não poderiam ser feitas sem desenhos técnicos. Programas **CAD** são amplamente usados para preparar projetos e plantas. CAD 3D oferece poderosos recursos visuais e é usado para retratar terrenos, paisagens, prédios e áreas urbanas. O usuário pode sobrevoar a representação, ampliar partes dela e examiná-la a partir de diferentes perspectivas. Mapas revelam informações cruciais sobre o terreno para o projeto de sistemas. Contudo, porque existe uma grande quantidade de informações de potencial importância sobre o terreno, os mapas podem ser criados para representar apenas tipos específicos de informação para evitar que fiquem saturados. **GIS (Geographic Information System – Sistema de Informações Geográficas)** é uma ferramenta de mapeamento que permite ao usuário selecionar para visualização apenas o tipo de informação de maior importância. O GIS também possui uma capacidade lógica que permite ao usuário empregar álgebra Booleana para mostrar conjuntos de dados combinados para atender a determinadas especificações (por exemplo, as famílias que vivem a 800 m de uma estação de trem *e* as famílias que possuem apenas um veículo). Ele é usado para retratar muitos tipos de informação com dimensão **espacial**, incluindo redes de transportes e os locais de acidentes, tipos de solo, hábitats de espécies vegetais e de vida selvagem, localização de construções, condição da pavimentação e as características socioeconômicas da população de áreas específicas.

MODELOS ANALÓGICOS

Modelos analógicos são usados para estudar a relação entre as variáveis do projeto por meio de analogias, o que significa que existe uma fidelidade de causas e efeitos entre o modelo e o sistema real no que diz respeito a certos fenômenos-chave. Modelos funcionais em escala se encaixam nessa categoria e foram usados por muito tempo pelo Corpo de Engenheiros do Exército dos Estados Unidos para estudar inundações em importantes bacias hidrográficas, e os efeitos que edifícios construídos em portos causam às correntes e operações portuárias. Estudos conduzidos usando esses modelos foram utilizados para projetar comportas, estações de controle de enchentes e docas. Mesas vibratórias são empregadas por engenheiros de estruturas para conduzir estudos em laboratório sobre até que ponto diferentes projetos estruturais absorvem a energia de terremotos. Processos de tratamento de resíduos podem ser modelados em escalas pequenas usando equipamentos laboratoriais. A exigência-chave para a utilização de qualquer modelo analógico é que as relações de causa e efeito descobertas sejam passíveis de reprodução no sistema real. Isso requer que as unidades das variáveis físicas medidas no modelo possuam **similitude** com as unidades físicas de mesma natureza no modelo em tamanho real, para que o dimensionamento para cima seja logicamente válido. Um dos usos mais conhecidos de modelos analógicos é o estudo de projetos de asas para aeronaves em túneis de vento. A Figura 11.1 mostra uma pequena parte do modelo em escala de 200 acres da Bacia Hidrográfica do Rio Mississipi, construído pelo Corpo de Engenheiros do Exército dos Estados Unidos em 1940, perto da cidade de Jackson, Missouri, para o estudo de problemas de enchentes.

Figura 11.1 Modelo analógico da Bacia Hidrográfica do Rio Mississipi.
Fonte: The Design Observer Group. http://places.designobserver.com/feature/the-scale-of-nature-modeling-the-mississippi-river/25658/.
Cortesia do Corpo de Engenheiros do Exército dos Estados Unidos.

Uma utilização de modelos analógicos serve para estudar os efeitos da carga dos ventos sobre projetos de arquitetura de arranha-céus (Figura 11.2 e a Figura 11.3). Cargas de ventos aplicam forças horizontais a superfícies verticais de prédios. À medida que a estrutura se torna mais alta, as pressões causadas pelos ventos aumentam rapidamente e se tornam críticas para um projeto seguro. O objetivo de projeto é reduzir os vórtices atrás da estrutura à medida que o ar passa por ela. Modelos em escala e túneis de vento podem ser usados para estudar a formação de vórtices e selecionar o melhor projeto.

Abstração e Modelagem **243**

Figura 11.2 Teste de resistência de um arranha-céu em um túnel de vento.
Fonte: Nsf/Alamy

Figura 11.3 Simulação de um tsunami usando modelagem analógica.
Fonte: Aurora Photos/Alamy

MODELOS SIMBÓLICOS

Modelos simbólicos incorporam as relações de causa e efeito na forma de equações. E, porque equações são usadas, a matemática avançada oferece um vasto leque de conceitos para modelagens complexas. Os modelos simbólicos são largamente estudados em diversas áreas do ciclo básico do curso de Engenharia, incluindo estática, dinâmica, resistência de materiais e mecânica de fluidos. Esses campos se baseiam em conceitos físicos e, por sua vez, se tornam a base teórica para projetos de engenharia estrutural, ambiental, hidráulica e de solo/geológica. Outros tipos de modelos simbólicos não baseados em física podem ser usados em engenharia de transportes e ambiental. Por exemplo, os modelos simbólicos usados para estimar a capacidade de vias expressas ou cruzamentos podem ser estatísticos, e os modelos usados em engenharia ambiental para retratar processos de tratamento de resíduos podem se basear em reações químicas descobertas por meio de pesquisas biológicas. Os modelos simbólicos usados para rodovias ou loteamentos são baseados em geometria e trigonometria e ensinados em cursos de topografia e CAD.

Para serem usados em engenharia, a exatidão de modelos simbólicos deve ser verificada por meio de experimentos. Isso é chamado de **validação**. Previsões feitas por modelos devem ser comparadas ao que realmente ocorre. Algumas vezes, como no caso de modelos baseados em física de engenharia mecânica, isso é conseguido por meio de experimentos realizados em laboratório. Em outros casos, como na modelagem do comportamento de veículos em um cruzamento, devem-se tomar medidas em campo, em cruzamentos reais, e comparar os resultados com as previsões. O desenvolvimento de modelos simbólicos, assim como suas validações, requer conhecimento sobre métodos científicos. Embora bacharelandos em cursos de Engenharia tenham grande contato com a ciência, isso não fornece a base necessária para que ajam como cientistas, cujos objetivos são desenvolver e avançar no conhecimento de relações de causa e efeito. Na engenharia, assim como na ciência, isso normalmente envolve o uso de modelos simbólicos e quantificações. A habilidade necessária para desenvolver e validar modelos simbólicos envolve conhecimentos além do bacharelado.

Uma das vantagens das equações é que os elementos podem ser movidos do lado direito do sinal de igual (=) para o lado esquerdo e vice-versa. Geralmente, as variáveis no lado direito são chamadas de **variáveis independentes**, e aquelas do lado esquerdo são as **variáveis dependentes**. Se n-1 das variáveis n em uma equação são conhecidos, a n-ésima variável pode ser calculada. Ao manipular as equações dessa maneira, elas podem ser usadas para calcular as variáveis necessárias para o projeto. Exemplificando, uma das equações com uso mais generalizado em engenharia é $F = ma$, em que F simboliza a força aplicada a um objeto, m representa a massa do objeto e a é a taxa de aceleração do objeto. Como esclarecido anteriormente, F seria a variável dependente, e m e a, as independentes. Se a massa de um objeto, m, é conhecida, e o projeto exige uma aceleração de a, então a força, F, necessária para produzir essa aceleração pode ser calculada; é ma. Mas, se F e m são restrições externas impostas ao projeto como variáveis independentes, então, a taxa de aceleração que pode ser obtida se torna a variável dependente e pode ser determinada reorganizando os elementos da equação: $a = F/m$. Por exemplo, se a força gerada pelo motor de um caminhão até o ponto de atrito das rodas do caminhão completamente carregado com a estrada, e o valor de massa m for fornecido, a taxa de aceleração e a velocidade que o caminhão será capaz de alcançar poderão ser calculadas. Conhecendo o valor de a, é possível determinar o comprimento das pistas de acesso de uma via expressa para que o caminhão possa atingir a velocidade dos veículos nas faixas da via antes de entrar.

Outro exemplo: considere que um cano de água precise ter o diâmetro D grande suficiente para atender ao fluxo de Q m³ de água, em que o fluxo em metros por segundo V também é fornecido e pode ser uma restrição. A equação básica que envolve essas variáveis entre si é $Q = V(D/2)^2\pi$. Calcular D fornece o diâmetro necessário para o cano: $D = 2(Q/\pi V)^{0,5}$. Se V não estivesse determinado, mas fosse a consequência de determinado diâmetro de cano, D, e o fluxo, Q, seria possível estimar a velocidade do fluxo. Esse conhecimento pode ser usado para determinar se o material do cano é resistente o suficiente para suportar um fluxo nessa velocidade. Esse padrão de resolução para parâmetros do projeto mediante a reorganização dos elementos de uma equação é usado em todas as áreas da engenharia. Se as relações forem muito complexas, contudo, dados ou simulações poderão ser utilizados em vez de equações simples.

UTILIZANDO DADOS EM VEZ DE EQUAÇÕES

A lógica de manter fixas todas as variáveis menos uma e o uso de equações possui limitações. Existem alguns fenômenos em que equações sozinhas podem não ser adequadas para descrever relações devido às complexidades fundamentais. Por exemplo: projetar um cruzamento capaz de acomodar a quantidade de veículos que desejam fazer conversões à esquerda. O engenheiro do projeto precisa saber se uma ou duas faixas serão necessárias para movimentos de conversão à esquerda. A quantidade de veículos que poderão realizar conversões em um cruzamento durante um período de pico de 15 min depende de muitas variáveis, incluindo o número de faixas reservadas para conversões à esquerda, a quantidade de veículos que precisam fazer a conversão e o volume de tráfego na pista oposta. Variáveis adicionais envolvidas na relação de causa e efeito podem incluir os períodos em que os veículos chegam ao retorno, relativos à chegada do tráfego na pista oposta, a velocidade na qual as conversões são realizadas e a velocidade de tráfego dos veículos na pista oposta, o tipo e duração dos intervalos dos semáforos (porcentagem do tempo total que veículos podem fazer conversões à esquerda legalmente), e a habilidade de os motoristas que fazem a conversão em ver o tráfego vindo. Equações que considerem todas essas variáveis podem se tornar complexas demais e difíceis de desenvolver.

Uma abordagem alternativa e intuitiva seria conduzir estudos que contassem o número de veículos realizando conversões à esquerda e de veículos no sentido oposto em cruzamentos já existentes em projetos similares, com uma ou duas faixas e intervalo de sinalização similar durante períodos de 15 min. Gráficos precisariam ser desenvolvidos para plotar o número de conversões à esquerda realizadas com sucesso *versus* a quantidade de veículos na pista oposta para cruzamentos com uma faixa de retorno e cruzamentos com duas faixas. Se forem preparados gráficos separados para cruzamentos com uma faixa de retorno e cruzamentos com duas faixas, os gráficos poderiam ser usados para ajudar a responder à questão sobre quantas faixas de conversão são necessárias. Os pontos dos dados para os cruzamentos existentes estariam espalhados, mas, se os pontos formarem dois aglomerados distintos, um para cada projeto de faixa de conversão, os dados ajudariam a identificar se uma ou duas faixas seriam necessárias. Tal plotagem é mostrada na figura a seguir.

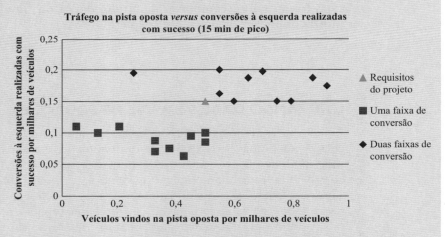

O projeto do cruzamento precisa de uma ou duas faixas de conversão?

Considere que um dos objetivos do projeto seja fornecer um número suficiente de faixas para o volume de conversões à esquerda esperadas. A quantidade esperada é mostrada pelo triângulo. Desempenhos de estruturas existentes são representados pelos quadrados, para projetos com uma faixa, e losangos para os projetos que possuem duas faixas

Se a quantidade de veículos prevista para realizar os retornos à esquerda for conhecida para o cruzamento a ser projetado, o engenheiro poderá localizar o ponto correspondente no gráfico e verificar qual o aglomerado aparenta ser o mais próximo. Sem escrever as equações exatas, a relação simbólica, base dos dados no gráfico, se pudesse ser escrita, seria na forma:

Número de conversões à esquerda com sucesso = fn *(número de veículos que precisam realizar as conversões à esquerda, quantidade de faixas de retorno, tráfego na pista oposta mais outras variáveis).*

Todos os efeitos causais das *outras variáveis*, como os períodos em que os veículos chegam à conversão, relativos à chegada do tráfego na pista oposta, a velocidade na qual as conversões são realizadas e a velocidade de tráfego dos veículos na pista oposta, o tipo e duração dos intervalos dos semáforos (porcentagem do tempo total em que veículos podem fazer conversões à esquerda legalmente), e a habilidade de os motoristas que fazem a conversão em ver o tráfego vindo, estariam incorporados à dispersão dos pontos no gráfico.

Neste exemplo, o engenheiro deseja calcular a quantidade de faixas de retorno, mas não possui uma equação – apenas dados de cruzamentos existentes. Entretanto, os dados mostram a relação entre o número de conversões à esquerda realizados com sucesso e o volume do tráfego na pista oposta e podem ser usados para "calcular" o número de faixas necessárias. A solução pode não ser teoricamente perfeita, mas adequada para os propósitos de projetos preliminares de engenharia. O gráfico anterior plota o *número de conversões à esquerda realizadas com sucesso* a partir do lado esquerdo da equação teórica (o efeito) *versus* o *volume de tráfego na pista oposta* a partir do lado direito da equação (uma das variáveis causais), usando pontos de dados separados para cruzamentos com *uma faixa de conversão* versus *duas faixas de retorno* a partir do lado direito da equação (a outra variável causal). O engenheiro pode então gerar, no gráfico, o efeito desejável (*número de conversões à esquerda realizadas com sucesso*) e uma das variáveis causais (*volume do tráfego na pista oposta*) e determinar quais os valores das outras variáveis causais desconhecidas deverão ser para que a relação se sustente (*número de faixas*). As outras variáveis causais não são mostradas no gráfico, mas provavelmente são uma das razões de os pontos de cada aglomerado exibido se espalharem. Se os dados foram colhidos a partir de um número muito maior de cruzamentos, pode ser possível reunir gráficos mostrando níveis diferentes de outras variáveis.

SIMULAÇÕES EM COMPUTADOR

Quando as relações entre as variáveis são complexas demais para serem específicas em equações, pode ser necessário usar simulações. Simulações em computador são uma importante classe de modelos úteis quando causa e efeito são compreendidos de forma insuficiente ou são tão complexos que não podem ser modelados facilmente. Em tais casos, as relações probabilísticas entre causa e efeito se tornam importantes. Fenômenos para os quais a absorção por sistemas de engenharia civil ou a demanda gerada por eles possui uma natureza imprevisível, **aleatória,** podem ser modelados usando simulações. Aleatória significa dizer que é impossível prever qual evento dentro de um conjunto de eventos irá ocorrer, similar a rolar um dado. Não se pode prever com certeza qual lado do dado ficará para cima. Quando demandas ou relações são aleatórias, a melhor abordagem é desenvolver distribuições probabilísticas para os eventos, que indicam a probabilidade (porcentagem) de cada evento ocorrer. Exemplos de demandas aleatórias (eventos) são: a quantidade de veículos entrando em uma via expressa durante um período de 10 min, a quantidade de acidentes entre veículos em um cruzamento, intensidade e duração de chuvas, magnitudes de terremotos ou a vida útil de um componente do sistema como fontes de luz (por exemplo, luzes de semáforos ou postes ao longo da estrada).

Aleatoriedade pode se referir à *magnitude* de um evento, a *quando* ele ocorrerá e *onde* ele ocorrerá. Tempestades de raios isoladas são aleatórias no que diz respeito as três variáveis, assim como muitos desastres climáticos. Magnitudes de terremotos e a frequência com que ocorrem são aleatórias, mas alguns locais como falhas geológicas possuem um risco muito mais elevado que outros. Colisões de veículos são eventos aleatórios, mas normalmente é possível prever quando e onde são mais prováveis de acontecer, já que são resultado das condições ambientais ou do volume de veículos. Condições do solo podem ter aleatoriedade espacial se as condições de uma área ainda não tiverem sido investigadas. Até que comecem as escavações, problemas presentes no solo podem não ser conhecidos. Simulações podem ser usadas para examinar o desempenho de sistemas para aleatoriedades com relação à magnitude, tempo ou variabilidade espacial de eventos importantes. Tipicamente, simulações cobrem um período, e a maioria delas contém um cronômetro embutido que permite ao investigador observar o desempenho do sistema durante um período de minutos, horas, dias, semanas, meses ou anos.

O exemplo a seguir ilustra alguns conceitos utilizados em simulações. Nos dois gráficos a seguir estão presentes o número de veículos chegando em uma das quatro vias de um cruzamento durante 282 períodos de 15 min consecutivos. Considere que os dados foram obtidos a partir da observação de um cruzamento real. A quantidade de veículos chegando durante um intervalo de 15 min é categorizada no eixo horizontal como 0-4, 5-9, 10-14 etc. Cada barra representa uma categoria de chegadas representando o número de veículos contados durante o intervalo de 15 min. O eixo vertical indica a quantidade de períodos de 15 min que se encaixam em cada categoria – o número total de intervalos observados ou eventos é 282. O primeiro gráfico descreve a quantidade de veículos chegando como um evento aleatório e indica o número de intervalos de 15 min associados a cada variação de chegada (0 a 4, 5 a 9 veículos etc.). O eixo inferior indica a categoria de chegada para um período de 15 min. A primeira categoria representa 0 a 4 veículos, a segunda, 5 a 9 veículos, e a última, o número de períodos quando mais de 70 veículos chegaram durante um intervalo de 15 min. A média da quantidade de veículos chegando para cada variação é o ponto médio da variação medida por cada barra – 2,7,12,17 etc. O eixo vertical indica quantos períodos de 15 min se encaixam na categoria representada ao longo do eixo inferior. O número total de períodos de 15 min é 282. O segundo gráfico indica a probabilidade de chegada de determinada quantidade de veículos para cada variação. Ela é obtida pela divisão da frequência (número) dos eventos em cada categoria por 282.

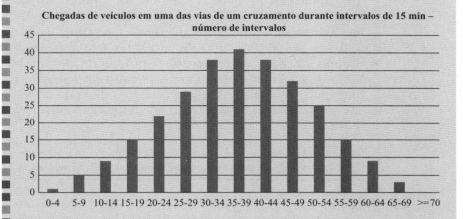

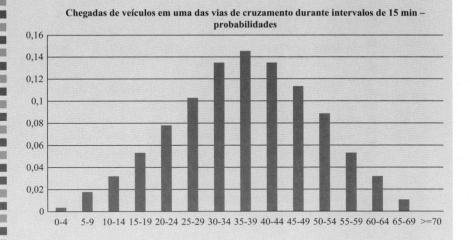

O eixo vertical do segundo gráfico representa a probabilidade da quantidade de veículos chegando em uma via durante o intervalo de 15 min se encaixar na categoria representada ao longo do eixo inferior. A probabilidade é obtida dividindo os valores no eixo vertical de cada barra no primeiro gráfico por 282.

A partir da observação do segundo gráfico, percebe-se que a probabilidade de 35-39 chegadas ocorrer é de aproximadamente 0,145, e a probabilidade de 65-69 veículos chegar é baixa – aproximadamente 0,01. Agora, considere que essa distribuição é a mesma para todas as quatro vias de um cruzamento. O total de chegadas de veículos em um cruzamento poderia ser simulado gerando aleatoriamente as chegadas em cada uma das quatro vias e as colocando juntas. Para garantir que a simulação replique o que exatamente poderia acontecer, as probabilidades associadas à simulação gerando as chegadas teriam de corresponder às probabilidades no gráfico anterior. Isso poderia ser garantido se o número de chegadas durante cada um dos 282 intervalos observados fosse registrado em 282 bolas colocadas em um pote. As bolas seriam retiradas aleatoriamente, uma de cada vez, e depois recolocadas no pote. Depois de cada substituição, o pote teria de ser bem agitado. Alternativamente, um software de simulação poderia ser criado para incorporar os gráficos anteriores, o que poderia ser utilizado para gerar aleatoriamente as chegadas. Os resultados poderiam aparecer da seguinte forma:

Quantidade de chegadas durante intervalos de 15 min entre 17 e 18 h				
Intervalos na simulação	Via 1	Via 2	Via 3	Via 4	Total ao final dos intervalos
17:00-17:15	12	52	37	47	148
17:15-17:30	52	32	57	22	163
17:30-17:45	27	37	22	52	138
17:45-18:00	37	57	32	42	168

A simulação indica que a quantidade total de chegadas durante cada um dos intervalos de 15 min entre 17 e 18 horas foi de 148, 163, 138 e 168, que, somados, totalizam 617 durante uma hora. Essa simulação poderia ser repetida muitas vezes, e a distribuição do total de chegadas poderia ser desenvolvida. Este exemplo é bem simples. Em teoria, a simulação poderia ser criada para mostrar relações mais complexas entre as chegadas nas quatro vias, atrasos devido a conversões à esquerda e mudanças na demanda que ocorrem durante um período de 24 horas.

Simulações são amplamente utilizadas em engenharia de transportes para examinar a formação de filas e atrasos associados ao projeto de cruzamentos e seus sinais de trânsito. Simulações também podem ser usadas para examinar a chegada e fluxo de pessoas em terminais, a chegada e carregamento de ônibus em pontos, a carga e descarga de navios em um porto e atividades de construção. Simulações são úteis no projeto de vários tipos de sistemas de engenharia civil, em que as chegadas ou os tempos tomados durante a execução dos processos primários associados ao sistema são aleatórios. Uma das vantagens de simulações é que anos de operação do sistema podem ser modelados em pouco tempo. Assim, 30 anos de operação de um reservatório podem ser modelados dia a dia, quantas vezes for preciso, sob diferentes vazões de água em poucos segundos. Simulações substituíram os mais antigos modelos físicos icônicos de bacias hidrográficas ou controle de enchentes. A Figura 11.4 mostra os resultados de um estudo da simulação de um colapso de um muro de tijolos. A Figura 11.5 traz a simulação do fluxo do trânsito em uma zona de construção.

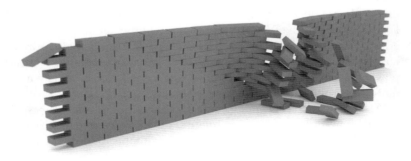

Figura 11.4 Muro quebrado.
Fonte: Luchschen_Shutter/Fotolia

Figura 11.5 Simulação em computador do tráfego em zonas de construção.
Fonte: California Department of Transportation. dot.ca.gov

SOFTWARE DE MODELAGEM

Modelos com sistemas de equação ou simulações são usados extensivamente em projetos de engenharia civil. Vários tipos de relações são incorporados em pacotes de software de análises especializadas, preparados para tipos específicos de sistemas de infraestruturas. O engenheiro civil praticante não cria softwares especializados para análise, mas utiliza pacotes de software comercializados normalmente. Todavia, ocasionalmente, na falta de um software adequado, haverá a necessidade de se criar um software para análise ou manipulação de dados. As duas ferramentas mais utilizadas disponíveis são EXCEL, que utiliza o Visual Basic como sua linguagem de programação básica, e MATLAB®. O EXCEL pode ser usado para análises mais rotineiras, particularmente as que envolvam grandes bases de dados e cálculos relativamente simples. O MATLAB® pode ser usado quando análises e modelagens matemáticas mais sofisticadas precisarem ser realizadas.

MATLAB® oferece uma grande flexibilidade no que diz respeito a operações matemáticas e muitas ferramentas de modelagem e análise especializadas. Contudo, ele requer experiência e conhecimento para ser usado com eficiência, pois em questão de programação, ele é mais exigente e matemático. MATLAB® seria útil para analisar dados coletados em experimentos de laboratório cujo objetivo seja desenvolver um modelo dinâmico da oscilação de um prédio sob carga sísmica, por exemplo.

EXCEL pode ser aprendido rapidamente e é eficiente na manipulação de colunas e linhas de dados em matrizes. Ele também contém funções gráficas que tornam relativamente fácil plotar vários tipos de relações. O EXCEL é útil para analisar e transformar em gráfico grandes quantidades de dados, como contagens de tráfego para uma grande quantidade de locais, quando existe uma necessidade de calcular o volume médio de tráfego durante horários diferentes ou para calcular a porcentagem dos volumes médios diários em horário de pico.

TEORIAS, LEIS E RELAÇÕES EMPÍRICAS

Teorias científicas e **leis** formam a base da maior parte dos modelos usados em engenharia. *Teorias* são princípios gerais norteados por quantidades substanciais de evidências e fornecem *explicações* para os fenômenos observados. *Leis* são formulações exatas de fenômenos que sempre ocorrem, mas não são explicações do porquê essas relações existem ou como ocorrem. Teorias se tornam leis à medida que mais evidências confirmatórias se acumulam. Teorias podem ser modificadas à medida que mais evidências surgem e possivelmente podem se provar incorretas. Teorias podem não ser matemáticas, enquanto leis quase sempre podem ser expressas usando equações. A maior parte da mecânica de engenharia é baseada nas três leis de Newton. Entretanto, a ciência dos materiais, que busca compreender por que materiais se comportam de certa maneira, contém muitas teorias relacionadas com a estrutura molecular e o papel desempenhado por forças subatômicas interagindo no nível molecular. Fenômenos envolvendo processos biológicos são mais prováveis de envolver teorias que leis.

Muitas das equações usadas em engenharia são baseadas em observações empíricas sem o status de teorias nem de leis, mas exibem regularidades ou relações que podem ser expressas em equações. Engenharia de transporte utiliza muitas relações desse tipo para estimar variáveis de projeto, como a quantidade de veículos que utilizarão uma via de ligação ou o tempo de espera em um cruzamento. As equações em si são, em grande parte, **relações empíricas** adaptadas em modelos matemáticos convenientes com base em observações e medições. Se a variável dependente no lado direito da equação não puder ser prevista com exatidão, e apenas seu valor médio puder ser estimado, modelos estatísticos poderão ser usados. Com modelos estatísticos, o valor real da variável dependente no lado esquerdo do sinal de igual não pode ser previsto com exatidão, mas o intervalo de valores em que se encontra pode ser estimado. Um exemplo de dados para os quais um modelo estatístico pode ser desenvolvido foi apresentado no box anterior. Entretanto, o exemplo exibido utiliza pontos, em vez de equações, para selecionar a quantidade de faixas de retorno.

No exemplo anterior, que examina se uma ou duas faixas de conversão são necessárias, uma resposta preliminar foi obtida por meio da análise dos dados coletados de vários cruzamentos com uma ou duas faixas de conversão. Equações poderiam ser formuladas tendo como base cada um dos dois aglomerados de pontos, usando métodos dos mínimos quadrados, sem preocupações em relação ao papel de qualquer lei ou teoria. Eventualmente, teorias podem ser desenvolvidas com base em comportamentos observados e relações estatísticas entre variáveis independentes no lado esquerdo da equação e as variáveis dependentes do lado direito. Se um engenheiro quiser abordar o problema no exemplo aplicando uma teoria ou lei, ele teria de, primeiro, elaborar uma "teoria de fluxo de tráfego" que lhe permitisse deduzir como os veículos interagem, dados todos os fatores que exercem importante influência no comportamento do motorista. Dentro dessa teoria, poderia existir um fenômeno matemático que descrevesse, por exemplo, a relação entre espaçamento de veículos e densidade. Entretanto, leis são relativamente raras em áreas além da física e química, e normalmente as relações são corretamente chamadas de "modelos", o que não implica que eles tenham o status de lei. Se uma exceção puder ser encontrada em uma lei, o comportamento matemático não existe, e a relação não pode ser chamada de lei. Dada a dependência do comportamento de infraestruturas em um terreno e suas características particulares, raramente não são encontradas exceções às previsões feitas pelas equações do modelo. Portanto, poucas "leis" são encontradas em equações e códigos usados para projetos.

Em engenharia estrutural e geotécnica, muitas das equações usadas em projetos são baseadas nas leis da mecânica, mas contêm parâmetros que podem ser determinados apenas por meio de estudos empíricos. Frequentemente, experimentos ou estudos de laboratório sobre as características do terreno são fontes de dados empíricos. Exemplos de parâmetros obtidos por meio de experimentos incluem os valores de resistência de um material de construção em particular, o coeficiente de rugosidade de uma tubulação ou a resistência de cisalhamento do solo. Normalmente, existem ligações entre esses modelos e teorias ou leis científicas. As teorias ou leis ajudam a explicar por que uma relação em particular ocorre da forma observada, mas a relação exata ou equação não pode ser deduzida usando apenas teorias e leis. Estudos e experimentos empíricos são necessários para determinar os valores dos parâmetros. Normalmente, os efeitos da gravidade no experimento ou fenômeno sob investigação limita os resultados e modelos à superfície terrestre, a não ser que a constante gravitacional seja incluída na relação. Em engenharia civil, normalmente, se presume que modelos serão aplicados sobre a superfície terrestre ou próximos de onde a gravidade é relativamente constante e uniforme.

O currículo dos cursos de Engenharia Civil começa com a apresentação de fenômenos matemáticos na física, química e mecânica da engenharia, e introduz modelos teóricos e empíricos mais tarde, quando o curso abordar as áreas particulares de especialização. A tabela no box a seguir lista a maior parte dos modelos que aparecem ou são mencionados nos capítulos posteriores deste livro e indica a extensão da necessidade de dados empíricos para desenvolvê-los ou aplicá-los.

TIPOS DE MODELOS

Modelos apresentados em cursos de Física e Química tendem a ser matemáticos. Normalmente, as variáveis presentes neles podem ser rearranjadas sem preocupação quanto às relações de causa e efeito, mas não devem ser ignoradas quando os modelos estão sendo usados. Vários modelos usados em projetos possuem aspectos teóricos, e todos requerem dados empíricos para serem usados. Ao contrário de modelos matemáticos, sua utilização pode ser limitada a tipos específicos de ambientes e condições. A Tabela 11.1 identifica e classifica muitos dos modelos usados em engenharia civil. A maioria será apresentada no decorrer do curso de graduação. Asteriscos (*) indicam modelos empíricos altamente dependentes de dados que são válidos apenas para locais específicos. Sua utilização pode produzir erros, a não ser que as condições locais sejam similares às encontradas nos locais em que se pretende aplicá-lo, e que haja disponibilidade de dados locais, que possam ser usados no modelo.

Tabela 11.1 Modelos Comumente Usados em Engenharia Civil

Descrição	Características
Vida útil	Teórico
Pegadas de carbono	Teórico e empírico
Ciclos de carbono	Teórico e empírico
Etapas no processo de projeto	Teórico
Valor presente	Matemático
Representação e interpretação topográfica	Matemático e empírico*
Conceitos de projeto de bairros	Teórico e não quantitativo
Classificação funcional de rodovias	Teórico com limitações quantitativas
Cálculo de viagens	Empírico*
Modelo de Greenshield	Teórico e empírico
Nível de serviço	Teórico e empírico
Capacidade de trânsito	Teórico e empírico
Engenharia de tráfego	Teórico e empírico
Bacias de drenagem	Matemático e empírico*
Ciclo Hidrológico	Teórico e não quantitativo
Gráficos de Intensidade-duração-frequência	Empírico* e probabilístico
Hidrograma unitário	Teórico e empírico*
Método Racional	Teórico e empírico*
Teorema de Bernoulli	Matemático
Energia específica	Matemático
Equação de Manning	Teórico e empírico
Probabilidade de ocorrência de tempestade	Teórico, empírico* e probabilístico
Curva de massa	Teórico e empírico*
Taxa de consumo de água	Empírico*
Modelos de processos de tratamento de água	Teórico e empírico
Demandas bioquímicas de oxigênio	Matemático
Equações de Steeer-Phelps	Teórico e empírico
Modelos de processos de tratamento de resíduos	Teórico e empírico
Taxas de geração de resíduos	Empíricos*
Análise estática de uma treliça	Matemático
Equações de movimento	Matemático
Relações entre tensão e deformação	Teórico e empírico
Trabalho realizado sobre um material	Matemático, teórico e empírico
Teoria de vigas e pilares	Teórico e empírico

Tabela 11.1 Modelos Comumente Usados em Engenharia Civil

Descrição	Características
Projeto pela Tensão admissível	Teórico e empírico
Projeto pela teoria plástica	Teórico e empírico
Cargas de vento	Empírico*
Projeto por estados limites	Teórico e empírico
Expansão e contração térmicas	Teórico e empírico
Taxa de suficiência de resistência de pontes	Teórico e empírico*
Classificação do solo	Teórico e empírico*
Assentamento de fundação	Teórico e empírico*
Tensão do solo	Teórico e empírico*
Ruptura de Mohr-Coulomb	Teórico e empírico*
Deslizamento de talude	Teórico e empírico*
Projeto de pavimentação	Teórico e empírico*
Eventos sísmicos	Teórico, empírico e probabilístico
Perda do solo por erosão	Teórico e empírico*
Estimativas de cortes e aterros	Matemático e empírico*
Programação do caminho crítico	Teórico e empírico*

À medida que o interesse em sustentabilidade cresce, é provável que modelos sejam desenvolvidos para estimar os impactos em sustentabilidade de projetos. Eles podem incluir meios de estimar pegadas de carbono, custos totais ao longo da vida útil e métodos melhores para estimar necessidades e impactos energéticos.

Os pontos elencados a seguir devem ser lembrados quando da seleção do modelo a ser usado:

- Todos os modelos são aproximações da realidade.
- Todos os modelos envolvem hipóteses.
- Quanto mais variáveis e operações matemáticas em um modelo, maior o erro potencial.
- O erro em um resultado nunca pode ser menor que o erro nas variáveis de entrada.
- À medida que a quantidade de variáveis em um modelo cresce ou a complexidade do modelo aumenta, a precisão do resultado pode melhorar, mas só até certo ponto.
- Em algum ponto, o erro começará a crescer novamente, e a precisão piorará quanto mais variáveis de entrada forem adicionadas.

Abstração e Modelagem **257**

- Quanto mais variáveis de entrada forem inseridas, mais custará para coletar os dados e executar os modelos.

- Quanto mais erros houver nas variáveis de entrada inseridas, mais erros haverá nas variáveis de saída resultantes.

Dessa forma, há um trade-off entre o grau de resolução de um modelo e o erro que ele pode gerar. A qualidade dos dados de entrada inseridos no modelo determina a qualidade dos dados de saída resultantes. Isso pode influenciar o grau de confiança que um engenheiro deposita em decisões baseadas nos modelos. A maioria dos cursos de Engenharia na área civil exige que estudantes aprendam a aplicar corretamente os modelos. Na maior parte dos casos, os modelos já terão passado por verificação. Entretanto, na prática profissional, o engenheiro deve julgar se determinado modelo e os dados disponíveis são apropriados para cada uma das aplicações específicas do projeto no qual seu uso é considerado.

RESUMO

Modelos são abstrações da realidade. Modelos simbólicos são usados extensivamente por engenheiros, e a habilidade dos estudantes para compreendê-los e usá-los corretamente compreende uma boa parte do material do curso de graduação. Simulações são categorias importantes de modelagem, usadas quando inputs, outputs e processos contêm muitos fatores aleatórios que não podem ser estimados ou incorporados facilmente em modelos simbólicos.

PALAVRAS-CHAVE

aleatória	leis	validação
CAD	relações empíricas	variáveis dependentes
espacial	similitude	variáveis independentes
GIS	teorias científicas e leis	

EXERCÍCIOS PARA DESENVOLVER HABILIDADES DE PROJETO

1. O modelo básico de fluxo através de uma tubulação é $Q = V(D/2)^2\pi$, em que Q é a vazão volumétrica em metros cúbicos por segundo, V é a velocidade do fluxo em metros por segundo e D é o diâmetro da tubulação em metros.

   a. Se a velocidade do fluxo é de três metros por segundo, e o diâmetro da tubulação é de 0,6 m, qual a vazão?

258 Introdução à Engenharia Civil

b. Se o diâmetro da tubulação é de 1,20 m, qual deve ser a vazão se a velocidade do fluxo deve se manter em três metros por segundo?

c. Se o diâmetro é de 1,20 m, mas a vazão é de 0,28 m³, qual a velocidade resultante?

d. Se o objetivo do projeto é acomodar determinada vazão devido ao escoamento de água da chuva, mas é desejável manter a velocidade abaixo de determinado valor para prevenir danos à tubulação, qual variável de projeto resta para permitir que esses objetivos sejam alcançados?

e. Se o objetivo é acomodar pelo menos 1,4 m³ de água de fluxo a uma velocidade maior que 0,6 m/s, mas menor que seis metros por segundo, qual a faixa de tamanhos para os diâmetros das tubulações poderia ser usada? Considere que os diâmetros aumentam de 25 em 25 cm. Assumindo o papel de um engenheiro projetando esse encanamento para um cliente, qual diâmetro você recomendaria e por quê?

2. O modelo básico que relaciona força com massa e aceleração é $F = ma$. Considere que você precisa desenvolver um modelo que faça a estimativa da força necessária para mover um caminhão por uma estrada de mineração. Quais variáveis adicionais seriam necessárias no lado direito da equação anterior? Seriam essas variáveis uma função da velocidade do veículo sobre a superfície da estrada de mineração? Se a força necessária aumenta com a velocidade do caminhão, a relação é uma função linear de velocidade elevada à primeira potência ou uma relação não linear de velocidade elevada a uma potência maior que 1? E se a estrada de mineração possuir subidas e descidas? Pode-se escrever uma equação que leve em consideração o gradiente da estrada? Tente formular um modelo simbólico geral que leve em consideração essas variáveis adicionais.

3. Usando o gráfico presente no primeiro box do capítulo, se a quantidade de veículos que precisam fazer uma conversão à esquerda durante os 15 min de pico for 100, e o número de veículos na pista oposta for 300 durante esses mesmos 15 min, uma faixa de conversão seria suficiente ou duas seriam necessárias?

4. Forneça as informações do gráfico no segundo box do capítulo em um formato de tabela que um engenheiro civil pudesse usar para projetar as faixas de conversão.

5. Qual a diferença entre uma teoria e uma lei? O que significa quando nos referimos a "teoria de projeto estrutural" ou a "teoria do fluxo de tráfego"?

6. O que é um modelo empírico? Você pode dar um exemplo?

Abstração e Modelagem **259**

7. A equação expandida, resposta da Questão 2, poderia representar um modelo empírico ou seria uma lei? O que o leva a acreditar nisso? Você acredita que um modelo utilizável poderia ser desenvolvido sem conduzir experimentos para derivar valores para alguns dos termos?

8. Dê três exemplos de problemas de projeto em que simulações podem ser ferramentas úteis para modelagens complexas e interações probabilísticas.

CAPÍTULO

12

Gerenciamento de Equipe, Comunicações e Liderança

Objetivos

Após a leitura deste capítulo, você deverá ser capaz de:

- Compreender as quatro funções do gerenciamento.
- Discutir conceitos de gerenciamento centralizado *versus* descentralizado.
- Definir as teorias de motivação.
- Discutir a distinção entre gerenciamento e liderança.
- Compreender a importância da comunicação.
- Identificar os elementos de um relatório de progresso.
- Discutir desempenho com relação a equipes de estudantes.

INTRODUÇÃO

A equipe de projeto formada por estudantes pode ser vista como uma oportunidade para iniciar o desenvolvimento das habilidades de gerenciamento, e não apenas uma exigência do trabalho. Tarefas em equipe são vistas cada vez mais como modos eficazes de ensino, já que possibilitam aos estudantes aprenderem uns com os outros. Gerenciamento é composto por quatro funções distintas – **planejamento**, **organização**, **supervisão** e **controle**. O papel de um gerente de projetos é assumir a responsabilidade sobre essas funções e garantir que sejam realizadas com sucesso. Um gerenciamento de projeto bem-sucedido exige habilidades de comunicação, habilidades de liderança e a capacidade de organizar tarefas e pessoas, independentemente da complexidade e magnitude do projeto. Essas mesmas habilidades são exigidas para equipes de projeto cujo trabalho seja desenvolvido tanto em meio acadêmico quanto profissional, em empresas ou agências governamentais.

PLANEJAMENTO

O planejamento é o que dá início ao projeto. As questões as quais devem ser respondidas na etapa de planejamento são: "Quais são os objetivos ou metas do projeto?" e "Quais regras, procedimentos, etapas e métodos serão usados?". Para começar o desenvolvimento das metas de projeto, deve-se perguntar quais são as metas da equipe e os objetivos de outras entidades importantes envolvidas, como empresas e agências que empregam os membros da equipe, clientes, acionistas, público e entidades que aprovam o financiamento do projeto. Na prática profissional, as metas pessoais dos membros de uma equipe precisam estar de acordo com as metas da empresa ou agência empregadora. Uma vez que as metas da empresa provavelmente incluem sobrevivência e crescimento, as metas individuais dos membros da equipe também devem incluir a sobrevivência e o crescimento da empresa. Além disso, as metas de cada membro da equipe devem também incluir reconhecimento, responsabilidade e crescimento pessoal.

Também é possível dizer que a meta final da equipe de projeto e da empresa é prover um *serviço ou produto*. Quando se reconhece isso, a meta de cada membro da equipe se transforma *em contribuir para a criação do produto ou serviço*. As metas das outras entidades e pessoas envolvidas no projeto também precisam ser identificadas. Elas podem incluir ganhos financeiros, influência sobre soluções de projeto, imagem pública incluindo reeleição a um cargo, e aderência a leis ou políticas locais, estaduais ou federais. As metas da equipe e as metas individuais e das entidades envolvidas das quais depende o sucesso da equipe do projeto devem ser compatíveis. Um dos resultados da etapa de definição do problema deve ser a identificação das áreas em que é fundamental que haja compatibilidade entre as metas da equipe e dos envolvidos. Esse entendimento ajuda a desenvolver as metas do projeto e a ter uma compreensão das características que devem estar presentes em um "bom" projeto.

As regras, procedimentos, etapas e métodos estão relacionados com a efetiva realização do projeto. As regras seguidas pelas equipes, no contexto de projetos de sala de aula, devem abranger a frequência dos encontros, expectativas de comparecimento, tempo para registro dos resultados, e outras regras, formais e informais, que determinam a condução do projeto. Uma das mais importantes funções do planejamento é dividir o projeto em tarefas menores, mais gerenciáveis. Essas tarefas geralmente dizem respeito à coleta de informações e dados que ajudam a definir o problema de projeto; definição do problema; desenvolvimento das declarações de metas; geração das alternativas; avaliação das alternativas; redação de um conjunto de recomendações; e preparação dos relatórios e elementos gráficos que comunicam as recomendações de projeto. Resumindo, as tarefas referem-se à execução das etapas de projeto. Cada uma dessas etapas pode ser dividida em uma série de passos menores e com maior detalhamento, explicitando as necessidades específicas para cada projeto de sistema. Por exemplo, a legislação e as normas de projeto relevantes precisam ser especificadas.

O sequenciamento das tarefas deve ser determinado. Uma ferramenta útil é o **Método do Caminho Crítico** (**CPM – Critical Path Method**), amplamente usado em construções para mostrar as relações entre as atividades de construção e determinar quais atividades devem ser iniciadas e quando precisam ser completadas para que o projeto como um todo seja concluído a tempo. Os conceitos podem ser aplicados para programar as tarefas de projeto.

ORGANIZAÇÃO

O propósito básico da função de organização do gerenciamento de projeto é designar tarefas a pessoas, que precisa ser realizada logo após o planejamento. Organização aborda questões de autoridade e poder, divisão do trabalho e especialização, e coordenação e comunicação. Essas três características da função de gerenciamento estão inter-relacionadas. Relações de poder determinam o fluxo de comunicação entre os membros da equipe, e o modo como as especializações criam divisões de trabalho também influencia o fluxo de comunicação. O **quadro organizacional** descreve as relações formais de poder e comunicação, mas relações informais podem existir e ser igualmente importantes.

O agrupamento das tarefas do projeto é chamado de **departamentalização**. A quantidade de gente que pode ser supervisionada com eficácia por uma só pessoa é chamada de **amplitude de gestão**. Os extremos nas relações de autoridade são ancorados pelos termos **centralizado** *versus* **descentralizado**, descritos na Figura 12.1. Canais de comunicação refletem as relações de autoridade. Sob um controle centralizado, uma hierarquia formal de poder existe, e as comunicações tendem a ocorrer de cima para baixo e de baixo para cima, com pessoas trocando informações do dia a dia relacionadas com o desempenho nas tarefas apenas com outros colegas posicionados diretamente acima ou abaixo deles na hierarquia.

Com o controle descentralizado, as pessoas são praticamente iguais no que diz respeito ao poder, e a informação tende a fluir entre todos os pares de pessoas de uma equipe. Controle centralizado exige lideranças fortes com reduções de poder perceptíveis em níveis mais baixos. A direção provém dos níveis mais altos, e as cadeias de comando podem refletir as áreas de especialização. O controle descentralizado requer poder e controle compartilhados. A equipe é, em grande parte, autodirigida, ainda que exista um líder e especializações. O controle centralizado é eficaz para atividades com apenas uma tarefa e garante consistência. Pode ser eficiente quando há pouca necessidade de flexibilidade. O controle descentralizado é eficaz quando as tarefas são complexas, e os problemas, singulares; oferece maior flexibilidade, mas a qualidade dos resultados pode variar de equipe para equipe e de projeto para projeto, a não ser que políticas de controle de qualidade estejam em efeito.

Dado que cada forma de gerenciamento tem seus prós e contras, o conceito de **matriz gerencial** fornece uma oportunidade para combinar as melhores características de ambos os aspectos. Ela é mostrada na tabela a seguir. Nela, cada pessoa pertence a um departamento em função de suas habilidades, e, dentro de cada departamento, o controle tende a ser centralizado. Quando os projetos são realizados, as equipes são formadas por pessoas de cada departamento conforme a necessidade, e as relações de poder tendem a ser mais descentralizadas, com os membros da equipe compartilhando o poder igualmente. Um líder da equipe de projeto é selecionado entre os membros da equipe.

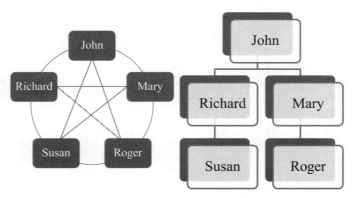

Figura 12.1 Comunicações descentralizadas *versus* centralizadas.

Matriz organizacional				
Departamento	**Projeto 1**	**Projeto 2**	**Projeto 3**	**Projeto 4**
Transporte	John			Tom
Estruturas		Richard		Robert
Geotécnico	Peter	Marty		Ann
Resíduos				
Gerenciamento			Susan	
Recursos hídricos	Mary		Mark	

No exemplo anterior de matriz organizacional, o Projeto 1 requer habilidades técnicas em engenharia de transporte, engenharia geotécnica e engenharia de recursos hídricos, e a equipe é formada por membros desses departamentos. O Projeto 2 precisa de pessoas com competências em engenharia estrutural e engenharia geotécnica, e a equipe responsável por ele é formada por membros desses dois departamentos. Quando os projetos estiverem completados, as equipes podem ser desfeitas, e as pessoas, designadas para novas equipes.

A EVOLUÇÃO DO DESEMPENHO DE EQUIPE

Equipes evoluem com experiência, e os estágios pelos quais elas passam são chamados de "formação, normatização, conflito e desempenho". Durante o primeiro estágio, formação, os membros da equipe são temerosos, pois estão começando a aprender as forças e fraquezas dos outros membros. Eles tentarão ser cuidadosos e gentis, e pode ser difícil conseguir obter comprometimento por parte deles. Diferenças existentes tendem a ser suprimidas e permanecer escondidas. O segundo estágio, normatização, pode ser muito árduo. O grupo como um todo será improdutivo, e os membros sentirão que nenhum progresso está sendo alcançado. Enquanto grandes diferenças nos níveis de habilidade se tornam aparentes, ao mesmo tempo, elas tendem a ser ignoradas. As comunicações são restritas, e os membros da equipe podem não estar dispostos a empenhar tempo e energia nessa interação. Entretanto, expectativas começarão a surgir com base na real habilidade da equipe. Quando o terceiro estágio for atingido, conflito, as diferenças em capacidades e em conhecimentos terão sido resolvidas, e a equipe estará apta a estabelecer metas. As pessoas pedirão ajuda e estarão dispostas a oferecer ajuda. A comunicação será mais aberta, embora ineficiente. Haverá momentos em que o grupo se sentirá como uma equipe. Durante o quarto estágio, desempenho, a equipe demonstrará alta produtividade, e os membros terão uma sensação de pertencimento. Eles cuidarão dos interesses uns dos outros e se respeitarão. As diferenças entre os membros da equipe serão vistas como pontos fortes, em vez de fraquezas. A comunicação será muito eficiente. Haverá conflitos frequentes, mas eles em geral se resolverão com rapidez. Eventualmente, após um período de alto desempenho, uma equipe pode perder algumas das características do quarto estágio.

DIREÇÃO E COMUNICAÇÕES

Direção significa motivar os membros da equipe. O gerente do projeto deve conhecer o que motiva as pessoas na equipe a trabalhar bem e deve se esforçar para manter o moral dos membros. Comunicação, junto a qualidades de liderança, desempenha um papel extremamente importante na direção. As comunicações informais podem ser tão importantes quanto as formais, descritas no quadro organizacional. Explicações sobre motivação variam de acordo com o grau de conhecimento, habilidade e interesses dos membros da equipe e a natureza da tarefa.

MOTIVAÇÃO DE ACORDO COM TEORIA X, TEORIA Y E TEORIA Z

Explicações clássicas se referem a "**Teoria X, Teoria Y e Teoria Z**" para explicar o que motiva pessoas a se empenharem. Teoria X e Teoria Y são mais relevantes para tarefas que podem ser mais rotineiras, menos motivadoras e ambientes nos quais formas centralizadas de controle tendem a ser a norma. Podem ser citadas como exemplo as linhas de montagem e muitas formas de trabalho manual, rotineiras e maçantes.

A hipótese da Teoria X é a de que as pessoas não gostam de trabalhar, evitam responsabilidades, esperam que a gerência tome todas as decisões e, por causa disso, os trabalhadores precisam ser compelidos e supervisionados por aqueles em posições altas na organização. A motivação não nasce com a pessoa, mas deve ser estimulada por aqueles que têm autoridade e responsabilidade. Em contrapartida, a hipótese da Teoria Y é a de que as pessoas são motivadas realizando trabalhos aprazíveis e recebendo oportunidades para assumir responsabilidade, aprimorar habilidades, ser autônomas, proativas e criativas. Quando aplicada em uma linha de produção, como no caso da produção de automóveis, a Teoria Y busca redefinir a tarefa de trabalho para envolver menos uma abordagem de linha de produção, de forma que o profissional realize uma tarefa seguidas vezes em uma organização centralizada. A Teoria Y sugere incorporar mais uma abordagem de equipe de montagem, de forma que grupos trabalhem em conjunto para montar subcomponentes importantes usando uma organização estrutural descentralizada.

A Teoria Y muito se aproxima da definição das motivações de profissionais que trabalham em equipe. Contudo, ela não capta todos os

> fatores motivacionais que funcionam em uma sociedade como a de um país desenvolvido, no qual os níveis e padrões educacionais são altos. Isso leva à criação da Teoria Z para sociedades abastadas. A hipótese da Teoria Z é a de que os fatores motivacionais mais importantes são a necessidade de autoestima, orgulho da organização, oportunidade para atingir o potencial máximo, e não apenas aprimorar habilidades e estar em uma estrutura de comando em que todos participam da tomada de decisão.

Um método útil para classificar fatores motivacionais, é fazer a distinção entre as razões pelas quais as pessoas permanecem em certas empresas, classificadas como fatores de "satisfação", e as razões que levam as pessoas a saírem das empresas para procurarem trabalho em outros lugares, como fatores de "insatisfação". Fatores que parecem contribuir para a **satisfação no trabalho** incluem:

- Realização
- Reconhecimento
- A natureza do trabalho em si
- Responsabilidade
- Progresso na carreira, e
- Crescimento pessoal

Fatores que parecem levar à insatisfação incluem:

- Regras rígidas e administração da empresa
- Relacionamento com supervisores
- Relações interpessoais com colegas de trabalho
- Condições físicas de trabalho
- Segurança
- Salário
- Status
- Tempo disponível para a vida pessoal
- Estabilidade profissional

A comunicação eficiente é essencial para o sucesso da atividade de direção de pessoas. Comunicação é, talvez, um dos requisitos mais importantes e a chave para o sucesso profissional. A maioria dos problemas de gerenciamento pode ter sua origem em uma comunicação deficiente. Comunicação significa garantir que o receptor compreenda a razão pela qual a informação está sendo passada. Escutar com atenção é parte da comunicação. A chave para escutar bem é evitar julgar o que a outra pessoa está dizendo enquanto ela fala, porque isso prejudica a capacidade de escutar. A **escuta ativa** evita essa tendência ao aderir às seguintes regras:

Gerenciamento de Equipe, Comunicações e Liderança **269**

- Escute com concentração e sensibilidade – evite demonstrar suas próprias emoções.
- Mantenha contato visual – foque no interlocutor.
- Faça perguntas abertas – Exemplo: "Por que você se sente assim"?
- Seja atencioso – não tente realizar várias tarefas ao mesmo tempo.
- Esclareça o sentido – repita o que você acredita que ouviu e obtenha a confirmação do interlocutor.

Reuniões representam um componente da comunicação; são necessárias, mas os participantes devem sair da reunião sentindo que algo de útil foi obtido. Reuniões podem ter impactos negativos sobre o moral se não forem conduzidas efetivamente. Algumas orientações para reuniões eficazes são:

- Realize-as apenas quando necessário.
- Peça o comparecimento apenas das pessoas necessárias.
- Prepare um cronograma e se atenha a ele.
- Mantenha a duração entre 60 e 90 min.
- Distribua o material de apoio antes da reunião.
- Peça aos participantes que se preparem para a discussão.
- Estimule contribuições positivas.
- Obtenha o consenso sobre problemas pequenos antes de lidar com os maiores.
- Tente chegar a decisões após discussões.
- Crie uma lista de Itens de Ação que identifiquem quais tarefas precisam ser realizadas e quem será responsável por cada uma; certifique-se de que todo mundo saiba qual a sua atribuição.
- Registre e distribua minutas do que foi decidido.

Feedback corretivo às vezes é necessário durante a direção de pessoas. Todas as pessoas querem ser elogiadas, e muitas buscam reconhecimento por parte de outros como parâmetro de valor pessoal. Dessa forma, quando for necessário corrigir o comportamento de outras pessoas, deve-se fazer com cuidado. Os princípios gerais são:

- Foque no problema, não na personalidade.
- Forneça feedback imediato.
- Descreva o impacto que o comportamento indesejado terá.
- Identifique as atitudes tomadas e as consequências para a pessoa caso não haja melhora.
- Reconheça as necessidades tanto do emissor quanto do receptor da mensagem.

Elogios e reconhecimento por bons desempenhos também são importantes. Em geral, recompensas devem ser dadas imediatamente. O reconhecimento pode ser pequeno, como um "obrigado" ou uma mensagem oficial de agradecimento. Também pode ser grande, como um prêmio importante, um bônus ou uma promoção.

Gerenciamento e **liderança** envolvem características diferentes. Um modo de distingui-los é associar ao gerenciamento o requisito "fazer as coisas do jeito certo", enquanto a liderança envolve "fazer as coisas certas". Outro modo de definir liderança é o fato de que ela envolve convencer os outros a fazer aquilo que o líder acredita que deve ser feito. O papel da liderança é:

- Estabelecer uma visão.
- Desafiar crenças que limitem o que pode ser alcançado.
- Compreender e assumir riscos.
- Estabelecer confiança.
- Alinhar objetivos pessoais às missões do projeto.
- Fazer as pessoas se envolverem.
- Ser proativo, não passivo.
- Encorajar opiniões contrárias.
- Estabelecer objetivos realizáveis.
- Reconhecer quem desempenhar bem sua função.

Os traços de um líder superior são honestidade, inteligência, competência, uma perspectiva voltada para o futuro e capacidade de inspirar outras pessoas.

Porque a comunicação é importante, estudantes devem enxergar cada curso extra de português, elaboração de relatórios técnicos e comunicação verbal como uma oportunidade de aprimorar habilidades essenciais para o progresso da carreira.

CONTROLE

A quarta função do gerenciamento é o controle. Ele envolve o monitoramento do progresso da equipe por meio da comparação do executado com o planejado e aplicação de correções quando o executado foge do planejado. Gerentes de projeto normalmente querem que os projetos sejam terminados dentro do tempo e do orçamento estabelecidos. Se o projeto for concluído antes do programado e abaixo do orçamento, melhor ainda. Pode significar mais lucro e um cliente mais satisfeito.

Três dispositivos de controle são normalmente usados: o **cronograma**, o **orçamento** e o **relatório de progresso**. O cronograma é criado a partir da análise do caminho crítico das atividades, já que ele estabelece as datas mínimas e máximas de início para uma atividade. O custo de realização de um projeto pode ser determinado a partir da análise do caminho crítico CM e do plano organizacional, uma vez que os custos são baseados nos gastos dos recursos de tempo e dinheiro para realizar tarefas. O custo deve ser comparado com o orçamento disponível, e o cronograma, modificado, se necessário, para atender às restrições orçamentárias. Um relatório de progresso deve ser preparado e discutido em intervalos específicos, que podem ser curtos, como uma semana, ou longos, como três meses. O relatório de progresso:

- Compara o cumprimento real de tarefas com o progresso planejado.
- Compara o consumo real de recursos com o consumo planejado.
- Identifica qualquer problema inesperado ou resultado positivo que surgiram.
- Propõe ações corretivas, se necessário.

Se, de acordo com o cronograma, o cumprimento das atividades planejadas estiver atrasado ou o custo de execução tiver consumido mais recursos que o planejado, o relatório de progresso deverá especificar as ações corretivas que devem ser tomadas.

EXEMPLO – ESBOÇO EXPANDIDO DE UM TÍPICO RELATÓRIO DE PROGRESSO

Os elementos básicos de um relatório de progresso normalmente incluem:

1. Atividades administrativas de projeto envolvendo reuniões com clientes, submissões de produtos ou mudanças de pessoas importantes na equipe de projeto.

2. Uma comparação do progresso real com o planejado:
   a. Uma lista das atividades concluídas e se os trabalhos estão dentro do programado, atrasados ou adiantados.
   b. A quantidade de recursos consumidos e se o projeto está dentro do orçamento, acima ou abaixo dos gastos planejados.

3. Qualquer problema que possa explicar por que o projeto está atrasado ou gastou mais que o planejado e como essas questões estão sendo resolvidas; além de uma identificação e discussão de qualquer problema importante no projeto, como questões técnicas ou a impossibilidade de atender aos prazos e orçamento.

4. Quaisquer eventos que permitiram que o projeto estivesse adiantado no cronograma ou concluísse tarefas com custos abaixo do orçamento, e se esses eventos poderiam levar à conclusão do projeto antes do programado ou com sobras no orçamento.

5. tividades e gastos planejados para o período seguinte a ser relatado e se eles já refletem os ajustes mais recentes aos cronogramas e orçamentos; além de outros itens, conforme necessário.

Um relatório de progresso normalmente é enviado em intervalos específicos para os níveis de supervisão acima da equipe de projeto e ao cliente. Se o projeto possui muitas incertezas devido à natureza do problema e à falta de experiência com projetos similares, pontos de controle estratégicos talvez precisem ser estabelecidos no cronograma. Nesses pontos de controle, o progresso geral real é comparado com o progresso esperado, e, dependendo da proximidade da comparação, as atividades futuras podem ser alteradas. De forma extrema, o projeto poderá ser paralisado, e os trabalhos, suspensos. Na outra ponta, poderá ser expandido significativamente. Entre esses dois extremos, o projeto pode ter seu escopo de serviços modificado ou ser mantido como planejado originalmente.

BASES PARA UM TRABALHO EFICAZ EM EQUIPE

Considerando o ambiente acadêmico no qual a maior parte dos projetos de estudantes é realizada, o trabalho em equipe é, ao mesmo tempo, mais e menos complexo que o encarado por equipes de projetos profissionais. Os problemas de projeto podem ser simples e menores em escopo, mas os fatores que motivam os estudantes a trabalhar bem podem ser mais complexos e não ter similaridade com os encontrados no ambiente profissional. Alguns princípios gerais que devem ser seguidos incluem:

- Desenvolver metas comuns – toda a equipe deve concordar sobre a formulação do problema e ter expectativas realistas.

- Estabelecer cargas de trabalho equivalentes – tente criar atividades gerais e depois as específicas.

- Desenvolver comprometimentos mútuos – esteja certo de que todos os membros compartilham responsabilidades e se esforçam para participar.

- Manter um ambiente amigável – é importante que os membros da equipe desenvolvam confiança e respeito mútuos.

- Aprimorar a vontade mútua de colaborar e ajudar – a equipe não pode cumprir as metas de projeto sem que os membros se ajudem.

- Exibir boas qualidades de liderança – a equipe tampouco pode cumprir as metas sem liderança.

- Realizar reuniões bem-sucedidas – apesar do desenvolvimento de tecnologias de comunicação via internet, encontros pessoais ainda é a melhor maneira de garantir um controle descentralizado, participação, abordagem de problemas motivacionais e de trabalho em rede.

- Desenvolver fortes ligações de comunicação – use quaisquer meios que funcionem melhor para garantir que os membros da equipe se comuniquem e expressem suas necessidades e preocupações.

O desempenho dos membros da equipe pode ser mensurado por uma tabela de expectativas do professor, como mostrado a seguir.

Trabalho em equipe exemplar	Trabalho em equipe insatisfatório
• Comparece às reuniões de equipe	• Não comparece às reuniões de equipe
• Comparece às aulas	• Não comparece às aulas
• Realiza todas as tarefas atribuídas ao seu papel na equipe	• Não realiza nenhuma das tarefas atribuídas ao seu papel na equipe
• Sempre realiza as tarefas atribuídas sem precisar ser lembrado	• Sempre depende dos outros para realizar seu trabalho
• Escuta e fala em quantidade razoável	• Está sempre falando e nunca contribui
• Maximiza a oportunidade de aprendizado e é motivado para aprender	• Não possui motivação para aprender

Engenheiros civis contratados assim que saem da faculdade geralmente estão mais preocupados com suas habilidades técnicas que com suas habilidades gerenciais. Contudo, eles frequentemente acabam sendo promovidos com rapidez para níveis de supervisão, em que as habilidades de comunicação e gerenciamento se tornam muito mais importantes. Muitos engenheiros se aproximando da meia-idade de suas carreiras expressam a necessidade de melhorar suas habilidades nessas áreas. Há uma escassez de cursos de educação continuada que atendam a essas necessidades. Mas os anos de graduação são um bom período para construir as fundações para um desenvolvimento profissional de longo prazo, e habilidades de comunicação são cruciais.

RESUMO

Quando da elaboração de um projeto de sistemas de infraestruturas em engenharia civil, a necessidade de comunicação entre os membros da equipe é primordial. Considerando que as funções de planejamento, organização, supervisão e controle existem universalmente em todos os projetos, o estilo de comunicação entre os membros de uma equipe pode variar de descentralizado para centralizado e pode afetar o resultado do esforço do projeto. A função da supervisão envolve a compreensão das motivações dos membros da equipe, e muitas pesquisas sobre esse assunto já foram realizadas. Métodos formais para controle de projeto foram desenvolvidos, como o Método do Caminho Crítico, mas a equipe ainda precisaria planejar e monitorar seus progressos. Relatórios de progressos são usados para auxiliar no controle dos projetos.

274 Introdução à Engenharia Civil

PALAVRAS-CHAVE

amplitude de gestão
centralizado
controle
cronograma
departamentalização
descentralizado
elogios e
  reconhecimento
escuta ativa

feedback corretivo
gerenciamento
liderança
matriz gerencial
método do caminho
  crítico (CPM
  – Critical Path
  Method)
orçamento

organização
planejamento
quadro organizacional
relatório de progresso
satisfação no trabalho
supervisão
Teoria X, Teoria Y e
  Teoria Z

EXERCÍCIOS PARA DESENVOLVER HABILIDADES DE GERENCIAMENTO E LIDERANÇA

1. A seguir, estão listadas atividades associadas a um projeto de equipe. Estime quanto levaria para a sua equipe completar cada atividade e preparar um diagrama de rede mostrando a ordem na qual as tarefas devem ser realizadas. As atividades são apresentadas em uma ordem aleatória.

   A. Preparar um rascunho do Relatório de Equipe.

   B. Submeter um Relatório de Equipe.

   C. Revisar e editar o rascunho do Relatório de Equipe.

   D. Identificar os trade-offs.

   E. Caracterizar ou descrever como as alternativas criadas variam.

   F. Associar pesos às metas.

   G. Identificar problemas que podem afetar a aceitação pública do sistema.

   H. Desenvolver uma estratégia para a geração de alternativas que resultem em variações em relação a uma característica importante.

   I. Identificar entidades importantes de financiamento e aprovação.

   J. Determinar como as características do terreno podem influenciar o projeto.

   K. Determinar os elementos ou componentes que cada alternativa deve conter.

   L. Desenvolver as Declarações de Metas com base na Definição do Problema.

   M. Preparar mapas e gráficos que comuniquem as características essenciais do projeto.

   N. Estimar ou medir quão bem cada alternativa cumpre cada meta.

   O. Completar a matriz de características do sistema *versus* as necessidades do sistema.

Gerenciamento de Equipe, Comunicações e Liderança **275**

    P. Formar um ranking com as metas.

    Q. Criar alternativas.

    R. Identificar normas de Projeto que precisam ser seguidas.

    S. Propor modos de medir o cumprimento de cada meta.

    T. Desenvolver uma metodologia de avaliação e comparação das alternativas.

    U. Estimar o tamanho da demanda para um sistema ou a carga que regula a concepção da solução.

    V. Identificar as necessidades as quais o sistema, componentes ou processos devem atender.

    W. Conduzir uma avaliação e comparação das alternativas.

    X. Gerar as recomendações para o projeto.

2. Preparar um quadro organizacional para a sua equipe identificando os membros, quaisquer responsabilidades gerais atribuídas a eles e as linhas de comunicação. Identificar o líder da equipe.

3. Quais características são desejáveis em um líder de equipe para um projeto em sala de aula?

4. Pergunte a cada um dos membros da sua equipe o que eles esperam ganhar com a experiência do projeto. Essa informação pode ajudar a atribuir tarefas e responsabilidades? Em caso afirmativo, como ela pode ser usada?

5. Considere que um dos membros da equipe para o projeto desenvolvido em sala de aula não compareça às reuniões e não dê para contar com ele para assumir responsabilidade para as tarefas atribuídas. Como você tentaria resolver essa situação?

6. Quais regras devem ser criadas pela sua equipe de projeto em relação às reuniões de equipe? Você acredita que as minutas devam ser feitas e distribuídas entre os membros da equipe? Por que você acredita nisso?

7. Quais regras devem ser criadas pela sua equipe de projeto no que diz respeito aos relatórios de progresso? Você acredita que relatórios de progresso devem ser preparados e distribuídos internamente aos membros da equipe? Por que você pensa dessa maneira? Se você sente que eles devem ser feitos, o que devem incluir? Seu instrutor pediu que os relatórios de progresso sejam preparados e entregues?

8. Quais são as principais diferenças entre as motivações de engenheiros empregados por uma empresa de projeto e estudantes trabalhando em conjunto como uma equipe em um projeto? Como as equipes de estudantes podem se motivadas a realizar o melhor trabalho possível? Se você fosse o professor, o que recomendaria? Se você fosse o estudante líder de equipe, o que recomendaria?

APÊNDICE

A

Exercício para Avaliação de Habilidades de Redação – Projetando para Atingir Sustentabilidade

Muitos aspectos de projeto de engenharia civil podem ser afetados em função de exigências para criar novas concepções ou modificar concepções existentes para atender a necessidades de sustentabilidade. A área de sustentabilidade se provará uma fonte de muitas oportunidades de trabalho e novas trilhas de desenvolvimento profissional em engenharia civil. O trabalho neste apêndice tem o propósito de desenvolver as habilidades de redação e a compreensão de como as metas de sustentabilidade se relacionam com os projetos de comunidades urbanas. Apresenta-se um cenário a seguir, que formará a base para três trabalhos de projeto em equipe durante o semestre. Leia o cenário e a tabela de critérios de avaliação para o relatório exigido e escreva um relatório de duas páginas que forneça a informação pedida na tabela.

CONTEXTO

A construtora "Casas Utópicas" deseja construir aproximadamente 20 mil unidades residenciais em uma única gleba de terra contínua. Dessas unidades, aproximadamente 1% das moradias para uma só família (200) devem ser casas com valor de venda por volta de $4 milhões de reais; 20% (4 mil) devem ter valor aproximado de $2 milhões; 50% (mil) devem ter valor abaixo de $1,2 milhões; e 29% (10 mil) devem consistir em residências para várias famílias, na forma de apartamentos, vilas, condomínios etc. O desenvolvedor da área gostaria de ter um grande shopping com 93 mil m² de área de piso para atender à comunidade e às áreas adjacentes. Demais comércios da comunidade e cercanias de aproximadamente 23 mil m² (área de piso) devem estar localizados conforme a necessidade da comunidade. Deve-se reservar uma parte do terreno para escolas e parques. O desenvolvedor gostaria de ter aproximadamente outros 93 mil m² destinados para prédios de escritórios. Um viaduto deve ser construído no terreno para conectar as estradas internas às redes rodoviárias adjacentes. Os números são aproximados e podem ser alterados se o motivo para tal ação for apresentado no estudo de viabilidade do projeto.

O cliente precisa de um estudo de viabilidade que identifique e avalie modos alternativos para atender às necessidades do desenvolvimento nas áreas de transporte, controle de enchentes, abastecimento de água e gerenciamento de resíduos. Uma vez que o desenvolvedor está interessado em um projeto sustentável, uma das metas importantes do estudo de viabilidade do projeto é identificar soluções sustentáveis e compará-las com soluções tradicionais, além de comparar tipos diferentes de soluções sustentáveis entre si. Sua empresa foi contratada para realizar o estudo de viabilidade para o local no qual se pretende realizar a obra.

O propósito do estudo de viabilidade é identificar e avaliar classes gerais de alternativas para os importantes sistemas de engenharia civil, componentes e processos do desenvolvimento. Plantas, desenhos técnicos e cálculos detalhados não são necessários. Em vez disso, soluções alternativas devem ser criadas e avaliadas a partir de critérios gerais, considerando o desempenho, segurança, saúde, sustentabilidade e impacto ambiental, eficiência econômica e aceitação pública. Neste estudo, o cliente deseja ter projetos "sustentáveis" incluídos entre as alternativas, e todas as alternativas devem ser avaliadas de acordo com o critério de sustentabilidade.

280 Introdução à Engenharia Civil

Um detalhamento maior do projeto de engenharia deve ocorrer na segunda etapa do desenvolvimento, após uma série de alternativas ter sido reduzida a uma única solução por meio do estudo de viabilidade do projeto. Isso não será realizado nesse semestre. Os desenhos e plantas desenvolvidos nessa segunda etapa seriam submetidos a órgãos de revisão, para aprovação, e a firmas de construção, para ajudar nas estimativas de custo e desenvolvimento dos planos de construção. Um terceiro estágio de projeto seria o desenvolvimento das plantas e desenhos técnicos que seriam usados durante a construção.

Todas as encostas precisam estar estáveis, e a erosão do solo deve ser evitada. O desenvolvedor sabe que existem serviços de utilidade pública que podem fornecer água, eletricidade, gás e gerenciamento de resíduos, mas não tem certeza se esses sistemas representam as possibilidades mais sustentáveis. Para um projeto viável, é necessário identificar e avaliar métodos alternativos para atender a essas necessidades. Poderá não ser viável implementar e manter alguns deles na comunidade proposta, mas isso não deve ser decidido até que as alternativas tenham sido identificadas e avaliadas no estudo de viabilidade do projeto. Neste ponto do projeto, o desenvolvedor deseja examinar conceitos de sustentabilidade e identificar modos de incorporá-los ao projeto.

O cliente desenvolveu com sucesso oito loteamentos contendo aproximadamente 180 mil residências. Os tipos de residências vão de prédios residenciais a mansões avaliadas em mais de $4 milhões de reais. O desenvolvedor é ambientalmente responsável e deseja criar um novo empreendimento que promova a sustentabilidade. Não se sabe se a construção de um empreendimento que incorpore princípios de sustentabilidade será mais custoso que um empreendimento com um projeto tradicional, mas o desenvolvedor acredita que um projeto sustentável levará a uma valorização rápida da propriedade e atrairá mais compradores.

MATRIZ DE AVALIAÇÃO PARA UM TRABALHO INDIVIDUAL SOBRE QUESTÕES E PREOCUPAÇÕES ACERCA DE SUSTENTABILIDADE

Trabalho escrito

Considere que você está sendo avaliado em um recrutamento para fazer parte de uma das equipes responsáveis pelo estudo preliminar para um terreno. Você está sendo testado por: (a) seu conhecimento sobre como as metas de sustentabilidade relacionam-se com o projeto de cada um dos principais componentes do empreendimento proposto, o que inclui o planejamento geral do uso da terra, sistema de transporte, sistema de abastecimento de água, gerenciamento de resíduos sólidos e líquidos e gerenciamento de águas pluviais; e (b) sua habilidade de se comunicar efetivamente por meio de redação.

Sua tarefa é preparar um relatório que **não seja maior que duas páginas,** com espaçamento duplo, e que: (1) descreva quais questões ou preocupações específicas de sustentabilidade devem ser abordadas quando o estudo preliminar do projeto for realizado para gerar e avaliar os conceitos de projeto alternativos para o terreno; e que (2) descreva por que cada uma dessas questões ou preocupações pode ser importante. As orientações em conjunto fornecem um guia usado para avaliar seu relatório. **Com base nos tipos de erros de gramática e de construção textual encontrados, pode ser pedido que você utilize recursos extras, como um curso de redação, para ajudá-lo a aperfeiçoar o seu relatório.** O relatório corrigido pode ser reenviado até no máximo cinco semanas após a data original de entrega, para que sua nota seja reavaliada, e você possa ser aprovado. A nota conferida ao relatório reenviado substituirá a nota original.

A seguir, apresenta-se a organização desejada para o relatório. **Por favor, use os títulos e subtítulos apresentados e aborde os elementos especificados na matriz de avaliação na seção do esboço identificada a seguir.** [**Nota**: Você poderá usar as caixas na margem esquerda do modelo como uma lista de checagem para o seu relatório. Por favor, marque o item que informa se você utilizou esse método em sua resposta e entregue o modelo junto com o seu relatório.]

Avaliação de Habilidades de Redação: Organização Obrigatória para o Relatório do Trabalho Individual (Não para o Trabalho de Equipe)
(Título) Projetando para Atingir Sustentabilidade
Por (nome)
Data (data da submissão)

    A. Introdução (elemento A do modelo)
    B. Objetivos de Sustentabilidade Relacionados com o Local do Projeto (elemento B do modelo)
    C. Razões para Buscar Sustentabilidade no Projeto (elemento C do modelo)

Referências
A nota do relatório será atribuída com base no emprego das normas gramaticais, organização e qualidade do raciocínio. A definição dos alunos que irão requerer apoio adicional de cursos de redação se baseará no elemento D do modelo.

Informação que deve fazer parte do relatório	Exemplar – 10 pontos. Excelente compreensão e explicação sobre o problema designado de projeto	Bom – 7,5 pontos. Boa compreensão e explicação desenvolvidas sobre o problema designado de projeto	Limítrofe – 5 pontos. Fraca compreensão e explicação sobre o problema designado de projeto	Inaceitável – 0 ponto. Inadequada compreensão e explicação sobre o problema designado de projeto
A. Introdução	☐ A.1. O propósito do documento é apresentado de forma clara. ☐ A.2. As subdivisões mais importantes do documento são apresentadas de forma clara e seus conteúdos são explicados brevemente, mas claramente	☐ A.1. O propósito do documento é vago ☐ A.2. As subdivisões mais importantes do documento são apresentadas, mas a descrição de seus conteúdos é vaga	☐ A.1. O propósito do documento é confuso e não faz sentido ☐ A.2. O parágrafo não possui descrição de todas as subdivisões do documento ou as descrições não fazem sentido	☐ A.1. O propósito do documento não é apresentado ☐ A.2. A subdivisão do documento não é descrita ou discutida
B. Questões de sustentabilidade relacionadas com o projeto do terreno B.1. Uma definição de sustentabilidade é apresentada	☐ B.1. A definição segue o padrão e contém todos os elementos essenciais de sustentabilidade	☐ B.1. A definição é feita de forma confusa, com falta de um ou mais elementos essenciais de sustentabilidade	☐ B.1. A definição é confusa ou vaga e não faz sentido	☐ B.3. Não há definição de sustentabilidade ou ela está tão inserida em outra linha de raciocínio que não se pode identificá-la facilmente
B.2. Os principais sistemas projetados no terreno são descritos	☐ B.2. Cada um dos itens a seguir é identificado: — Uso da terra/planejamento para o terreno — Transporte — Suprimento de água — Gerenciamento de resíduos — Gerenciamento de águas pluviais — Geotécnica — Estrutural	☐ B.2. Um ou dois dos sistemas a seguir não é mencionado: — Uso da terra/planejamento do local — Transporte — Suprimento de água — Gerenciamento de resíduos — Gerenciamento de águas pluviais — Geotécnica — Estrutural	☐ B.2. Três ou quatro dos sistemas a seguir não são mencionados: — Uso da terra/planejamento do local — Transporte — Suprimento de água — Gerenciamento de resíduos — Gerenciamento de águas pluviais — Geotécnica — Estrutural	☐ B.2. Apenas um ou dois ou nenhum dos sistemas a seguir é mencionado: — Uso da terra/planejamento do local — Transporte — Suprimento de água — Gerenciamento de resíduos — Gerenciamento de águas pluviais — Geotécnica — Estrutural

(continua)

Informação que deve fazer parte do relatório	Exemplar – 10 pontos. Excelente compreensão e explicação sobre o problema designado de projeto	Bom – 7,5 pontos. Boa compreensão e explicação desenvolvidas sobre o problema designado de projeto	Limítrofe – 5 pontos. Fraca compreensão e explicação sobre o problema designado de projeto	Inaceitável – 0 ponto. Inadequada compreensão e explicação sobre o problema designado de projeto
B.3. Maneiras como o projeto de cada um desses sistemas pode impactar a sustentabilidade são descritas	☐ B.3. Pelo menos um impacto em sustentabilidade é mencionado para cada sistema: — Uso da terra/ planejamento do local — Transporte — Suprimento de água — Gerenciamento de resíduos — Gerenciamento de águas pluviais — Geotécnica — Estrutural	☐ B.3. Impactos relevantes de sustentabilidade estão faltando para um ou dois sistemas: — Uso da terra/ planejamento do local — Transporte — Suprimento de água — Gerenciamento de resíduos — Gerenciamento de águas pluviais — Geotécnica — Estrutural	☐ B.3. Impactos relevantes de sustentabilidade estão faltando para três ou quatro sistemas: — Uso da terra/ planejamento do local — Transporte — Suprimento de água — Gerenciamento de resíduos — Gerenciamento de águas pluviais — Geotécnica — Estrutural	☐ B.3. Impactos de sustentabilidade são mencionados para apenas um ou dois ou nenhum sistema: — Uso da terra/ planejamento do local — Transporte — Suprimento de água — Gerenciamento de resíduos — Gerenciamento de águas pluviais — Geotécnica — Estrutural
C. Razões para buscar um projeto sustentável **C.1. Consequências por ignorar metas de sustentabilidade são apresentadas para cada um dos sistemas a serem projetados no terreno**	☐ C.1. Os impactos ambientais para cada sistema estão ligados claramente em uma preocupação sobre problemas de sustentabilidade local, regional ou global: — Uso da terra/ planejamento do local — Transporte — Suprimento de água — Gerenciamento de resíduos — Gerenciamento de águas pluviais — Geotécnica — Estrutural	☐ C.1. As ligações entre os impactos ambientais e as preocupações sobre sustentabilidade locais, regionais ou globais estão ausentes em um ou dois sistemas ou são vagas: — Uso da terra/ planejamento do local — Transporte — Suprimento de água — Gerenciamento de resíduos — Gerenciamento de águas pluviais — Geotécnica — Estrutural	☐ C.1. As ligações entre os impactos ambientais e as preocupações locais, regionais ou globais estão ausentes em três ou quatro sistemas ou estão confusas e não fazem sentido: — Uso da terra/ planejamento do local — Transporte — Suprimento de água — Gerenciamento de resíduos — Gerenciamento de águas pluviais — Geotécnica — Estrutural	☐ C.1. As ligações entre os impactos ambientais e as preocupações locais, regionais ou globais são mencionadas apenas para um ou dois ou nenhum sistema, ou é muito difícil compreender a linha de pensamento: — Uso da terra/ planejamento do local — Transporte — Suprimento de água — Gerenciamento de resíduos — Gerenciamento de águas pluviais — Geotécnica — Estrutural
Notas para os itens em D	25	18,75	12,5	0

(continua)

Informação que deve fazer parte do relatório	Exemplar – 10 pontos. Excelente compreensão e explicação sobre o problema designado de projeto	Bom – 7,5 pontos. Boa compreensão e explicação desenvolvidas sobre o problema designado de projeto	Limítrofe – 5 pontos. Fraca compreensão e explicação sobre o problema designado de projeto	Inaceitável – 0 ponto. Inadequada compreensão e explicação sobre o problema designado de projeto
D. Qualidade da redação	☐ D.1. A qualidade das ideias apresentadas é evidência de que todas as referências-chave foram lidas e compreendidas. ☐ D.2. Todas as referências relevantes são citadas. ☐ D.3. As frases refletem claramente a linha de pensamento, e ideias complexas podem ser compreendidas. ☐ D.4. Gramática e ortografia estão corretas. ☐ D.5. A organização do relatório quase sempre segue o modelo e usa cabeçalhos de seções corretamente, fazendo com que seja mais fácil a avaliação.	☐ D.1. A qualidade das ideias apresentadas sugere que algumas, mas não a maioria, das referências foram lidas e compreendidas. ☐ D.2. Algumas das referências relevantes são citadas ☐ D.3. Algumas das frases estão construídas de forma estranha e não apresentam clareza, ou são simplistas e é difícil compreender as ideias mais complexas. ☐ D.4. Erros gramaticais e ortográficos aparecem frequentemente, o que sugere que a apresentação não foi revisada e corrigida adequadamente ☐ D.5. A organização do relatório segue o modelo apenas algumas vezes e/ou importantes cabeçalhos de seções estão faltando, dificultando a avaliação.	☐ D.1. A qualidade das ideias apresentadas sugere que poucas das referências-chave foram lidas e compreendidas. ☐ D.2. Poucas referências relevantes são citadas. ☐ **D.3. A estrutura geral das frases é malfeita ou incompleta, e todo o material submetido é de difícil leitura; ideias complexas não podem ser compreendidas.** ☐ **D.4. Erros gramaticais e ortográficos são muito frequentes e sugerem problemas básicos de português.** ☐ D.5. A organização do relatório raramente segue o modelo e/ou muitos cabeçalhos de seção importantes estão ausentes, tornando muito difícil a avaliação.	☐ D.1. A qualidade das ideias apresentadas sugere que nenhuma das referências foi lida. ☐ D.2. Nenhuma das referências relevantes é citada. ☐ **D.3. A estrutura de frases é inexistente; linhas de pensamento estão fragmentadas.** ☐ **D.4. Erros gramaticais e ortográficos são tão constantes que o professor considerou quase impossível ler e compreender o texto.** ☐ D.5. O relatório não possui organização e/ou seções identificadas e é praticamente impossível avaliar.

Pontuação total   —   —   —   —

Σ _____

Nota: Se qualquer item referente a questões de gramática e ortografia for marcado, recomenda-se que o aluno faça um curso extracurricular para melhorar suas habilidades de redação.

APÊNDICE

B

Modelo e Orientações para o Relatório de Equipe 1 – Metas do Projeto e Restrições

Sua equipe agora tem a tarefa de desenvolver declarações formais de metas e um sistema que possa ser usado para avaliar quão bem as alternativas cumprem essas metas. Esse relatório também permanecerá para uso interno da empresa e será preparado para o líder do projeto (professor). Espera-se que todos os membros da equipe contribuam para o estudo e preparação do relatório, mas apenas um relatório deve ser apresentado. **O relatório deve ter aproximadamente oito páginas, com espaçamento duplo, descontando-se tabelas, figuras, referências e anexos**. Tabelas, figuras e anexos podem aumentar o tamanho do relatório. O propósito do relatório é informar ao líder de projeto: (a) quais serão as metas utilizadas para avaliar e comparar as alternativas e como sua equipe propõe que o cumprimento das metas seja mensurado de forma que métodos quantitativos possam ser usados e (b) qual deve ser a importância relativa das metas. Algumas metas podem ser expressas diferentemente, na forma de restrições, se representarem exigências as quais seu projeto deve atender ou limites que não podem ser excedidos. Por exemplo, uma decisão sobre o projeto que envolve o armazenamento da água escoada da chuva pode ser declarada tanto como uma meta que diferentes alternativas podem cumprir em níveis diferentes (a "habilidade" de armazenar água de uma grande tempestade) quanto como exigências às quais qualquer projeto deve atender para ser considerado viável (deve ser capaz de armazenar uma tempestade centenária, isto é, uma tempestade com uma intensidade que tem uma chance em 100 de ser alcançada em um ano qualquer. **O total de pontos atribuídos ao Relatório 1 é 315.**

Organização Exigida para o Relatório 1 – Trabalho em Equipe (315 Pontos)

(Título) Definição das Metas e Restrições – XXX

(No lugar de XXX, insira o nome do sistema, componente ou processo designado para equipe; por exemplo, "Uso da Terra")

Por #

(Liste todos os membros da equipe, começando pelo líder e indicando o responsável pela edição da versão final do relatório)

Data (data da submissão)

A. **Introdução** (assunto, histórico, propósito e organização dos elementos A1 e A2 do modelo)

B. **Metas de Desempenho** (a definição da quantidade de metas fica a cargo da equipe)

   Metas Relevantes para o Sistema, Componente ou Processo (elemento B.1. do modelo)

   Meta 1: (nome da meta)

   a. **Declaração da Meta** (elemento B.2. do modelo)

   b. **Quantificação Proposta** (elemento B.3. do modelo)

Meta 2: (nome da meta)

    a. Declaração da Meta (elemento B.2. do modelo)

    b. Quantificação Proposta (elemento B.3. do modelo)

Meta 3: (nome da meta)

Etc.

Meta 4: Etc.

C. Metas de Segurança (a definição da quantidade de metas fica a cargo da equipe)

Preocupações de Segurança Inerentes ao Projeto (elemento C.1. do modelo)

    Meta 1: (nome da meta)

        a. Declaração da Meta (elemento C.2. do modelo)

        b. Papel/função dos Códigos de Projeto (elemento C.3. do modelo)

    Meta 2: (nome da meta)

        a. Declaração da Meta(elemento C.2. do modelo)

        b. Papel dos Códigos de Projeto (elemento C.3. do modelo)

    Meta 3: (nome da meta)

    Etc.

    Meta 4: Etc.

D. Metas sanitárias (a definição da quantidade de metas fica a cargo da equipe)

Metas Relevantes para o Sistema, Componente ou Processo (elemento D.1. do modelo)

    Meta 1: (nome da meta)

        a. Declaração da Meta (elemento D.2. do modelo)

        b. Quantificação Proposta (elemento D.3. do modelo)

    Meta 2: (nome da meta)

        a. Declaração da Meta (elemento D.2. do modelo)

        b. Quantificação Proposta (elemento D.3. do modelo)

    Meta 3: (nome da meta)

    Etc.

    Meta 4: Etc.

E. Metas de Sustentabilidade e Proteção Ambiental (a definição da quantidade de metas fica a cargo da equipe)

Metas Relevantes para o Sistema, Componente ou Processo (elemento E.1. do modelo)

Meta 1: (nome da meta)

    a. Declaração da Meta (elemento E.2. do modelo)

    b. Quantificação Proposta (elemento E.3. do modelo)

Meta 2: (nome da meta)

    a. Declaração da Meta(elemento E.2. do modelo)

    b. Quantificação Proposta (elemento E.3. do modelo)

Meta 3: (nome da meta)

Etc.

Meta 4: Etc.

F. Metas de Eficiência Econômica (a definição da quantidade de metas fica a cargo da equipe)

Metas Relevantes para o Sistema, Componente ou Processo (elemento F.1. do modelo)

Meta 1: (nome da meta)

    a. Declaração da Meta (elemento F.2. do modelo)

    b. Quantificação Proposta (elemento F.3. do modelo)

Meta 2: (nome da meta)

    a. Declaração da Meta (elemento F.2. do modelo)

    b. Quantificação Proposta (elemento F.3. do modelo)

Meta 3: (nome da meta)

Etc.

Meta 4: Etc.

G. Metas de Aceitação Pública (a definição da quantidade de metas fica a cargo da equipe)

Questões de Aceitação Pública Relevantes para o Sistema, Componente ou Processo (elemento G.1. do modelo)

Meta 1: (nome da meta)

    a. Declaração da Meta (elemento G.2. do modelo)

    b. Quantificação Proposta (elemento G.3. do modelo)

Meta 2: (nome da meta)

    a. Declaração da Meta (elemento G.2. do modelo)

    b. Quantificação Proposta (elemento G.3. do modelo)

Meta 3: Etc.

H. Ordenação do Ranking das Metas (elemento H do modelo)

I. Associação de Pesos às Metas (elemento I do modelo)

Referências

Relatório de Metas e Restrições. Relatório de Equipe 1

A sua equipe deve apresentar um relatório que identifique as metas que influenciarão o projeto. Essas metas devem ser pesadas e ranqueadas. Devem ser propostas as variáveis que podem ser usadas para mensurar quão bem cada alternativa de projeto cumpre as metas. O modo como se incorporará sustentabilidade às metas do projeto e/ou restrições deve ser explicado. **Pontuação máxima: 315**.

	Exemplar – 10 pontos. Excelente habilidade para estabelecer as metas do projeto e restrições.	Bom – 7,5 pontos. Boa habilidade para estabelecer as metas do projeto e restrições.	Limítrofe – 5 pontos. Pouca habilidade para estabelecer as metas do projeto e restrições.	Inaceitável – 0 ponto. Capacidade insuficiente para estabelecer as metas do projeto e restrições.
A. Assunto, propósito e escopo do relatório – 10 pontos cada, 20 pontos no total	☐ A.1. O propósito do documento é apresentado de forma clara. ☐ A.2. As subdivisões mais importantes do documento são apresentadas, mas a descrição dos seus conteúdos é vaga.	☐ A.1. O propósito do documento está confuso e incoerente. ☐ A.2. O parágrafo não possui a descrição de todas as subdivisões do documento ou as descrições são incoerentes.	☐ A.1. O propósito do documento não é apresentado. ☐ A.2. As subdivisões do documento não estão descritas ou discutidas.	☐ A.1. O propósito do documento não é apresentado. ☐ A.2. As subdivisões do documento não estão descritas ou discutidas.
B. Metas de desempenho para o sistema, componente ou processo – 10 pontos cada, 30 pontos no total	☐ B.1. As metas importantes de desempenho foram conceitualizadas e formuladas usando uma estrutura textual apropriada para as declarações de meta, tornando-as facilmente reconhecíveis como metas. ☐ B.2. As declarações das metas de desempenho refletem quase todas as funções primárias do sistema, componente ou processo. ☐ B.3. As medidas propostas de quase todas as metas de desempenho parecem possíveis de quantificar em pelo menos uma escala ordinal, de forma que as alternativas possam ser ranqueadas usando métodos quantitativos.	☐ B.1. A formulação das metas de desempenho carece de um uso consistente de uma estrutura de texto apropriada para declarações de meta, dificultando seu reconhecimento como metas. ☐ B.2. Apenas algumas das funções primárias do sistema, componente ou processo estão identificadas nas declarações das metas de desempenho. ☐ B.3. Algumas das metas não possuem uma descrição sobre o que medir ou como medir em, pelo menos, uma escala ordinal, tornando desafiador ranquear as alternativas utilizando métodos quantitativos.	☐ B.1. Metas de projeto estão inseridas nas declarações que discutem os requisitos de desempenho do projeto, mas nunca aparecem explicitamente conceitualizadas e descritas como metas. ☐ B.2. Muitas das funções primárias do sistema, componente ou processo estão ausentes da discussão sobre as metas de desempenho. ☐ B.3. A maioria das metas não possui uma descrição do que medir ou como medir em, pelo menos, uma escala ordinal, o que talvez torne impossível ranquear as alternativas usando métodos quantitativos.	☐ B.1. O desempenho do projeto não é discutido ☐ B.2. Metas de desempenho do sistema, componente ou processo não são discutidas. ☐ B.3. Não parece existir um reconhecimento da necessidade por metas que permitam pelo menos uma mensuração ordinal para que as alternativas possam ser ranqueadas usando métodos quantitativos.

(continua)

Modelo e Orientações para o Relatório de Equipe 1 – Metas do Projeto e Restrições · **291**

	Exemplar – 10 pontos. Excelente habilidade para estabelecer as metas do projeto e restrições.	Bom – 7,5 pontos. Boa habilidade para estabelecer as metas do projeto e restrições.	Limítrofe – 5 pontos. Pouca habilidade para estabelecer as metas do projeto e restrições.	Inaceitável – 0 ponto. Capacidade insuficiente para estabelecer as metas do projeto e restrições.
C. Metas de segurança para o sistema, componente ou processo – apenas inerentes ao projeto – 10 pontos cada, 30 pontos no total	☐ C.1. A maior parte das preocupações importantes foi identificada no que diz respeito aos **perigos inerentes ao projeto.** ☐ C.2 Metas de segurança foram conceitualizadas e formuladas usando uma estrutura textual apropriada para declarações de metas do projeto, tornando-as fáceis de serem reconhecidas como metas. ☐ C.3. Muitos dos códigos de projeto que abordam perigos inerentes ao projeto para o sistema, componente ou processo foram identificados, ou nenhum pode ser identificado para as funcionalidades de engenharia civil do projeto.	☐ C.1. Apenas algumas das preocupações importantes de segurança foram identificadas para **perigos inerentes ao projeto.** ☐ C.2. A formulação das metas de segurança falha no uso inconsistente de uma estrutura de texto apropriada para declarações de meta, tornando mais difícil seu reconhecimento como metas. ☐ C.3. Alguns dos códigos de projeto que abordam perigos inerentes ao projeto foram identificados, mas os importantes, relacionados com as funcionalidades de engenharia civil, estão faltando.	☐ C.1. Poucas preocupações de segurança foram identificadas para os **perigos inerentes ao projeto.** ☐ C.2. Metas de segurança estão implícitas no texto, mas nunca aparecem explicitamente conceitualizadas e descritas como metas. ☐ C.3. Aparentemente, muito mais trabalho e esforço precisam ser investidos para identificar as normas de projeto que abordam os perigos inerentes ao projeto.	☐ C.1. Preocupações de segurança não são discutidas. ☐ C.2. Metas de segurança não são discutidas ou estão implícitas. ☐ C.3. Não há evidência de que a equipe conheça as normas de projeto.

(continua)

	Exemplar – 10 pontos. Excelente habilidade para estabelecer as metas do projeto e restrições.	Bom – 7,5 pontos. Boa habilidade para estabelecer as metas do projeto e restrições.	Limítrofe – 5 pontos. Pouca habilidade para estabelecer as metas do projeto e restrições.	Inaceitável – 0 ponto. Capacidade insuficiente para estabelecer as metas do projeto e restrições.
D. Metas sanitárias para o sistema, componente ou processo – 10 pontos cada, 30 pontos no total	☐ D.1. Muitas das importantes metas de saúde foram identificadas, ou é explicado por que elas não existem. ☐ D.2. Metas sanitárias foram conceitualizadas e formuladas utilizando uma estrutura textual apropriada para declarações de metas do projeto, tornando-as facilmente reconhecíveis como metas. ☐ D.3. As mensurações propostas para a maior parte das metas sanitárias parecem capazes de quantificar em pelo menos um nível de escalas ordinais para que as alternativas possam ser ranqueadas utilizando métodos quantitativos.	☐ D.1. Foram identificadas algumas metas sanitárias importantes, mas muitas outras estão ausentes. ☐ D.2. A formulação das metas de saúde falha no uso inconsistente de uma estrutura de texto apropriada para declarações de meta, dificultando seu reconhecimento como metas. ☐ D.3. Algumas das metas não possuem uma descrição sobre o que medir e como medir em, pelo menos, uma escala ordinal, tornando desafiador ranquear as alternativas usando métodos quantitativos.	☐ D.1. Muito mais trabalho e esforço são necessários para identificar a relação entre saúde e projeto.	☐ D.1. Metas sanitárias não são discutidas.

(continua)

Exemplar – 10 pontos. Excelente habilidade para estabelecer as metas do projeto e restrições.	Bom – 7,5 pontos. Boa habilidade para estabelecer as metas do projeto e restrições.	Limítrofe – 5 pontos. Pouca habilidade para estabelecer as metas do projeto e restrições.	Inaceitável – 0 ponto. Capacidade insuficiente para estabelecer as metas do projeto e restrições.
E. Metas de Sustentabilidade e ambientais para o sistema, componente ou processo, 10 pontos cada, 30 pontos no total	☐ E.1. Metas importantes de sustentabilidade e ambientais foram identificadas, como elencadas a seguir. ☐ Consumo de recursos não renováveis ☐ Consumo de energia ☐ Impacto na produção de CO_2 ou no clima ☐ Impacto em ecossistemas ou hábitats ☐ Produção de lixo e poluição ☐ Reúso ou reciclagem de materiais ☐ Conservação (3 Rs) ☐ E.2. Metas de sustentabilidade e ambientais foram conceitualizadas e formuladas utilizando uma estrutura textual apropriada para declarações de meta do projeto, tornando-as facilmente reconhecíveis como metas. ☐ E.3 As mensurações propostas para a maior parte das metas de sustentabilidade e sanitárias parecem capazes de quantificar em pelo menos um nível de escalas ordinais para que as alternativas possam ser ranqueadas utilizando métodos quantitativos.	☐ E.1. Algumas importantes metas de sustentabilidade e ambientais não foram identificadas, como elencadas a seguir. ☐ Consumo de recursos não renováveis ☐ Consumo de energia ☐ Impacto na produção de CO_2 ou no clima ☐ Impacto em ecossistemas ou hábitats ☐ Produção de lixo e poluição ☐ Reúso ou reciclagem de materiais ☐ Conservação (3 Rs) ☐ E.2. A formulação das metas de sustentabilidade e ambientais falha no uso inconsistente de uma estrutura de texto apropriada para declarações de meta, dificultando seu reconhecimento como metas. ☐ E.3. Algumas das metas não possuem uma descrição sobre o que medir e como medir em, pelo menos, uma escala ordinal, tornando desafiador ranquear as alternativas usando métodos quantitativos.	☐ E.1 Muito mais trabalho e esforço são necessários para identificar a relação entre sustentabilidade, proteção ambiental e projeto. ☐ E.2 Metas de sustentabilidade e ambientais estão implícitas nas declarações, mas nunca são explicitamente conceitualizadas e descritas como metas. ☐ E.3. A maior parte das metas não possui uma descrição sobre o que medir e como medir em, pelo menos, uma escala ordinal, tornando impossível ranquear as alternativas usando métodos quantitativos.	☐ E.1 Metas de sustentabilidade e proteção ambiental não são discutidas. ☐ E.2. Metas de Sustentabilidade e ambientais não são apresentadas. ☐ E.3 A necessidade de quantificar o cumprimento das metas não parece ter sido considerada.

(continua)

F. Metas econômicas para o sistema, componente ou processo – 10 pontos por cada, 20 pontos no total	Exemplar – 10 pontos. Excelente habilidade para estabelecer as metas do projeto e restrições.	Bom – 7,5 pontos. Boa habilidade para estabelecer as metas do projeto e restrições.	Limítrofe – 5 pontos. Pouca habilidade para estabelecer as metas do projeto e restrições.	Inaceitável – 0 ponto. Capacidade insuficiente para estabelecer as metas do projeto e restrições.
	☐ F.1. Um dos métodos listados a seguir foi proposto para quantificar ou mensurar as metas econômicas para que as alternativas sejam comparadas. ☐ Razão benefício-custo ☐ Custo-efetividade ☐ Valor presente ☐ Taxa de retorno ☐ Custo de construção ☐ Custo do ciclo de vida ☐ Outros ☐ F.2. Elementos de custos (e benefícios) estão identificados e são bem completos.	☐ F.1. A necessidade de comparar alternativas considerando o cumprimento das metas econômicas foi identificada e discutida, mas um método não foi proposto para a quantificação dessas metas. ☐ F.2. Elementos de custos (e benefícios) estão identificados, mas não estão completos.	☐ F.1. Discussão sobre a avaliação do cumprimento da meta econômica indica que muito mais trabalho e esforço são necessários nesse quesito. ☐ F.2. Elementos de custos (e benefícios) são mencionados muito superficialmente.	☐ F.1. Metas e restrições econômicas não são discutidas ☐ F.2. Elementos de custos e benefícios não foram discutidos de forma alguma.

(continua)

Modelo e Orientações para o Relatório de Equipe 1 – Metas do Projeto e Restrições **295**

	Exemplar – 10 pontos. Excelente habilidade para estabelecer as metas do projeto e restrições.	Bom – 7,5 pontos. Boa habilidade para estabelecer as metas do projeto e restrições.	Limítrofe – 5 pontos. Pouca habilidade para estabelecer as metas do projeto e restrições.	Inaceitável – 0 ponto. Capacidade insuficiente para estabelecer as metas do projeto e restrições.
G. Metas de aceitação pública para o sistema, componente ou processo – 10 pontos cada, 30 pontos no total	☐ G.1 A maior parte das questões importantes de aceitação pública para o projeto foi identificada, mas algumas, listadas a seguir, não foram mencionadas. ☐ Observância a leis existentes que regem decisões de projeto. ☐ Observância a leis existentes que orientam sobre o uso do solo. ☐ Necessidades de qualidade de vida dos usuários e não usuários impactados pelo sistema. ☐ As preocupações de grupos de interesse especial sobre impactos ambientais, históricos e culturais. ☐ As metas das entidades que irão fornecer o financiamento. ☐ As metas das entidades públicas que possuem o poder e autoridade para aprovar a construção. ☐ G.2. Metas de aceitação pública foram conceitualizadas e formuladas usando uma estrutura textual apropriada para as declarações das metas de projeto, tornando-as facilmente reconhecíveis como metas.	☐ G.1. Apenas algumas poucas questões importantes de aceitação pública do projeto foram identificadas, e as listadas a seguir não foram mencionadas. ☐ Observância a leis existentes que regem projetos. ☐ Observância a leis existentes que orientam sobre o uso da terra. ☐ Necessidades de qualidade de vida dos usuários e não usuários impactados pelo sistema. ☐ As preocupações de grupos de interesse especial sobre impactos ambientais, históricos e culturais. ☐ As metas das entidades que irão fornecer o financiamento. ☐ As metas das entidades públicas que possuem o poder e autoridade para aprovar a construção. ☐ G.2. A formulação das metas de aceitação pública falha no uso inconsistente de uma estrutura de texto apropriada para declarações de meta, dificultando seu reconhecimento como metas.	☐ G.1. Muito mais trabalho e esforço são necessários para identificar a relação entre aceitação pública e projeto. ☐ G.2. Metas de aceitação pública estão implícitas em declarações, mas nunca explicitamente conceitualizadas e descritas como metas.	☐ G.1. Metas de aceitação pública não são discutidas. ☐ G.2. Metas de aceitação pública não são apresentadas

(continua)

	Exemplar – 10 pontos. Excelente habilidade para estabelecer as metas do projeto e restrições.	**Bom – 7,5 pontos.** Boa habilidade para estabelecer as metas do projeto e restrições.	**Limítrofe – 5 pontos.** Pouca habilidade para estabelecer as metas do projeto e restrições.	**Inaceitável – 0 ponto.** Capacidade insuficiente para estabelecer as metas do projeto e restrições.
	☐ G.3. As mensurações propostas para a maior parte das metas de aceitação pública parecem capazes de quantificar em pelo menos um nível de escalas ordinais para que as alternativas possam ser ranqueadas utilizando métodos quantitativos.	☐ G.3. Algumas das metas não possuem uma descrição sobre o que medir e como medir em, pelo menos, uma escala ordinal, o que tornará desafiador ranquear as alternativas usando métodos quantitativos.	☐ G.3. A maior parte das metas não possui uma descrição sobre o que medir e como medir em, pelo menos, uma escala ordinal, o que poderá tornar impossível ranquear as alternativas usando métodos quantitativos.	☐ G.3. A necessidade de quantificar o cumprimento de metas não parece ter sido considerada.
Subtotal				
Pontos para os itens G e H	25	18,75	12,5	0
Ordem do ranking das metas – 25 pontos	☐ H.1. Todas as metas foram ranqueadas seguindo o procedimento descrito em sala de aula que utiliza uma matriz, e a matriz é apresentada.	☐ H.1. Algumas, mas não todas as metas, foram ranqueadas corretamente, e a matriz é apresentada.	☐ H.1. As metas foram ranqueadas, mas a matriz não é apresentada.	☐ H.1. As metas não foram ranqueadas.
Peso associado às metas – 25 pontos	☐ I.1. Pesos foram associados a todas as metas, seguindo o procedimento descrito em sala de aula.	☐ I.1. Algumas, mas não todas as metas, tiveram pesos associados a elas, seguindo o procedimento descrito em sala de aula.	☐ I.1. Foram associados pesos às metas, mas o procedimento demonstrado em sala de aula não foi seguido.	☐ Pesos não foram associados às metas.

(continua)

	Exemplar – 10 pontos. Excelente habilidade para estabelecer as metas do projeto e restrições.	Bom – 7,5 pontos. Boa habilidade para estabelecer as metas do projeto e restrições.	Limítrofe – 5 pontos. Pouca habilidade para estabelecer as metas do projeto e restrições.	Inaceitável – 0 ponto. Capacidade insuficiente para estabelecer as metas do projeto e restrições.
J. Qualidade da redação – 25 pontos cada, 75 pontos no total	☐ J.1. As frases demonstram claramente a linha de raciocínio, e ideias complexas podem ser compreendidas. ☐ J.2. Gramática e ortografia estão corretas.	☐ J.1. Algumas das frases estão construídas de forma confusa e sem clareza, ou são simplistas, e é difícil compreender as ideias mais complexas. ☐ J.2. Erros gramaticais e ortográficos aparecem frequentemente, o que sugere que a apresentação não foi revisada e corrigida adequadamente	☐ **J.1. A estrutura geral das frases é malfeita ou incompleta, e todo o material submetido é de difícil leitura; ideias complexas não existem.** ☐ **J.2 Erros gramaticais e ortográficos são muito frequentes e sugerem problemas básicos de português.**	☐ **J.1. A estrutura das frases é inadequada; linhas de raciocínio são fragmentadas.** ☐ **J.2. Erros gramaticais e ortográficos são tão constantes que o professor considerou quase impossível ler e compreender o texto.**
	☐ J.3. A organização do relatório quase sempre segue o modelo e usa cabeçalhos de seções corretamente, tornando mais fácil a avaliação.	☐ J.3. A organização do relatório segue esse modelo apenas algumas vezes e/ou importantes cabeçalhos de seções estão faltando, tornando mais difícil a avaliação.	☐ J.3. A organização do relatório raramente segue esse modelo e/ou muitos cabeçalhos de seção importantes estão ausentes, tornando muito difícil a avaliação.	☐ J.3. O relatório não possui organização e/ou seções identificadas e é praticamente impossível fazer a avaliação.
Pontuação total	—	—	—	—

Σ _____

Nota: Se algum dos itens referentes a questões de gramática e ortografia for marcado, recomenda-se que o aluno faça um curso extracurricular para melhorar suas habilidades de redação.

APÊNDICE

C

Modelo e Orientações para o Relatório de Equipe 2 – Alternativas de Projeto e Avaliação

Modelo e Orientações para o Relatório de Equipe 2 – Alternativas de Projeto e Avaliação **301**

A tarefa final da sua equipe consiste em preparar um relatório escrito de forma apropriada para ser entregue ao cliente. O relatório deve explicar de forma clara a alternativa de projeto preliminar desenvolvida para o sistema, componente ou processo e seus respectivos prós e contras. **Os conceitos devem ser apresentados tanto em forma de gráficos como verbalmente.** O relatório também deve conter recomendações que irão auxiliar seu cliente na identificação da próxima etapa no processo do projeto, a qual, tipicamente, envolve resolver questões importantes ainda não elucidadas e desenvolver projetos mais detalhados para um número limitado de alternativas (em muitos casos, apenas uma). O estilo do texto deve ser apropriado para um público que talvez não possua conhecimento em engenharia, mas provavelmente entenda do processo de desenvolvimento do terreno no que diz respeito ao papel desempenhado pelo governo e como políticas públicas são estabelecidas e realizadas, o que influencia decisões de investimento, exame de questões de viabilidade e requisitos legais. Na seção B.3 do modelo, requisitos sugeridos são listados para cada um dos grandes sistemas de infraestrutura abordados neste livro – uso da terra, transporte, suprimento de água, gerenciamento de águas pluviais, gerenciamento de resíduos, pontes, prédios e sistemas geotécnicos. Os requisitos para o projeto geral estão listados ao final do modelo.

Sua equipe deve enviar um relatório que discuta e avalie soluções alternativas para o problema de projeto que lhe foi designado usando as metas desenvolvidas no Relatório 1. O relatório deve examinar os trade-offs entre as soluções (o que aparenta ser ganho e perda quando as alternativas com melhor pontuação são comparadas com as de pior pontuação) e fazer recomendações considerando o que sua equipe acredita ser uma "boa" solução. Incertezas a respeito da sua análise e pesquisas ou informações extras necessárias para completar o projeto preliminar devem ser identificadas. **O relatório deve ter aproximadamente de 15 a 20 páginas, com espaçamento duplo, descontando-se tabelas, figuras, referências ou apêndices. A pontuação total para o Relatório 2 é 435.**

Organização Exigida para o Relatório 2 (435 pontos)

(Título) Criação de Alternativas, Avaliação e Recomendações – XXX

(No lugar de XXX, insira o nome do sistema, componente ou processo designado para a equipe; por exemplo, "Uso do Solo")

Por #

(Liste todos os membros da equipe, começando pelo líder e indicando o responsável pela edição da versão final do relatório)

Data (data da submissão)

A. Introdução (assunto, histórico, propósito e organização dos elementos A.1 e A.2 do modelo)

302 Introdução à Engenharia Civil

B. A Geração de Alternativas (**Capítulo 7**)

   1. Métodos Usados para Gerar Alternativas (elemento B.1. do modelo)

   2. Características das Alternativas (elementos B.2.1, B.2.2, B.2.3. do modelo)

   3. Representações Gráficas e Discussões das Alternativas (elemento B.3. do modelo)

C. Avaliação de Soluções Alternativas (**Capítulo 8**)

   1. Matriz de Metas (elemento C.1. do modelo)

   2. Metodologia e Matriz de Decisão (elementos C.2., C.3., C.4. e C.5. do modelo)

   3. Rankings (elemento C.6. do modelo)

D. Análise de Trade-off (**Capítulo 8**)

   1. Justificativas para o Ranking (elemento D.1 do modelo)

   2. Trade-offs (elemento D.2 do modelo)

   3. Modos de Melhorar a Posição no Ranking (elemento D.3. do modelo)

   4. O que se ganha e o que se perde (elemento D.4. do modelo)

E. Recomendações do Estudo de Viabilidade do Projeto (**Capítulo 8**)

   1. Motivos para proceder para a fase do projeto preliminar (elementos E.1. e E.2. do modelo)

   2. Qualidade da informação desenvolvida (elemento E.3. do modelo)

   3. Estudos adicionais necessários (elemento E.4. do modelo)

   4. Conclusões (elemento E.5. do modelo)

F. Qualidade da Redação (elementos F.1.-F.3. do modelo)

Referências

Apêndices

Informações que devem fazer parte do relatório	Exemplar – 10 pontos. Excelente compreensão e explicação sobre o problema do projeto designado	Bom – 7,5 pontos. Boa compreensão e explicação desenvolvidas sobre o problema do projeto designado	Limítrofe – 5 pontos. Fraca compreensão e explicação sobre o problema do projeto designado	Inaceitável – 0 ponto. Inadequada compreensão e explicação sobre o problema do projeto designado
A. Assunto, propósito e escopo do relatório – 10 pontos cada, 20 pontos no total.	☐ A.1. O propósito do documento é apresentado de forma clara. ☐ A.2. As subdivisões mais importantes do documento são apresentadas de forma clara, e seus conteúdos são explicados breve, mas claramente.	☐ A.1. O propósito do documento é vago. ☐ A.2. As subdivisões mais importantes do documento são apresentadas, mas a descrição de seus conteúdos é vaga.	☐ A.1. O propósito do documento é confuso e não faz sentido. ☐ A.2. O parágrafo não possui descrição de todas as subdivisões do documento ou as descrições não fazem sentido.	☐ A.1. O propósito do documento não é apresentado. ☐ A.2. A subdivisão do documento não é descrita ou discutida.
B.1. Métodos utilizados para gerar as alternativas – 10 pontos	☐ B.1. Um método estruturado foi utilizado para estimular sínteses com sucesso e gerar alternativas.	☐ B.1. Um método estruturado foi experimentado para estimular a síntese e gerar alternativas, mas obteve apenas sucesso parcial.	☐ B.1. O método usado para estimular síntese e gerar alternativas não possui uma estrutura ou o método foi aplicado incorretamente.	☐ B.1. Não há evidências do uso de um método para estimular síntese e gerar alternativas.
B.2. Características das alternativas – 10 pontos cada, 30 pontos no total.	☐ B.2.1. Alternativas são conceitualmente distintas nas dimensões relacionadas com o desempenho, sustentabilidade e outras variáveis do projeto. ☐ B.2.2. Alternativas refletem um leque de soluções realísticas e possíveis. ☐ B.2.3. Alternativas estão descritas no texto, e as maneiras como variam estão explicadas de forma clara.	☐ B.2.1. As distinções entre as alternativas estão obscuras até certo ponto ao longo das dimensões relacionadas com desempenho, sustentabilidade e outras variáveis de projeto. ☐ B.2.2. Alternativas refletem apenas um leque estreito de soluções realísticas possíveis. ☐ B.2.3. Descrições das alternativas e como elas variam carecem de algumas informações essenciais.	☐ B.2.1 Mais trabalho e esforço são necessários para gerar alternativas que variem em relação a características importantes. ☐ B.2.2 Alternativas estão incompletas; componentes importantes estão ausentes. ☐ B.2.3 Descrições das alternativas requerem mais trabalho e esforço.	☐ B.2.1 Não existem diferenças entre as alternativas. ☐ B.2.2 Alternativas são muito vagas e não mostram nenhuma explicação para sua estruturação. ☐ B.2.3 Alternativas não são descritas.

(continua)

Informações que devem fazer parte do relatório	Exemplar – 10 pontos. Excelente compreensão e explicação sobre o problema do projeto designado	Bom – 7,5 pontos. Boa compreensão e explicação desenvolvidas sobre o problema do projeto designado	Limítrofe – 5 pontos. Fraca compreensão e explicação sobre o problema do projeto designado	Inaceitável – 0 ponto. Inadequada compreensão e explicação sobre o problema do projeto designado

B.3. Representações gráficas das alternativas e apresentação de outras informações essenciais do projeto. Cada alternativa deve estar acompanhada de uma discussão sobre suas característcas importantes – 100 pontos, tudo ou nada

Sistemas de Uso do Solo

☐ A. Um mapa do terreno para cada alternativa – no mínimo, duas; (**pelo menos uma deve incorporar conceitos de sustentabilidade como projeto neotradicional, e os conceitos de sustentabilidade devem ser explicados**).

    ☐ 1. Onde cada um dos tipos de desenvolvimento a seguir propõe estar localizado.

        200 residências para uma só família, com valor de $4 milhões

        4 mil casas com valor de $2 milhões

        10 mil casas com valor de $1,2 milhão

        5.800 construções residenciais para mais de uma família.

        Shopping Center regional

        Espaço comercial de escritórios

        Parques ou outras importantes instalações de recreação.

        Áreas do terreno que não devem ser desenvolvidas e por quê.

    ☐ 2. Área total do terreno em metros quadrados e uma estimativa da área para cada desenvolvimento.

    ☐ 3. Número de residências e estimativa básica do desenvolvimento (casas por hectare) para cada área residencial.

    ☐ 4. Áreas que podem precisar ser reservadas para geração de energia solar, eólica ou geotérmica.

☐ B. Exemplo de conceito de projeto de área residencial mostrando como as ruas e casas estariam arranjadas.

☐ C. Uma discussão sobre como pelo menos uma concepção de projeto incorpora princípios ou funcionalidades que irão ajudar a cumprir as metas de sustentabilidade.

Sistemas de Transporte

☐ A. Mapa do terreno mostrando, para cada alternativa (no mínimo duas) o plano de uso da terra.

    ☐ 1. Localizações de rodovias separadas por tipos funcionais (vias expressas, arteriais, coletoras)

    ☐ 2. Onde as estradas dentro do terreno se ligam às estradas externas

    ☐ 3. Rotas de transporte público e tipo (ônibus, trem etc.)

    ☐ 4. Quaisquer centros de transporte

    ☐ 5. Quaisquer ciclovias especiais que não utilizem ruas públicas

☐ B. Estimativas da quantidade de pessoas ou veículos por dia a partir de **cada área residencial com base** no número de residências.

☐ C. Uma discussão sobre tipos funcionais importantes de rodovias e suas características

☐ D. Uma discussão sobre a velocidade do projeto e seu efeito na geométrica do projeto, especialmente o raio de curvas.

☐ E. Uma discussão sobre o conceito de **Nível de Serviço** e como ele deve se aplicar ao tráfego na hora do rush dentro da comunidade; por exemplo, qual Nível de Serviço deve ser fornecido entre 7 e 9 horas e entre 16 e 18 horas nas principais vias?

☐ F. Uma discussão sobre como pelo menos uma concepção de projeto incorpora princípios ou funcionalidades que ajudarão a cumprir metas de sustentabilidade

☐ G. Uma discussão sobre o que compõe a tenologia ITS e como ela pode ajudar a cumprir metas de sustentabilidade.

(continua)

Informações que devem fazer parte do relatório	Exemplar – 10 pontos. Excelente compreensão e explicação sobre o problema do projeto designado	Bom – 7,5 pontos. Boa compreensão e explicação desenvolvidas sobre o problema do projeto designado	Limítrofe – 5 pontos. Fraca compreensão e explicação sobre o problema do projeto designado	Inaceitável – 0 ponto. Inadequada compreensão e explicação sobre o problema do projeto designado

Sistema de gerenciamento de águas pluviais

☐ A. Mapa mostrando o local para utilização do solo (com, no mínimo, duas alternativas).
    ☐ 1. Qualquer área com potencial de inundação ou alagados
    ☐ 2. Onde importantes canais abertos de drenagem devem estar localizados, incluindo quaisquer bacias de retenção ou reservatórios
    ☐ 3. Pontos de despejo de drenagem e pontos nos quais a drenagem passa dos limites do terreno
    ☐ 4. Qualquer área do terreno que precisa ser preservada ou desenvolvida para tratamento de água pluvial
    ☐ 5. Qualquer área na qual a estabilidade de encostas possa representar um desafio devido à inclinação.
    ☐ 6. Qualquer área ambientalmente sensível que possa impactar negativamente o escoamento.
☐ B. Escolha de uma tempestade de projeto para o local e suas características
☐ C. Discussão sobre como a água da chuva será gerenciada em áreas residenciais, com ilustrações.
☐ D. Discussão sobre opções que podem ser utilizadas para tratar a água da chuva antes do descarte
☐ E. Discussão sobre como minimizar o impacto ambiental negativo do escoamento da água da chuva
☐ F. Uma discussão sobre como pelo menos uma concepção de projeto incorpora princípios ou funcionalidades que ajudarão a cumprir as metas de sustentabilidade

Sistemas de Abastecimento de Água

☐ A. Fluxograma mostrando os componentes tipicamente encontrados em um sistema de suprimento de água que usa água da superfície
☐ B. Uma estimativa de quantos litros por dia e metros cúbicos por ano de água serão consumidos pelas residências na comunidade
☐ C. Um conjunto proposto de padrões de qualidade da água para as residências no terreno.
☐ D. Uma indicação dos padrões de qualidade da água em uso na região
☐ E. Discussão de pelo menos dois métodos alternativos relevantes de preparação da água para consumo humano
☐ F. Discussão sobre os requisitos de pressão e por que eles existem
☐ G. Uma discussão dos prós e contras acerca da utilização de água de poços que podem ser perfurados no terreno, se volumes significativos de lençóis freáticos estiverem presentes
☐ H. Recomendações sobre como usar o suprimento existente ou desenvolver uma nova forma de suprimento de água potável e por quê.
☐ I. Uma indicação de a água ter de ser bombeada colina acima ou não para atender às residências. Em caso afirmativo, por meio de qual diferença de elevação
☐ J. Recomendações a favor e contra o uso de água cinza. Se o uso for recomendado, então deverá existir uma discussão com fuxogramas mostrando quais sistemas ou componentes devem ser usados para coletar, tratar e reusar a água cinza
☐ K. Mapas que mostram a localização e qualquer reservatório proposto, estações de tratamento ou outras funcionalidades de projeto para as quais uma localização física é importante
☐ L. Discussão sobre modos de conservar a água na comunidade
☐ M. Uma discussão sobre como pelo menos uma concepção de projeto incorpora princípios ou funcionalidades que ajudarão a cumprir metas de sustentabilidade

(continua)

Informações que devem fazer parte do relatório	Exemplar – 10 pontos. Excelente compreensão e explicação sobre o problema do projeto designado	Bom – 7,5 pontos. Boa compreensão e explicação desenvolvidas sobre o problema do projeto designado	Limítrofe – 5 pontos. Fraca compreensão e explicação sobre o problema do projeto designado	Inaceitável – 0 ponto. Inadequada compreensão e explicação sobre o problema do projeto designado

Sistema de Gerenciamento de Resíduos

☐ A. Fluxograma mostrando os componentes tipicamente encontrados em sistemas de gerenciamento de resíduos líquidos e sólidos.

☐ B. Uma estimativa dos litros de esgoto ou toneladas de resíduos sólidos produzidos por dia pelas residências.

☐ C. Identificação dos tipos de materiais tóxicos e substâncias perigosas encontradas nos resíduos sólidos e líquidos das residências

☐ D. Uma indicação sobre quaisquer requisitos de descarte que afetem a qualidade do esgoto que flui para a lagoa de tratamento.

☐ E. Uma indicação de o esgoto ter de ser bombeado ou não para atender às residências. Em caso afirmativo, qual diferença de cotas

☐ F. Discussão sobre alternativas de reciclagem para resíduos sólidos

☐ G. Discussão sobre pelo menos dois modos de descarte de resíduos sólidos que não sejam reciclados

☐ H. Discussão sobre os prós e contras do despejo de resíduos sólidos em aterros sanitários.

☐ I. Mapas mostrando a localização de aterros propostos, incineradores, centros de reciclagem ou estações de tratamento de esgoto e pontos de despejo.

☐ J. Recomendações a favor e contra o uso de sistemas de tratamento de esgoto e despejo de resíduos sólidos já disponíveis e por quê.

☐ K. Uma discussão sobre como pelo menos uma concepção de projeto incorpora princípios ou funcionalidades que ajudarão no cumprimento das metas de sustentabilidade

Sistema estrutural (Ponte)

☐ A. Volume de Tráfego

☐ B. Carga máxima

☐ C. Locais recomendados para o começo dos pontos de aproximação.

☐ D. Tipos recomendados de pontes: em arco, treliças, estaiadas, em balanços sucessivos.

☐ E. Tipos recomendados de materiais de construção

☐ F. Locais recomendados para os blocos de fundação

☐ G. Largura dos vãos

☐ H. Vão livre necessário para passar sob o vão central da ponte

☐ I. Existência de ameaças sísmicas

☐ J. Uma discussão sobre como pelo menos uma concepção de projeto incorpora princípios ou funcionalidades que ajudarão no cumprimento das metas de sustentabilidade

Sistemas Geotécnicos (Muros de Contenção e Erosão do Solo)

☐ A. Indentificação de áreas que precisam de estabilização de taludes

☐ B. Método recomendado de estabilização de taludes

☐ C. Áreas com provável contaminação do solo ou outro problema de engenharia

☐ D. Recomendações acerca da remediação do solo, se necessária

☐ E. Áreas de corte e aterro

☐ F. Áreas nas quais a erosão do solo pode ser uma preocupação

☐ G. Métodos recomendados para minimizar a erosão do solo

☐ H. Existência de recursos geotérmicos ou ameaças sísmicas

☐ I. Uma discussão sobre como pelo menos uma concepção de projeto incorpora princípios ou funcionalidades que ajudarão no cumprimento das metas de sustentabilidade.

(continua)

Informações que devem fazer parte do relatório	Exemplar – 10 pontos. Excelente compreensão e explicação sobre o problema do projeto designado	Bom – 7,5 pontos. Boa compreensão e explicação desenvolvidas sobre o problema do projeto designado	Limítrofe – 5 pontos. Fraca compreensão e explicação sobre o problema do projeto designado	Inaceitável – 0 ponto. Inadequada compreensão e explicação sobre o problema do projeto designado
C. Avaliação de alternativas. Com C.1 valendo 50 pontos, tudo ou nada – 10 pontos cada para C.2., C.3., C.4., C.5. e C.6., sendo C.3. até C.6. tudo ou nada. Pontos totais: 110	☐ C.1. A matriz resumindo os objetivos e evidências da última página da rubrica está presente (50 pontos).			
	☐ C.2. A avaliação do esquema e metodologia está descrita claramente antes da apresentação de qualquer resultado.	☐ C.2 A discussão do procedimento de avaliação usado é de alguma forma difícil de seguir ou compreender.	☐ C.2. A discussão do procedimento de avaliação usado é muito difícil ou impossível de seguir ou compreender.	☐ C.1. A matriz de objetivos não está presente (0 ponto).
	☐ C.3. Objetivos e pesos de objetivos, PO, do Relatório 1 são declarados novamente na seção do relatório e também são mostrados na tabela inserida no texto.			
	☐ C.4. A pontuação de cumprimento, PC, para cada alternativa e cada objetivo está declarada em uma seção do relatório e também está presente na tabela inserida no texto.			
	☐ C.5. A matriz de decisão completa mostrando a pontuação de decisão, PD, está presente no texto.			
	☐ C.6. O ranking das alternativas está relatado e discutido.			
	☐ C.7. Todos os cálculos foram realizados corretamente.	☐ C.7. Existem alguns pequenos erros de cálculo.	☐ C.7. Grandes erros de cálculo existem sugerindo que o método não foi completamente compreendido.	☐ C.2. Não é aparente que uma matriz de decisão foi utilizada para ranquear as alternativas.

(continua)

Informações que devem fazer parte do relatório	Exemplar – 10 pontos. Excelente compreensão e explicação sobre o problema do projeto designado	Bom – 7,5 pontos. Boa compreensão e explicação desenvolvidas sobre o problema do projeto designado	Limítrofe – 5 pontos. Fraca compreensão e explicação sobre o problema do projeto designado	Inaceitável – 0 ponto. Inadequada compreensão e explicação sobre o problema do projeto designado
D. Análise de trade-off – 10 pontos cada. Total de pontos: 40	☐ D.1. Razões para alternativas específicas terem a posição que têm no ranking são discutidas e explicadas claramente. ☐ D.2. A presença aparente ou ausência de trade-offs são bem discutidas. ☐ D.3. Modos de melhorar o ranking de alternativas específicas são discutidos claramente. ☐ D.4. A discussão ajudará o tomador de decisão a compreender o que se ganhará ou perderá se alternativas específicas forem implementadas	☐ D.1. Discussões sobre as razões do ranking ser ruim em alguns aspectos e/ou os efeitos de alguns pesos de objetivos importantes, PO, não são discutidos. ☐ D.2. Discussão sobre a presença ou a ausência de trade-offs é fraca em certos aspectos. ☐ D.3. A discussão dos modos de melhorar a posição no ranking de uma alternativa específica é fraca em certos aspectos. ☐ D.4. O tomador de decisão terá problemas para obter uma ideia clara do que ganhará ou perderá quando alternativas específicas forem implementadas.	☐ D.1. A discussão sobre as razões de um ranking é muito difícil de acompanhar e compreender. Mais trabalho e esforço são necessários. ☐ D.2. A discussão sobre trade-offs é muito difícil de acompanhar e compreender. Mais trabalho e esforço são necessários. ☐ D.3. A discussão sobre os modos de melhorar a posição no ranking de uma alternativa específica é muito difícil de acompanhar e compreender. Mais trabalho e esforço são necessários. ☐ D.4. O tomador de decisão não será capaz de reconhecer o que ganhará ou perderá se alternativas específicas forem implementadas	☐ D.1. Não há discussão sobre as razões que levaram à ordem do ranking. ☐ D.2. Não há análise de trade-off ☐ D.3 Não existe discussão sobre os modos de melhorar as posições no ranking ☐ D.4. Nada é apresentado para informar ao tomador de decisão sobre as consequências de se escolher uma alternativa em particular
E. Recomendações – 10 pontos cada. Tota de pontos: 50	As recomendações são claras e persuasivas nas seguintes áreas: ☐ E.1. Uma recomendação é feita sobre a necessidade ou não de um detalhamento maior de projeto para qualquer uma das alternativas. ☐ E.2. O motivo para essa recomendação é explicado ☐ E.3. A qualidade da informação sobre a qual essa recomendação é feita é discutida. Se não existir informação suficiente para se fazerem recomendações, isso deve ser explicado.	As recomendações são fracas nas seguintes áreas: ☐ E.1. Uma recomendação é feita sobre a necessidade ou não de um detalhamento maior de projeto para qualquer uma das alternativas. ☐ E.2. O motivo para essa recomendação é explicado ☐ E.3. A qualidade da informação sobre a qual essa recomendação é feita é colocada em pauta. Caso não haja informação suficiente para se fazerem recomendações, isso deve ser explicado.	Muito mais esforço e trabalho são necessários nas seguintes áreas: ☐ E.1. Uma recomendação é feita sobre a necessidade ou não de um detalhamento maior de projeto para qualquer uma das alternativas. ☐ E.2. O motivo para essa recomendação é explicado ☐ E.3. A qualidade da informação sobre a qual essa recomendação é feita é colocada em pauta. Caso não haja informação suficiente para se fazerem recomendações, isso deve ser explicado.	Não há informações sobre o seguinte: ☐ E.1. Uma recomendação é feita sobre a necessidade ou não de um detalhamento maior de projeto para qualquer uma das alternativas. ☐ E.2. O motivo para essa recomendação é explicado ☐ E.3. A qualidade da informação sobre a qual essa recomendação é feita é colocada em pauta. Caso não haja informação suficiente para se fazerem recomendações, isso deve ser explicado.

(continua)

Informações que devem fazer parte do relatório	Exemplar – 10 pontos. Excelente compreensão e explicação sobre o problema do projeto designado	Bom – 7,5 pontos. Boa compreensão e explicação desenvolvidas sobre o problema do projeto designado	Limítrofe – 5 pontos. Fraca compreensão e explicação sobre o problema do projeto designado	Inaceitável – 0 ponto. Inadequada compreensão e explicação sobre o problema do projeto designado
	☐ E.4. Estudos adicionais que devem ser realizados são identificados ☐ E.5. As recomendações abordam satisfatoriamente a maior parte das necessidades importantes de informação dos tomadores de decisão.	☐ E.4. Estudos adicionais que devem ser realizados são identificados ☐ E.5. As recomendações abordam satisfatoriamente a maior parte das necessidades importantes de informação dos tomadores de decisão.	☐ E.4. Estudos adicionais que devem ser realizados são identificados ☐ E.5. As recomendações abordam satisfatoriamente a maior parte das necessidades importantes de informação dos tomadores de decisão.	☐ E.4. Estudos adicionais que devem ser realizados são identificados ☐ E.5. As recomendações abordam satisfatoriamente a maior parte das necessidades importantes de informação dos tomadores de decisão.
Pontos para os itens em F: 75	25	18,75	12,5	0
F. Qualidade da redação	☐ F.1. As frases refletem claramente a linha de raciocínio, e ideias complexas podem ser compreendidas ☐ F.2. Gramática e ortografia estão corretas. ☐ F.3. A organização do relatório segue esse modelo apenas algumas vezes e/ou importantes cabeçalhos de seções estão faltando, dificultando a avaliação.	☐ F.1. Algumas das frases estão construídas de forma confusa e sem clareza, ou são simplistas, e é difícil compreender as ideias mais complexas. ☐ F.2. Erros gramaticais e ortográficos aparecem frequentemente, o que sugere que a apresentação não foi revisada e corrigida adequadamente ☐ F.3. A organização do relatório raramente segue esse modelo e/ou muitos cabeçalhos de seção importantes estão ausentes, dificultando a avaliação.	☐ F.1. A estrutura geral das frases é malfeita ou incompleta, e todo o material submetido é de difícil leitura; não existem ideias complexas. ☐ F.2 Erros gramaticais e ortográficos são muito frequentes e sugerem problemas básicos de português. ☐ F.3. O relatório não possui organização e/ou seções identificadas e é praticamente impossível fazer a avaliação.	☐ F.1. A estrutura das frases é inadequada; linhas de raciocínio estão fragmentadas. ☐ F.2. Erros gramaticais e ortográficos são tão constantes que o professor considerou quase impossível ler e compreender o texto. ☐ F.3. A organização do relatório quase sempre segue o modelo e usa cabeçalhos de seções corretamente, facilitando a avaliação.
Subtotal	—	—	—	—
Pontos Totais	—	—	—	—

Σ _____

Acima: Matriz Resumindo Metas e critérios de validação.

Metas Primárias de Desempenho (até três)	Evidência que pode ser usada para demonstrar o cumprimento das Metas em uma alternativa
1.	
2.	
3.	
Metas de Segurança (até três)	
1.	
2.	
3.	
Metas sanitárias (até três)	
1.	
2.	
3.	
Metas de Sustentabilidade e Proteção ambiental (até três)	
1.	
2.	
3.	
Metas de Eficiência Econômica (até três)	
1.	
2.	
3.	
Metas de Aceitação Pública (até três)	
1.	
2.	
3.	

Por favor, complete a tabela anterior e a inclua no Relatório 2 como o elemento C.1. do modelo.

Na primeira coluna, liste até três metas primárias de desempenho, segurança, saúde, sustentabilidade e proteção ambiental, eficiência econômica e aceitação pública. Escreva uma meta por linha.

Na segunda coluna, indique os critérios que poderiam ser usados para demonstrar como uma alternativa específica do projeto cumprirá a meta.

Acima: Elemento do modelo, B.3. para a elaboração de um projeto não incluído no modelo principal.

B.3. Representações gráficas das alternativas e apresentação de outras informações essenciais do projeto. Cada alternativa deve estar acompanhada de uma discussão das suas características importantes – 100 pontos, tudo ou nada – representação do problema genérico de projeto.

Problema Geral do Projeto

☐ A. Mapa do terreno mostrando o local de cada sistema alternativo (pelo menos dois)

    1. Locais das principais aspectos do projeto

    2. Quaisquer ligações entre o sistema e as áreas adjacentes ao terreno

    3. Quaisquer áreas sensíveis ambientalmente dentro do terreno ou em áeas adjacentes que podem ser afetadas

☐ B. Uma discussão sobre conceitos importantes de projeto que fundamentam as alternativas

☐ C. Fluxogramas relevantes ou outras representações gráficas necessárias para transmitir conceitos-chave do projeto.

☐ D. Estimativas das cargas que o sistema terá de acomodar ou produzir

☐ E. Uma discussão sobre como pelo menos uma concepção de projeto incorpora princípios ou funcionalidades que irão ajudar a cumprir as metas de sustentabilidade.

Referências

CAPÍTULO 1

De Neufville, R; Stafford, J. H. *Systems Analysis for Engineers and Managers*. McGraw-Hill Book Company, Nova York, 1971.

Dion, T. R. *Land Development for Civil Engineers*, 2nd ed. John Wiley & Sons, Nova York, 2002.

Dolnick, E. *The Clockwork Universe*. Harper Perennial, Nova York, 2011.

Glaesser, E. *Triumph of the City*. Penguin Press, Nova York, 2011.

Heyman, J. *The Science of Structural Engineering*. Imperial College Press, Londres, 1999.

Petrofsky, H. *The Essential Engineer: Why Science Alone Will Not Solve Our Global Problems*. Vintage, Nova York, 2011.

Reader, J. Cities. *Atlantic Monthly Press*, Nova York, 2004.

Timoshenko, S. P. *History of Strength of Materials*. Dover, Nova York, 1983.

CAPÍTULO 2

American Society of Civil Engineers. *Sustainable Engineering Practice – An Introduction*. ASCE, Reston, VA, 2004.

Birkeland, J. *Design for Sustainability – A Sourcebook of Integrated Ecological Solution*. Earthscan, Londres, UK, 2002.

Boyle, G (org.). *Renewable Energy – Power for a Sustainable Future*, 2nd ed. Oxford University Press, Oxford, 2004.

"Four elements of Life-Cycle Assessment as defined by ISO". Based on Environmental management – "Life cycle assessment – Principles and Framework". International Organization for Standardization, IS/ISO 14044: 2006. (Fig. 4, p. 24)

"Life Cycle Assessment: Principles and Practice". Scientific Applications International Corporation (SAIC). EPA/600/R-06/060. Maio 2006.

"Raj, A. 5 Eco-friendly Cities Built from the Ground Up". www.popsci.com/science/article/2013-05/new-topias. ASCE SmartBrief,junho 12, 2013.

Roseland, M. Toward *Sustainable Communities – Resources for Citizens and Their Governments*. New Society Publishers, Gabriola Island, BC, Canadá, 2005.

Wheeler, S. *Planning for Sustainability – Creating Livable, Equitable, and Ecological Communities*. Routledge, Londres, 2004.

314 Introdução à Engenharia Civil

CAPÍTULO 3

"Annual Global Surface Mean Temperature Anomalies." http://www.ncdc.noaa.gov/oa/climate/research/1998/anomalies/anomalies.html

Archer, D; Rahmstorf, S. *The Climate Crisis – An Introductory Guide to Climate Change.* Cambridge University Press, Cambridge, 2010.

Cowie J. *Climate Change – Biological and Human Aspects.* Cambridge University Press, Cambridge, 2007.

Hansen, J; Satoa, M; Ruedy, R. "Perceptions of Climate Change: The New Climate Dice". National Academy of Sciences. PNAS Early Edition. http://www.pnas.org/content/early/2012/07/30/1205276109.

Intergovernmental Panel on Climate Change. Contribution of Working Group I to the Fourth Assessment Report of the Intergovernmental Panel on Climate Change (The Physical Science Basis). S. Solomon, D. Qin, M. Manning, Z. Chen, M. Marquis, K. B. Averyt, M. Tignor e H. L. Miller (orgs.). Cambridge University Press, Cambridge, Reino Unido e Nova York, NY, 2007.

Intergovernmental Panel on Climate Change. Contribution of Working Group II to the Fourth Assessment Report of the Intergovernmental Panel on Climate Change (Impacts, Adaptation and Vulnerability). M.L. Parry, O. F. Canziani, J. P. Palutikof, P. J. van der Linden e C. E. Hanson (orgs.). Cambridge University Press, Cambridge, Reino Unido e Nova York, NY, 2007.

Intergovernmental Panel on Climate Change. Contribution of Working Group III to the Fourth Assessment Report of the Intergovernmental Panel on Climate Change (Mitigation of Climate Change). B. Metz, O. R. Davidson, P. R. Bosch, R. Dave, L. A. Meyer (orgs.). Cambridge University Press, Cambridge, Reino Unido e Nova York, NY, 2007.

Intergovernmental Panel on Climate Change. Contribution of Working Groups I, II and III to the Fourth Assessment Report of the Intergovernmental Panel on Climate Change (The AR4 Synthesis Report). Core Writing Team, R. K. Pachauri, and A. Reisinger. (orgs.). IPCC, Genebra, Suiça, 2007.

Mann, M. E; Kump, L. R. *Dire Predictions – Understanding Global Warming.* DK, Londres, 2008.

Milly, P. C. D; Betancourt, J; Falkenmark, M; Hirsch, R. M; Kundzewicz, Z. W; Lettenmaier, D. P; Stouffer, R. J. "Stationarity is dead: Whither Water Management?" *Science.* Fevereiro de 2008; 319(1):573–574.

National Research Council. Informing Decisions in a Changing Climate. Panel on Strategies and Methods for Climate-Related Decision Support, Committee on the Human Dimensions of Global Change. Division of Behavioral and Social Sciences and Education. The National Academies Press, Washington, DC, 2009, Chapter 1.

Sabo, J. L; Sinha, T; Bowling, L C; Schoups, G. H. W; Wallender, W. W; Campana, M. E; Cherkauer, K. A; Fuller, P. L; Graf, W. L; Hopmans, J. W; Kominoski, J. S; Taylor, C; Trimble, S. W; Webb, R. H; Wohl, E. E. "Reclaiming Freshwater

Sustainability in The Cadillac Desert." National Academy of Sciences. PNAS Early Edition. www.pnas.org/cgi/doi/10.1073/pnas.1009734108

Surampalli, R. Y; Zhang, T. C; Ojha, C. S. P; Tyagi, R. D; Kao, C. M (orgs.). *Climate Change Modeling, Mitigation, and Adaptation. American Society of Civil Engineers*, Reston, 2013.

CAPÍTULO 4

Eggert, R. J. *Engineering Design*. Pearson-Prentice Hall, Upper Saddle River, 2005.

Eide, A. R; Jenison, R. D; Mashaw, L. H; Northup, L. L. *Introduction to Engineering Design & Problem Solving*, 2nd ed. McGraw-Hill Book Company, Boston, 2002.

Fogler, H. S; LeBlanc, S. E. *Strategies for Creative Problem Solving*, 2nd ed. Pearson-Prentice Hall, Upper Saddle River, 2008.

Horenstein, M. N. *Design Concepts for Engineers*, 3rd ed. Pearson-Prentice Hall, Upper Saddle River, 2006.

Jensen, J. N. *A User's Guide to Engineering*. Pearson-Prentice Hall, Upper Saddle River, 2006.

Lumsdaine, E; Lumsdaine, M. *Creative Problem Solving*. McGraw-Hill Book Company, Nova York, 1995.

Voland, G. *Engineering by Design*, 2nd ed. Pearson-Prentice Hall, Upper Saddle River, 2004.

CAPÍTULO 5

Dion, T. R. *Land Development for Civil Engineers*, 2nd ed. John Wiley & Sons, Nova York, 2002.

Voland, G. *Engineering by Design*, 2nd ed. Pearson-Prentice Hall, Upper Saddle River, 2004.

CAPÍTULO 6

Dion, T. R. *Land Development for Civil Engineers*, 2nd ed. John Wiley & Sons, Nova York, 2002.

Section 2.7 Economic Considerations. Miller, G. A. "The Magical Number of Seven Plus or Minus Two: Some Limits on Our Capacity for Processing Information". *Psychological Review*. 1956; 63: 81–97.

Voland, G. *Engineering by Design*, 2nd ed. Pearson-Prentice Hall, Upper Saddle River, 2004.

CAPÍTULO 7

Dion, T. R. *Land Development for Civil Engineers*, 2nd ed. John Wiley & Sons, Nova York, 2002.

Voland, G. *Engineering by Design*, 2nd ed. Pearson-Prentice Hall, Upper Saddle River, 2004.

CAPÍTULO 8

De Neufville, R; Stafford, J. H. *Systems Analysis for Engineers and Managers*. McGraw-Hill Book Company, Nova York, 1971.

Voland, G. *Engineering by Design*, 2nd ed. Pearson-Prentice Hall, Upper Saddle River, 2004.

CAPÍTULO 9

"DEM Creation and Analysis". http://education.usgs.gov/lessons/dem.pdf

Digital Elevation Model (DEM) Guide. http://eros.usgs.gov/#/Guides/dem

ESRI ArcMap users guide. http://help.arcgis.com/en/arcgisdesktop/10.0/help/index.html#/Mulitplication/005m000000mr000000/

Google Earth display of elevation contours created in ESRI ArcMap. Copyright 2014 Esri. Todos os Direitos Reservados.

Learn Google Earth. http://www.google.com/earth/learn/

Li Zhilin, Zhu Qing, e Gold Chris. *Digital Terrain Modeling: Principles and Methodology*. CRC Press. [Falta ano].

CAPÍTULO 10

Eggert, R. J. *Engineering Design*. Pearson-Prentice Hall, Upper Saddle River, 2005.

Eide, A. R; Jenison, R. D; Mashaw, L. H; Northup, L. L. *Introduction to Engineering Design & Problem Solving*, 2nd ed. McGraw-Hill Book Company, Boston, 2002.

Fogler, H. S; LeBlanc, S. E. *Strategies for Creative Problem Solving*, 2nd ed. Pearson-Prentice Hall, Upper Saddle River, 2008.

Horenstein, M. N. Design *Concepts for Engineers*, 3rd ed. Pearson-Prentice Hall, Upper Saddle River, 2006.

Jensen, J. N. *A User's Guide to Engineering*. Pearson-Prentice Hall, Upper Saddle River, 2006.

Lumsdaine, E; Lumsdaine, M. *Creative Problem Solving*. McGraw-Hill Book Company, Nova York, 1995.

National Academies Press. *Elevation Data for Floodplain Planning*, Washington, DC, 2007.

Voland, G. *Engineering by Design*, 2nd ed. Pearson-Prentice Hall, Upper Saddle River, 2004.

CAPÍTULO 11

Bennett, F. L. *The Management of Engineering*. John Wiley & Sons, Nova York, 1996.

Fleddermann, C. B. *Engineering Ethics*, 4th ed. Pearson-Prentice Hall, Upper Saddle River, 2012.

Voland, G. *Engineering by Design*, 2nd ed. Pearson-PrenticeHall, Upper Saddle River, 2004.

CAPÍTULO 12

ABET. Accreditation Policy and Procedure Manual (APPM), 2013 – 2014. http://www.abet.org/DisplayTemplates/DocsHandbook.aspx?id=3146Z05

Fatores de Conversão

$\Delta°F = (9/5)\Delta°C$

Temperatura $F° = 32° + (9/5)C°$

Ponto de ebulição da água = $100°C = 212°F$

Ponto de congelamento da água = $0°C = 32°F$

1 pé = 0.3048 m

1 milha = 5280 pés

1 km = 3281ft = 0.6214 milhas

1 acre = 43,560 pés^2

1 hectare = 10,000 m^2 (100 m × 100 m) = 2.471 acres

Índice

3 Rs – redução de consumo, reciclagem e reuso 41, 51

A

Abordagem científica, 82
Abstração e modelagem
    compensações entre resolução e erro, 257
    escolhendo um modelo, condições para, 256-257
    modelos análogos, 241-244
    modelos funcionais em escala, 241
    modelos icônicos, 241
    modelos simbólicos, 244-251
    pacotes de software, 252
    relações de causa e efeito, 244, 254
    teorias e leis científicas, 252-257
    usuais, 254-256
Ação proposta, 48
Acesso, 235
Acomodando enchentes, 80
Adaptação, 80
Aeroporto Internacional de Denver, 7
AGCMs, 84
Agências, 114-116
Agências de economia mista, 114, 116
Agrimensores
Agrimensuras para construção, 215
Albedo, 64
Aleatória, 247
Alternativa do não faça nada, 48
Alternativas, avaliação
    análise de trade-off, 180, 183-184
    Pontuação de Cumprimento (PC), 181
    Pontuação de Decisão (PD), 181-183
Alternativas, geração de
    análise, 163
    criatividade, 163

    dividindo um problema de projeto, 163-166
    e adesão às metas, 173-174
    síntese, 163
    técnicas para, 167-173
Alternativas para as necessidades de projeto, 170
    alto custo de capital, 171-172
    baixo custo de capital, 171, 173
    para o cumprimento de metas, 163-173
Ambiente afetado, 48
Amplitude de gestão, 264
Análise de ciclo de vida, 41-46
    análise de inventário, 43
    análise do berço ao túmulo, 44
    categorias de impacto, 45
    de materiais de construção, 44
    de projetos de engenharia civil, 44
    etapa de avaliação de impactos, 43
    etapa de definição do escopo e metas, 42
    interpretação do ciclo de vida, 43
Análise de custo, 48
Análise de custo de ciclo de vida, 143
Análise de custo-benefício, 141-142, 145
Analise de custo-efetividade, 141-142, 146-147
Análise de inventário, 43
Análise de trade-off, 98, 180, 183-184
Análise do valor atual líquido, 141-142, 145
Análises, 48, 163
Análises ambientais, 47, 149
    estrutura genérica de, 47
Análises do berço ao túmulo, 44
Analogia do dado, 60
Anomalias de temperatura diária, 60
AOCGM, 84
Apoio à decisão, 82
Aprovação do projeto, órgãos, 114-117

320 Introdução à Engenharia Civil

Aquedutos romanos, 6
Arcabouço de avaliação, 126 *veja*
  alternativas, avaliação
Audiências públicas, 114, 149
Autodesk Civil 3D, 189
Avaliação de necessidades e definição dos
  problemas, 95
Avaliação do ciclo de vida, 42-43

B

Bacia do Rio Mississipi, modelo em escala
  de, 242
Bacias hidrográficas, 222
Bairros históricos, 235
Benefícios, 10, 16, 141-147,
Biodiversidade, 39, 77, 138, 149, 229
Bom projeto, o que constitui um, 111
Brainstorming, 167-168, 175
Burj Khalifa, 8

C

Cap and Trade [Teto e Negociação], 38
Características culturais, 213, 216-217,
  235
Características físicas do projeto, 106-109
Carbono, pegada de, 41-42
  de um projeto, 41
  primária, 41-42, 140
  secundária, 41-42, 140
Cargas de vento, estudo de, 243
Carson, Rachel, 37
  Silent Spring, 37
Catedral de Chartres, 6
Categorias de metas de projeto, 17-30
  metas de aceitação pública, 29, 96, 105,
    147-150, 233
  metas de desempenho, 28, 105, 131-134
  metas de eficiência econômica, 29, 105,
    141-147
  metas sanitárias, 28, 105, 136-137
  metas de segurança, 28, 105, 133-136
  metas de sustentabilidade e proteção
    ambiental, 29, 105, 138-141
Centros intermodais, 9
Certificado de ocupação, 136
Ciclo de carbono, 66
Ciclo de vida de materiais de construção, 44

Cidades
  e economias de escala, 11-14
  evolução das, 5-9
  na América do Norte, 9
  na Costa Oeste, 9
  na Europa, 9
  sistemas de transporte e, 5-9
Ciência e engenharia civil, 16-17
Civilização
  Antiguidade, 5-9
  características associadas ao surgimento
    de, 5
  complexas, 5
  contemporâneas, 9
  evolução de cidades, papel na, 5
Cliente, 114
Clientes e eleitorado, 114-117
Clorofluorcarbonos (CFC), 65
CO_2, *veja* concentração de dióxido de
  carbono
Códigos, leis e padrões, 114-116, 147
Códigos de construção, 136
Códigos de incêndio, 136
Códigos e normas técnicas de projeto, 28,
  130, 133-136, 147-148, 150
Componentes, 17
  definidos, 18
Computer Aided Design (CAD), 27, 94, 241,
  244
Comunicação, 99
  autoridade e, 264
  ligações de, na elaboração de um projeto,
    100-101
  para motivação de membros da equipe,
    267-270
  para organizar funções de gerenciamento
    de projeto, 264
Comunidades sustentáveis
  características de projeto, 51-52
  Destiny, Florida, 52
  Dongtan, China, 52
  Fujisawa Sustainable Smart Town,
    Japão, 52
  Lavasa, Índia, 52
  Songdo, Coreia do Sul, 52
Conceito de generalidade, 128-131
Concentração de Dióxido de carbono
  (CO_2), 59-64, 129

Índice **321**

concentração global, estimativa do NOAA, 63-64

consequências do efeito estufa, 66

determinadas a partir de bolhas de ar presas em núcleos de gelo, 63

e aumento na temperatura, 60, 66, 75-78

em 2007, 72

espécies existentes e, 66

há 540 milhões de anos, 69

impactos da produção humana, 66, 75

impactos dos materiais de construção, 42

medições de, 61-63

medições-padrão de níveis atmosféricos, 61-63

mudanças em sistemas naturais, 77-78

no solo e oceano, 66

registros históricos de níveis medidos, 60-61

tendências, 63

Conclusão de insignificância de impacto, 47

Confiabilidade do sistema, 133

Conservação, 138, 139

Conservação de energia, 139

Construção, 17

Contrato de preço fixo, 29

Controlando, 263, 270-271

Controle, 100

Controle centralizado, 264

Controle descentralizado, 264

Conversão do fator Z, 201

Corpo de Engenheiros do Exército Americano, 241, 242

Criatividade, 163

Cronograma, 270

Curvas de nível, 189, 192

intervalos, 217

princípios gerais e utilização, 217, 219-222

usando ESRI ArcMap, 201-205

Curvas de nível maiores, 202-203

Curvas de nível menores, 202-203

Custo médio por unidade, 12

Custo total *versus* produção total, 12

Custos, 109

análise de custo-benefício, 141-142, 145

de aquecimento e ar-condicionado, 140

de capital, 29

de operação, 29

e benefícios, 44

fixos, 12

objetivos de projeto influenciados por, 109

totais, 12

variáveis, 12-14

Custos ambientais e benefícios, 38

Custos de capital, 29

Custos operacionais, 29

Custos variáveis, 12-14

D

Da Vinci, Leonardo, 14

Debates públicos, 38

Declaração das metas de projeto características, 127-131

normas de projeto, 130-131, 135-136

códigos e padrões de projeto, 150

conceito de generalidade, 128-131

desempenho, 133

especificações, 131

gerais, 130

hierárquicqs, 129-130

independência, 127-128

metas específicas, 130

quantificável, 127

formalizando, 126

Defeitos de construção, 135-136

Definição das metas de projeto, *veja* categorias de metas de projeto

Definição de problema, 105

métodos para definição de problemas, 119-121

princípios da, 117

rubrica de avaliação, 272-297

técnicas para auxiliar na, 117-121

Degelo, 49

Dentro do usual, 71

Departamentalização, 264

Departamento de Transporte, 150

Desempenho da equipe, 266

Desenvolvimento do terreno, 22

Desigualdades, 39

Diagrama Duncker, 118, 121

Diagramas de ideia, 167

Diagramas por que-por que, 118-120

322 Introdução à Engenharia Civil

Dimensão espacial, 242
Direcionamento, 100, 263, 267-270
Direito de passagem, 21
Disciplinas diversas, 3
Disposição a pagar", 143
Distribuição normal e em forma de sino, 60
Durabilidade de Materiais, 133

E
École Polytechnique, 14
Ecologia profunda, 38
Economia de escala, 11-14
Economia de escala urbana, 14
Economias de escala, 11-14, 41, 235
Ecossistemas, 38
Eficiência econômica, 144-146
   metas, 29, 105, 141-147
Elogio e reconhecimento, 268-270
Enchentes, 49
Engenharia Civil
   ciência e, 16-17
   como profissão aprendida, 14-16
   sistemas, 11
   solução de problemas e projeto, etapas
     em, 93
Engenharia de construção, 53
Engenheiros civis, 3
Entidade do setor privado, 114
Entidades de financiamento para sistemas
   de infraestruturas, 148
Entradas ["Inputs"], 19
Equações
   análise de resistência, 244
   em engenharia, 244
   limitações no uso de, 245
Era Eocênica, 70
Erosão da camada superficial, 225
Erros
   compensações entre resolução
     e, 257
Escala, 216
Escuta ativa, 268
Espécies ameaçadas ou sob risco, 48
Especificações, 130
Especificações de projeto, 131
Esquema de tomada de decisões
   financeiras, 38

ESRI ArcMap, 189
   comando Add Data, 197
   criando curvas de nível, 201-202
   exportando as curvas de nível para
     formatos KML/KMZ, 205
   importando MDEs, 193-194
   licenças de software, 208
   mosaico MDE, 204-205
   recortando MDEs para mostrar as
     fronteiras do projeto, 197-199
   selecionando estilos/símbolos para curvas
     maiores ou menores, 202-203
   suavizando imagens raster, 200-201
   visualizando curvas de nível no Google
     Earth, 206-207
ESRI Spatial Analyst Extension, 189
Estacionário, 79
Estatísticas focais, 201
Estética, 149, 233
Estilo de vida, 39
Estratégias de precificação, 38
Estudo de Impacto Ambiental, 30, 47
Estudo de viabilidade, 17-19, 21-22, 26, 106,
   226
Estudos periciais, 133
Etapa de avaliação de impacto, 43
Etapa de comunicação verbal e gráfica, 99
Etapas do projeto
   avaliação das alternativas
   avaliação das necessidades e definição dos
     problemas, 96
   de produtos industrializados, 93-95
   definição das metas de projeto
   em engenharia civil, 93
   etapa de comunicação verbal e
     gráfica, 99
   geração das alternativas
   gerenciamento de projeto, comunicação
     e trabalho em equipe, 100-101
   implementação das soluções, 100
   relatórios, 95
   seleção de uma solução e recomendações,
     99
   sistemas de infraestrutura, 93-94
Evaporação da água da superfície, 65
EXCEL, 252
Expansão urbana, 50
Expectativa de perdas, 78

F

Fator de valor atual, 142
Fatores de segurança, 135
Feedback, 19
  negativo, 19
  positivo, 19
Feedback corretivo, 268-270
Feedback negativo, 19
Feedback positivo, 19
Ferramentas, 143
Fluxograma para suprimento de água, 18
Formato ArcGrid, 189
Fromas para cortinas, 226
Fronteiras MDE, 195
Funções de gerenciamento, 100
  controle, 263, 270-271
  direcionamento, 100, 263, 267-270
  organização, 100, 263, 264-266
  planejamento, 100, 263

G

Ganhadores e perdedores, 113
Gases do efeito estufa, 65, 75
General Climate Model (GCM), 84
  componentes atmosféricos, 84
  Atmospheric General Climate Model
    (AOGCM), 84
  componentes oceânicos, 84
Geodatabase, 201
Gerenciamento, 270
  centralizado *versus* descentralizado, 264
  controle, 270-271
  cronograma, 270
  departamentalização, 264
  direção e comunicação, 267-270
  eficaz, 272
  funções, 100
  intervalo de, 264
  matriz, 264
  orçamento, 270
  organizando, 100, 263, 264-266
  planejando, 100, 263
  relatório de progresso, 270
Gerenciamento de projeto, 100
Gerenciamento de resíduos, 53, 137, 140
Gerenciamento *versus* liderança, 270

GIS, 242
Globalização da indústria, 39
Google Earth, 189, 197
  visualizando curvas de nível, 206-207
Gradação, 221
Grupos de interesse especial, 117
Guerra Civil, 15, 78, 233

H

Hansen, James, 59
Hipóteses, 82

I

Imagem raster, 200
Imagem raster MDE, 200
Impactos socioeconômicos, 30
Impactos socioeconômicos, 48
Implementação da solução, 100
Infraestrutura
  definição, 3
  sistemas, 3
  sistemas de civilizações da antiguidade,
    10
Insatisfações, 267
Inspetores, 27
Interpretação do ciclo de vida, 43
Intervalo das curvas de nível, 217

L

Legisladores, 40
Leis, científicas, 252-253
Leis, códigos e padrões, 114-116, 147
Leis de Newton em problemas de
  engenharia, 15
Leis de saúde pública, 136
Leis e Planos de Implementação Estadual de
  Qualidade do Ar, 137
Leito rochoso, 226
Leques aluviais, 225
Licença
  licença de engenheiro profissional, 215
Licença de softwares de mapeamento, 208
Licenças de software, 208
Liderança, 270
Linha de pensamento ambientalista, 37-39
Linha de pensamento de equidade, 39

324 Introdução à Engenharia Civil

Linha de pensamento de gestão ambiental, 38
Linha de pensamento econômica, 39
Linhas de pensamento éticas e espirituais, 39
Lixiviado, 137
Lobby político, 38
Locais de importância histórica ou cultural, 48
Locais históricos, 235
Loteamentos residenciais, 50

M

Malthus, Thomas, 37
Mapa em relevo, 219
Mapas topográficos, 218
Marcos de referência, 218
MATLAB, 252
Matriz de decisão, 183
Matriz de gerenciamento, 264
Matriz de necessidades do projeto *versus* características do projeto, 110
Mau uso durante a ocupação, 135-136
Megalópoles, 4
Metano, 65
Metas, ranking e pesos, 150-154
Metas com pesos associados, 179
Metas de aceitação pública, 29, 96, 105, 147-150, 233
  interconexões entre entidades, 147-148
Metas de conservação, 138-140
Metas de desempenho, 28, 105, 131-133
Metas de projeto
Metas de projetos influenciados por
  alterações na topografia do terreno, 108
  alternativas de processo, 108
  alternativas tecnológicas, 108
  capacidades dos elementos ou unidades, 106
  concepção de projeto, 108
  configuração de rede, 107
  custos, 109
  flexibilidade dos elementos ou unidades, 108-109
  localizações no terreno, 108
  materiais de construção, 109

  organização dos elementos ou unidades em um espaço, 107
  quantidade de elementos ou unidades, 107
  tamanho físico dos elementos ou unidades, 107
  volume da demanda, 106
Metas de saúde, 28, 136-137
Metas de segurança, 28, 105, 133-136
Metas de sustentabilidade de um projeto, 129
Metas de sustentabilidade e proteção ambiental, 29, 105, 138-141
Metas específicas de projeto, 130
Metas gerais, 130
Metas hierárquicas, 129-130
Metas independentes, 127
Método de revisão, 118
Método do Caminho Crítico, 264
Métodos de projeto probabilístico, 135
Mitigação, 80
Modelagem
  compensações entre resolução e erro, 257
  comuns em engenharia civil, 254-256
  condições para seleção de um modelo, 256-257
  modelos análogos, 241-244
  modelos funcionais em escala, 241
  modelos icônicos, 241
  pacotes de software, 252
  relações de causa e efeito, 244, 254
  teorias e leis científicas, 252-257
Modelos, *veja* também simulações
  aleatoriedade, 248
  análogos, 241-244
  compensações entre resolução e erro, 257
  comuns em engenharia civil, 254-256
  condições para seleção de um modelo, 256-257
  dimensão espacial, 241
  em física e química, 254-256
  escala funcional, 241
  icônicos, 241
  pacotes de software para modelagem, 252
  probabilístico, 135
  relações de causa e efeito, 244, 254
  simbólico, 244-251

Índice **325**

teorias e leis científicas, 252-257

validação, 244

variáveis dependentes, 244

variáveis independentes, 244

Modelos análogos, 241-244

cargas de vento, estudo de, 242

uso da simulação de um tsunami, 243

Modelos climáticos, 62

Modelos Digitais de Elevação (MDE), 189-192

Modelos funcionais em escala, 241

Modelos icônicos, 241

Modelos simbólicos, 244-251

baseados na física, 244

relações de causa e efeito, 244-245

validação de, 244

Mosaic to Raster, 195

Mosaico, 195

Mosaico MDE, 195-197

Motivação, teorias X, Y, Z, 267

Mudança climática, 41, 48-51

absorção de carbono, 66

albedo, 64

camada de gelo e derretimento de geleiras, 73-75, 78, 84

cenários de conservação, 71

ciclo de carbono, 66

clorofluorcarbono (CFCs), 65

consequências e riscos associados a, 72-78

consequências para projetos de infraestrutura em engenharia civil, 49, 79-82

convecção, 65

dentro do usual, 71

engenheiros civis, desafios para, 49, 79-82

estratégias de acomodação, 80

estratégias de adaptação, 80

estratégias de recuo da zona costeira, 80

evaporação da água de superfície, 65

fatores influenciadores, 64-66

história geológica, 68-71

intervalo entre as temperaturas máximas e mínimas no inverno, 48

metano, 65

mitigação, 80

modelagem de cenários, 71-72, 78

modelagem de, 67-68, 71-72, 82-85

modelos climáticos, 62

mudança de temperatura e concentração de dióxido de carbono, 59-64

National Research Council, 81

opções do lado da demanda, 79

opções do lado da oferta, 79

óxido nitroso, 65

papel das formas de vida, 67

políticas, 67, 71-75, 80-85

precipitação, 62, 73-75, 77, 84

previsão da concentração de dióxido de carbono, 62, 72, 75-77, 79, 82-85

queimadas, 48-49

radiação térmica infravermelha, 65

resolução de modelos, 83-84

riscos, 78

vapor d'água, 65

Mudanças de temperatura

associadas a dias anômalos, 60

concentração de dióxido de carbono, 60, 66, 75-78

mudança climática, 59-64

N

Nações que "têm" e que "não têm", 39

National Elevation Dataset, 190

National Oceanic and Atmospheric Administration (NOAA), 63-64

Normas de projeto, 130, 135-136

O

Objetivos de aprendizado, 2, 35, 57, 89, 103, 125, 161, 177, 187, 211, 239, 261

OCGMS, 84

Ocorrência do El Niño, 75

Ocorrências de "La Niña", 75

Opções do lado da demanda, 79

Opções do lado da oferta, 79

Operacionalização, 127

Orçamento, 270

Organização, 100, 263, 264-266

Organizações sem fins lucrativos, 116

Órgãos públicos, 114

metas de, 116

Outputs, 19

Óxido nitroso, 65

326 Introdução à Engenharia Civil

P

Pacotes de software, 252

Padrões de drenagem, 222-226

Padrões de gerenciamento ambiental ISO 14000, 14040 e 14044, 42

Padrões de projeto LEED, 140

Painel Intervogernamental sobre Mudanças Climáticas (IPCC), 59, 64, 72, 75, 79, 85

Paisagismo, 233

Parcerias público-privadas (PPP), 116

Pegada primária, 41-42, 140

eficiência da rede de transporte, 42

Pegada secundária, 41-42, 140

Pegadas de carbono, 41-42, 140-141

de um projeto, 41

Pensamento crítico, 91

Perfil, 219

Pergelissolo, 228

Perigos biológicos, 137

Perigos inerentes ao projeto, 135-136

Pesos das metas de projeto (PM), 182-183

Pilares, 226

Piores cenários, 48

Planejamento, 100, 263

Planejamento de área, 50

Planícies de inundação, 222-226

mapa do Condado de Bexar, 223

Plantas de construção, 26

Poluição da água, 137-138

Poluição do ar

efeito na saúde, 136-137

Poluição sonora, 137

Ponte Brooklyn, 7, 11

Pontos de biodiversidade, 229

Pontos de controle, 215

Pontuação de Cumprimento (PC), 181–184

Pontuação de decisão, 181-183

cálculo, 181-183

População

crescimento, 4

megalópoles, 4

Precipitação, 62, 73-75, 77, 84

Preocupações globais, 48

Preservação de diversidade biológica, 49

Privatização, 116

Probabilidade ou possibilidade de uma ocorrência, 78

Problemas de projeto, dividindo, 163-166

Processo, 20-21

Processo de projeto, etapas do, 92-95

análise das necessidades e definição dos problemas, 96

avaliação das alternativas, *veja* alternativas, avaliação

de produtos fabricados, 93-95

definição das metas de projeto, *veja* categorias de metas de projeto

em engenharia civil, 93

etapa de comunicação verbal e visual, 99

geração de alternativas, *veja* alternativas, geração de

gerenciamento de projetos, comunicação e trabalho em equipe, 99

implementação das soluções. 100

relatórios, 95

seleção de uma solução e recomendações, 99

Processo político, 82

Processos legais, 38

Projetando para tempestades anuais, 222

Projeto à prova de falhas, 135

Projeto de infraestruturas, 3-4

disciplinas de engenharia envolvidas em, 3

metas, 27-30

projetos de engenharia civil, 27

Projeto detalhado, 26

Projeto executivo, 17

Projeto preliminar, 17

Projetos de equipe, 95, 182, 272

Projetos de trevos, 119

Propósito e necessidade da ação proposta, 48

Propriedade ou agrimensura das fronteiras, 215

Proteção ambiental, 41, 49-51

Proteção de espécies ameaçadas ou em perigo, 48

Proteção e preservação das espécies e hábitats, 49

Q

Quadro organizacional, 264

Qualidade da água, 48

Índice 327

Qualidade de vida, 39
Qualidade do ar, 48-49

R

Radiação térmica infravermelha, 65
Razão de custo-benefício, 142, 144-146, 148
Reabilitação, 95
Realidades políticas, 113-114
Reconhecimento, elogio, 268-270
Reconstruído, 95
Recorte MDE, 197-199
Recuo da zona costeira, 80
Recursos ambientais, 213-215, 229-233
Recursos de lençóis freáticos, 231
Rede Triangular Irregular, 189
Regra dos Os, 217
Regra dos Vs, 189, 217
Relações empíricas, 253
Relatório
    processo de projeto, 95
Relatório de Impacto Ambiental (RIMA),
    41, 47-48, 149
    alternativa do não faça nada, 48
    ambiente afetado, 48
    espécies ameaçadas ou sob risco, 48
    impactos socioeconômicos, 48
    locais de importância histórica ou
      cultural, 48
    propósito ou necessidade da ação
      proposta, 48
    qualidade de ar e da água, 48-49
    variedade das alternativas, 48
Relatório de progresso, 270
    elementos básicos, 271
    tempo de submissão, 271
Remediação do solo, 227
Remediações *ex situ*, 227
Remediações *in situ*, 227
Renovação urbana, 228
Represa Hoover, 9-11
Resíduos radioativos, descarte de,
    137
Resolução de um modelo, 83-84
Restrições
    limitantes, 144
    não limitantes, 144
    orçamento econômico, 144

Restrições orçamentárias econômicas,
    143-144, 148
Revisões ambientais, 114
Risco, 78
    magnitude do, 134
Riscos de saúde, 136
Rodovias e utilidades, 235
Rubricas de avaliação
    alternativas de projeto e avaliação,
      299-311
    definição de problemas, 272-297
    projetando para atingir sustentabilidade
      – avaliação das habilidades de redação,
      277-284

S

Satélites em órbita polar, 61
Satélites geoestacionários, 61
Satisfação no trabalho, 267
Seleção de uma solução e recomendações,
    99
Sensoriamento remoto, 226
Série de alternativas, 48
Severidade de um evento, 134
Símbolos de uma cultura, 10-11
Similitude, 242
Simulações
    benefícios, 250-251
    computador, 247-250
    em engenharia de transporte, 250
    em modelos análogos, 243
    pacotes de software, 252
Simulações em computador, 247-251
Síntese *versus* análise, 163
Sistema de infraestrutura urbano, 10-11
Sistemas
    suprimento de água, 23, 53
    coleta de resíduos sólidos, 17
    definidos, 17
    estrutural, 3, 25
    geotécnicos, 26, 53
    gerenciamento de resíduos líquidos,
      24
    gerenciamento de resíduos sólidos, 24
    infraestrutura, 3, 10
    inputs, 19
    outputs, 19

328 Introdução à Engenharia Civil

sinalização e tráfego, 17, 20, 96-97, 109, 117, 132-135, 164-166, 250

transporte, 9, 17, 53, 140

uso do solo, 21-22, 53

versus ambiente, 19

Sistemas de backup, 135

Sistemas de coleta de resíduos sólidos, 18

Sistemas de distribuição de energia, 3

Sistemas de gerenciamento de águas pluviais, 25, 53

Sistemas de gerenciamento de resíduos líquidos, 24

Sistemas de gerenciamento de resíduos sólidos, 24, 137

Sistemas de infraestrutura antiquados, 10-11

Sistemas de pavimentação, 17

Sistemas de sinalização de trânsito, 17, 20, 96-97, 109, 117, 132-135, 164-166, 250

Sistemas de suprimento de água, 23, 53

Sistemas de transporte, 9, 17, 53

pegadas de carbono, 140

Sistemas de Transporte Inteligentes (SIT), 20

Sistemas de transporte regionais, 21

Sistemas de uso do solo, 21-22, 53

Sistemas estruturais,

pontes e prédios, 25

Sistemas estruturais e construções, 53

Sistemas geotécnicos, 53

projeto de fundações e estabilização de taludes, 26

Sistemas inteligentes, 20

Sistemas redundantes, 135

Sociedades de economia mista, 116

Software CAD, 94, 241

Solo

amostras, 226

erosão, 225

ex situ, 227

expansivo, 229

in situ, 227

pergelissolo, 228

poluição, 137-138

remediação, 227

sistemas de conservação, 25

Solo expansivo, 229

Soluções funcionais, 121

Soluções gerais, 120

Subproblemas ou componentes, 163-166

Subsídios, 144

Sustentabilidade, 37

3 Rs, 51

comunidades sustentáveis, 52-53

definição, 37, 39

engenharia de construção, 53

estratégias para, 53

expansão urbana, 50

metas em um projeto, 40-48

mudança climática e, 48-49

perspectivas filosóficas, 37-39

planejamento de área, 50

planejamento e terreno e uso da terra, 53

prédios e sistemas estruturais, 53

aspectos relacionados com o projeto, 40

projeto de áreas urbanas, perspectiva econômica, 50

proteção ambiental, 49-50

sistema de gerenciamento de resíduos, 53

sistemas de abastecimento de água, 53

sistemas de gerenciamento de águas pluviais, 53

sistemas de transporte, 53

sistemas geotécnicos, 53

uso de recursos não renováveis, 51

T

Tabela morfológica, 167

Tarefas, 100

Tarifas de serviços públicos, 143

Taxa de retorno, 141-142, 145

Tecnologia geofísica, 226

Tecnologia sanitária, 16-17

Teoria X, Teoria Y e Teoria Z" da motivação, 267

Teorias científicas, 252-257

Teorias contemporâneas de projeto de engenharia, 16

Terra e atmosfera, história geológica da aquecimento da atmosfera, 70

concentração de CO_2, 68

liberação de oxigênio, 69

origens da vida, 68

resfriamento atmosférico, 69

surgimento das civilizações, 70

variações de temperaturas sazonais, 70

Terrenos
  fronteiras, 215-216
  Brownfield, 228
  desafios e oportunidades, 113
  características, 213-215
  padrões de drenagem e planícies de inundação, 222-226
  recursos ambientais, 229-233
  avaliação, 213-236
  características geotécnicas, 226-229
  características históricas e culturais, 235
  localização, 215-228
  planejamento e uso da terra, 53
  usos passados da terra, 216
  superfundo, 228
  uso das terras adjacentes, 216
  topografia e morfologia, 216-222
  utilidades, 235
Terrenos brownfield, 228
totalidade das exigências energéticas, 41
Trabalho em equipe, 100
  eficaz, 272
  evolução do desempenho, 266

U
Upgrade, 95
USGS MDE, 189-192
Utilidades existentes, 235

V
Validação, 244
Valor atual, 141-142
Valores de latitude e longitude do terreno, 189
Vapor de água, 65
Variáveis dependentes, 244
Variáveis independentes, 244
Várzeas, 49, 229, 233
Verbas compatíveis, 114
Vetores de doenças, 49
Volume de perda, 78
W
West Point, 15

Z
Zoneamento, 148

Este livro foi impresso nas oficinas gráficas da Editora Vozes Ltda.,
Rua Frei Luís, 100 – Petrópolis, RJ.